六訂版

GIS と地理空間情報

ArcGIS Pro 3.0 の活用

橋本 雄一 編

古今書院

GIS and Geo-spatial Information:

Applications of ArcGIS Pro 3.0

Sixth Edition

Edited by Yuichi HASHIMOTO

Kokon-Shoin, Publisher, Tokyo, 2022

はじめに

本書は米国 Esri 社の GIS ソフト ArcGIS Pro 専用の技術書である。ここでは，検索，分析，表示など基本的な機能を説明している。もし，ArcMap の操作方法を知りたい場合には，五訂版をご覧いただきたい。

本書の内容は ArcGIS Pro 3.0 に対応している。しかし，若干インターフェイスの相違はあるものの，ArcGIS Pro 2.9 など以前のバージョンでも十分に活用できる。なお，ArcGIS Pro 3.0 で作成または保存したプロジェクトは，以前のバージョンで動作しない場合があるため注意してほしい。

本書の執筆にあたり 2022 年 8 月 12 日にリリースされたばかりの ArcGIS Pro 3.0 を導入しようとしたところ，筆者の不勉強からいろいろと苦労した。まず，事前にマイクロソフトから配布されているファイルをインストールしておく必要があり，これは以前から ESRI ジャパン公式ブログで周知されていた事であるが，それを忘れていたため戸惑った。その後，ようやく ArcGIS Pro 3.0 を起動させることができたが，Excel ファイルを読み込めないばかりか，Excel ファイルを利用して作成したプロジェクトファイルも開くこともできなかった。これもマイクロソフトから別のファイルを入手すれば解決できる事なのだが，それを知らなかったため Web サイトで対応策を調べることとなった。さらに，ArcGIS Pro 3.0 のリボンタブに【国内データ】がなく，本書の第 3 章で用いる予定の基盤地図情報を読み込むことができない事に気づいた。これは 8 月 19 日に ESRI ジャパン株式会社からリリースされたアドインツールで解決でき，ようやく本格的に ArcGIS Pro 3.0 を使用できるようになった。ここで行った作業は ArcGIS Pro や Windows の更新により，いずれは不要になると思われる。しかし，筆者と同じような苦労をしないように，この後に対応方法を記載したので参考にしてほしい。

本書は 4 部構成となっており，第 1 部（第 1 ～ 2 章）は GIS，地理空間情報，座標系などに関する基本概念を解説している。

第 2 部（第 3 ～ 7 章）は，基盤地図情報 , 国勢調査，国土数値情報，i タウンページなど無料で入手できるデータの取得方法と ArcGIS Pro での地図化について説明している。

第 3 部（第 8 ～ 18 章）は，データの加工や分析の説明を行っている。ここでは＜地域分析 .aprx ＞という 1 つのプロジェクトファイルを用いて，検索，座標変換，データ結合，バッファー作成，オーバーレイ，カーネル密度推定など五訂版と同じ手法だけでなく，新たにボロノイ分割，面積按分, グラフ作成などについても学ぶことができる。

第 4 部（第 19 ～ 27 章）では，高度な情報利用について解説している。GPS ログデータの利用，地図画像からのデータ作成，地理院地図の読み込み，衛星画像の利用などに加え，PLATEAU（日本全国の都市モデル）の 3D 表示やアニメーション作成も理解できる。さらに釧路市を事例とした津波ハザードマップ作成を通じて，主要技術の確認を行うことができる。

これらの章における作業の流れを示したものが第 1 図である。この図では，各章で扱うマップや新規に作成するフィーチャクラスを記している。

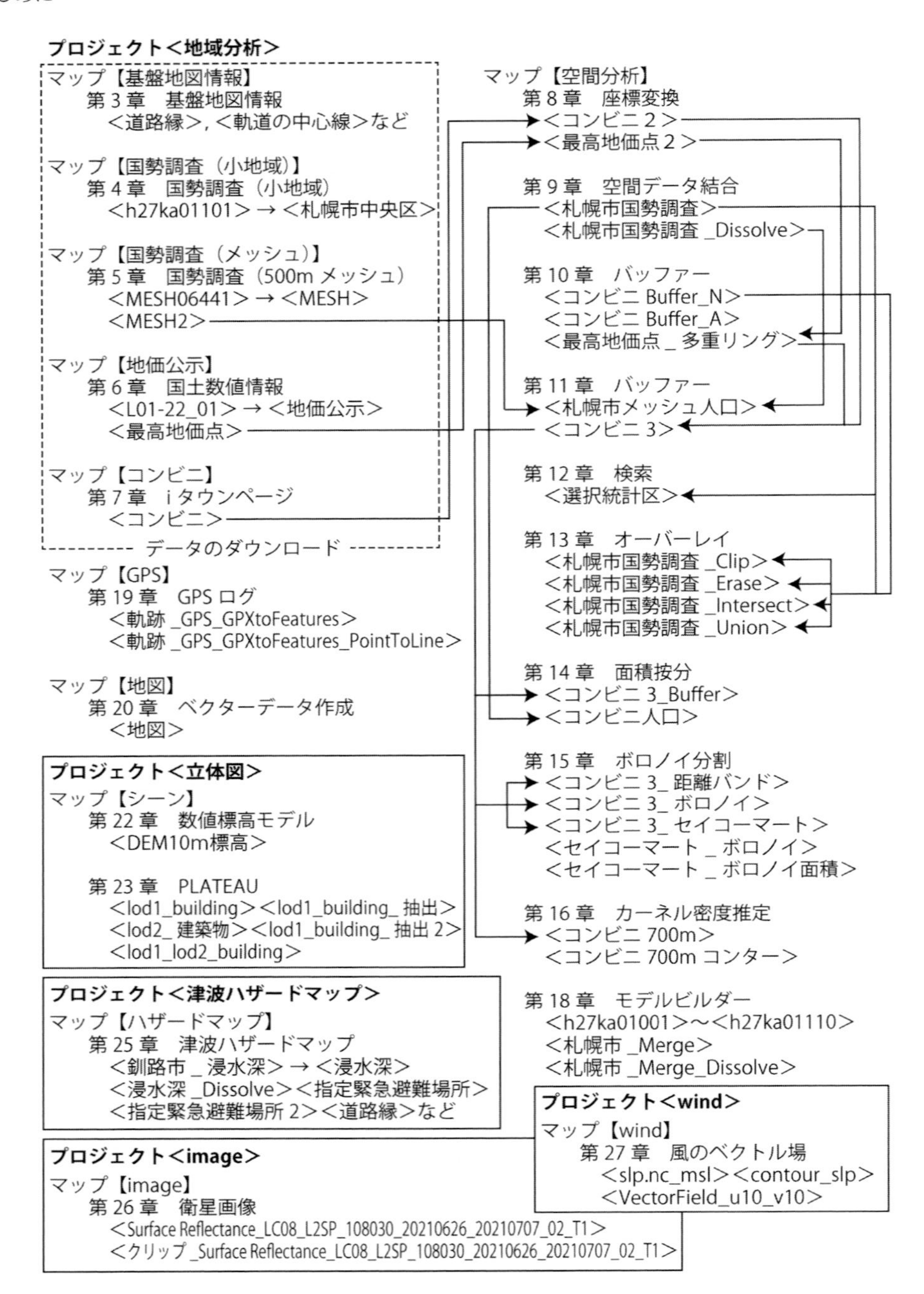

第１図　本書における分析の進め方

括弧内は各章で新たに作成されるフィーチャクラス名。

本書は，Web サイトからダウンロードできるデータを中心に解説しており，ネットワーク環境の整ったパソコンと ArcGIS Pro があれば，ほとんどの作業を実行することができる（一部の作業では Excel を用いる）。Web サイトやデータ内容に関しては，できる限り新しい情報を掲載するように努めたが，今後の情報提供側の更新作業などでサイトの内容やファイル名が変更になった場合には，本書の内容と一致しなくなることをご了承いただきたい。なお，ArcGIS Pro の最新情報

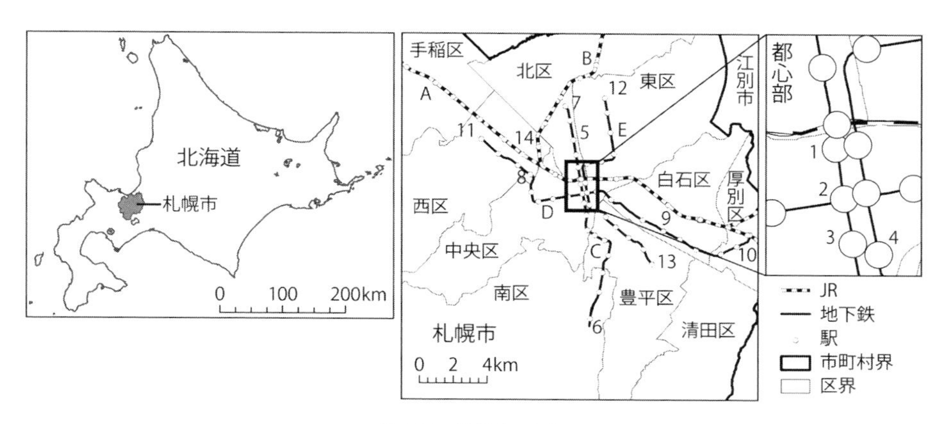

第 2 図　札幌市の概観

〔JR〕A: 函館本線，B: 札沼線。〔地下鉄〕C: 南北線，D: 東西線，E: 東豊線。〔駅：都心部〕1: 札幌（JR, 南北線，東豊線），2: 大通（南北線，東西線，東豊線），3: すすきの，（南北線）4: 豊水すすきの（東豊線）。〔駅：周辺部〕（南北線）5: 北 24 条，6: 真駒内，7: 麻生，（東西線）8: 琴似，9: 白石，10: 新さっぽろ，11: 宮の沢，（東豊線）12: 栄町，13: 福住，（JR）14: 琴似。

に関しては ESRI ジャパン株式会社の Web サイト（https://www.esri.com）を確認してほしい。

本書の大部分では，主に札幌市に関する地理空間情報を扱っている（第 2 図）。これは著者全員が札幌市に居住した経験を持ち，研究および教材の蓄積を行ってきたため，当市に関する GIS や地理空間情報の資料を豊富に保有していたことによる。また，札幌市における地物は，大学における GIS の実習で扱うことを考えた場合，適正な規模であることも理由である。

本書は科学研究費助成金の基盤研究（C）「千島海溝地震による津波の避難行動モデル化と情報統合システム構築」（2019 ～ 2021 年度，課題番号 19K01166, 代表者：橋本雄一），基盤研究（C）「ブラックアウト・ホワイトアウトを考慮した千島海溝地震の津波避難モデル構築」（2022 ～ 2024 年度，課題番号 22K0104002，代表者：橋本雄一），文部科学省受託研究「災害の軽減に貢献するための地震火山観測研究計画（第二次）」（2019 ～ 2023 年度）の課題研究「地理空間情報の総合的活用による災害への社会的脆弱性克服に関する人間科学的研究」（課題番号：HKD07，代表者：橋本雄一），基盤研究（C）「港湾観光都市における津波率先避難の意思決定モデル構築とシミュレーション分析」（2020 ～ 2022 年度，課題番号 20K1239410, 代表者：深田秀実）の成果の一部である。

最後に，本書を出版するにあたり多くの関係者の方々にお世話になった。特に，正木千陽会長兼社長をはじめ ESRI ジャパン株式会社の方々からは，常日頃より研究に対する手厚いサポートをいただいている。また，本書の作成にあたり，同社札幌オフィスの皆様からは様々な製品情報を頂戴した。国土交通省国土地理院北海道地方測量部の皆様には新しい地理空間情報に関してご教授いただいた。産学官 CIM・GIS 研究会および特定非営利活動法人 Digital 北海道研究会の方々からは，本書に関し多くの貴重なご意見を頂戴し，特に滝澤 藍氏には本書の内容確認でお世話になった。奈良大学文学部地理学科の森友陽喬氏には原稿作成でお手伝いいただいた。その他にも，初版から六訂版まで，多くの方から様々なご意見や重要なご指摘を頂戴した。ここに記して深く感謝申し上げる。

最後に，ご尽力いただいた株式会社古今書院の橋本寿資社長と本書の刊行に際して編集の労をとっていただいた株式会社古今書院の福地慶大氏と関 秀明氏に心より御礼申し上げる。

2022 年 9 月 16 日
橋本　雄一

【ArcGIS Pro 3.0 のシステム要件】

ArcGIS Pro 3.0 のインストールを行う前に，使用する PC がシステム要件を満たしていることを確認してほしい。システム要件は ArcGIS Pro のセットアップページ（https://pro.arcgis.com/ja/pro-app/latest/get-started/arcgis-pro-system-requirements.htm）に記載がある。

【本書で使用した PC】

プロセッサ：Intel Core i9-9900K CPU 3.60GHz

実装 RAM：32.0GB

OS：Windows 11

【本書で用いる記号】

＜　＞はフォルダやファイル,「　」はコメント（ハイパーリンクが張ってあるものを含む),【　】はメニューやボタン,《　》はウィンドウやツールバーを示す。

【ファイルの保存場所の表記】

＜ C:¥Users¥(ユーザー名)¥ ＞の部分は全体を通して共通であるため，本文中では＜ C:¥...¥ ＞と表記する。

【五訂版から六訂版にかけての主な変更点】

- 2022 年 8 月に日本語版がリリースされた ArcGIS Pro 3.0 に対応。
- イレース，面積按分，ボロノイ分割など新しいコマンドを解説
- 地理院地図や PLATEAU の 3 次元表示およびアニメーション作成を解説
- 『二訂版 QGIS の基本と防災活用』(2017 年，古今書院）の津波ハザードマップ作成を ArcGIS Pro 3.0 で行う章を新設。
- 津波浸水想定に関しては 2021 年 7 月に公表された GIS データを使用。
- ArcMap のみで説明していた内容（風のベクトル場表示など）を ArcGIS Pro で解説。
- その他にも ArcGIS Pro の操作方法を大幅に追加。
- Windows11 に対応。
- 各種 Web サイトの変更に対応。

【ArcGIS Pro 3.0 を使用するための準備】
(2022 年 8 月 19 日時点）

(1) インストールするための準備

2022 年 8 月現在，ArcGIS Pro 3.0 をインストールするためには，＜ .NET 6 Desktop Runtime x64 ＞ が必要である。これはマイクロソフトの Web サイト（https://dotnet.microsoft.com/en-us/download/dotnet/6.0）で入手できる。このページでは「Windows」の「x64」を選択して，ファイルをダウンロードしてからセットアップを行う。

(2) Excel を扱うための準備

ArcGIS Pro 3.0 に Excel ファイルを読み込んだり，Excel ファイルを含むプロジェクトファイルを開いたりするためには，Excel 用の Microsoft Access データベースエンジン 2016 再頒布可能コンポーネント（Microsoft Access Database Engine 2016 Redistributable 64-bit driver）をインストールする必要がある。Excel の利用については利用環境により必要となるドライバーが異なるため，ArcGIS Pro のヘルプページ「Microsoft Excel ファイルを操作するためのドライバーをインストール」(https://pro.arcgis.com/ja/pro-app/latest/help/data/excel/prepare-to-work-with-excel-in-arcgis-pro.htm）を確認してほしい。筆者の場合，マイクロソフトの Web サイト（https://www.microsoft.com/ja-JP/download/details.aspx?id=54920）から＜ accessdatabaseengin_X64.exe ＞をダウンロードしてインストールした（32 ビットの Office 製品がインストールされているとエラーが出ることがあり，その場合には Microsoft Access engine 2010 (Japanese) と Microsoft Office Access database engine 2007 (English) をアンインストールすると上手くいく場合がある)。

(3) 国内データを扱うための準備

ArcGIS Pro 3.0 に基盤地図情報などの国内データをインポートするためには，ESRI ジャパン株式会社の Web サイト（https://doc.esrij.com/pro/get-started/setup/user/addin_tool/）から国内データ変換のためのアドインツール（ESRIJ.ArcGISPro.AddinJPDataCnv_v19.zip）をダウンロードして，インストールする必要がある。

「ArcGIS Pro 3.0 における仕様変更」については，2022 年 9 月 7 日に公開された ESRI ジャパン公式ブログ（https://blog.esrij.com/2022/09/07/post-45095/）に詳細な説明が掲載されている。今後も，このサイトで新しい情報を確認してほしい。

目　次

第1部　基本概念

第1章　GISと地理空間情報の概要

1-1　GISとは

GIS（Geographical Information System：地理情報システム）は，地理空間情報（G空間情報）を検索・分析・表示（可視化）するためのシステムである。

地理空間情報は，建物や道路などの地物（地図に表記できるものの総称）に，空間上の特定の地点や区域などを示す位置情報を付加したものを指す。この地理空間情報をGISで使用するために，空間データや属性データとして数字や記号などの形式で記録したものがジオデータである（図1-1）。

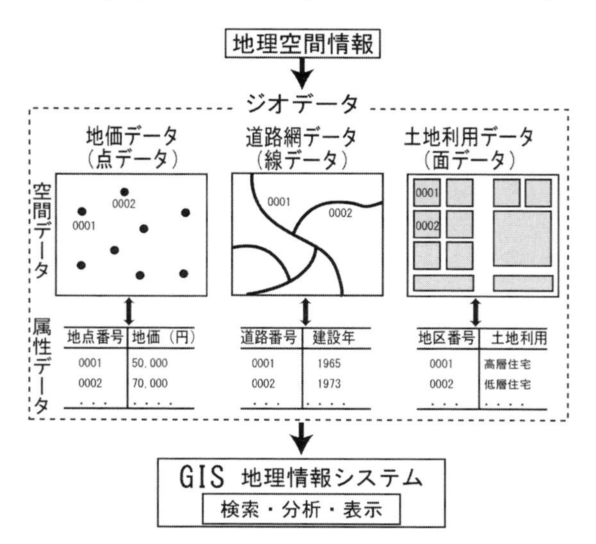

図1-1　GISの概念

地理空間情報は，現実世界の地物を選択および抽象化したものであり，目的に適合したジオデータをGISで使用することが必要となる（図1-2）。

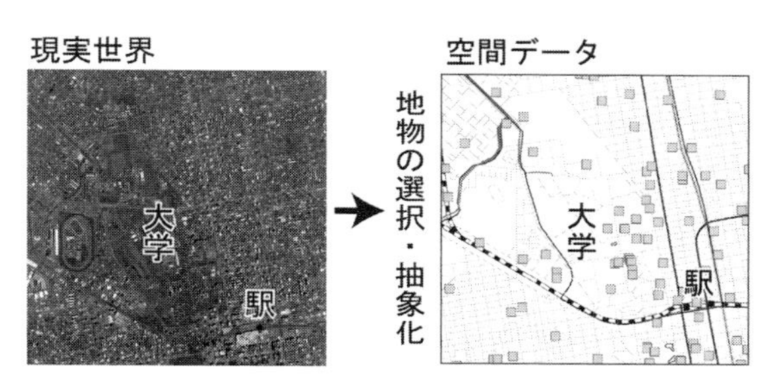

図1-2　地理空間情報の概念

1-2　日本のGISに関する国家計画

日本でGISや地理空間情報の重要性が広く認識されるようになったのは，1995年1月17日の阪神淡路大震災である。この時には情報収集や集約が十分に行えず，情報不足の状態で政府，官庁，地元行政機関，防災関連機関などが災害時支援を行わなければならなかった。そのため，今後の災害への対応としてGISおよび地理空間情報の整備に関する社会的要望が高まり，1990年代後半から日本ではGISや地理空間情報に関する国家計画が進められた（橋本編，2009）（図1-3）。

国家計画の推移をみると，まず「GISアクションプログラム2002－2005」では地理空間情報とGISを統合的に整備する施策が中心であったが，「GISアクションプログラム2010」になると地理空間情報とGISに関する施策が別個にまとめられた。

その後，2007年に施行された地理空間情報活用推進基本法（NSDI法）（平成19年法律第63号）と2008年に閣議決定された地理空間情報活用推進基本計画では，地理空間情報，GIS，衛星測位

図1-3　日本の地理空間情報に関する国家計画の推移

の各項目に分けて施策の説明がなされた（橋本，2009)。この計画は，政府と産学官が一体となって，誰もがいつでもどこでも必要な地理空間情報を使ったり，高度な分析に基づく的確な情報を入手し行動したりできる地理空間情報高度活用社会の実現を目指すものであった（橋本，2011)。

2012年策定の地理空間情報活用推進基本計画（第2期）では3項目の共通施策として災害対応の項目が設定された（図1-4)。これは，東日本大震災からの復興と今後の災害への備えとして統合的施策の必要性が高まったことによる（橋本，2013)。また，この時期には宇宙基本法（平成20

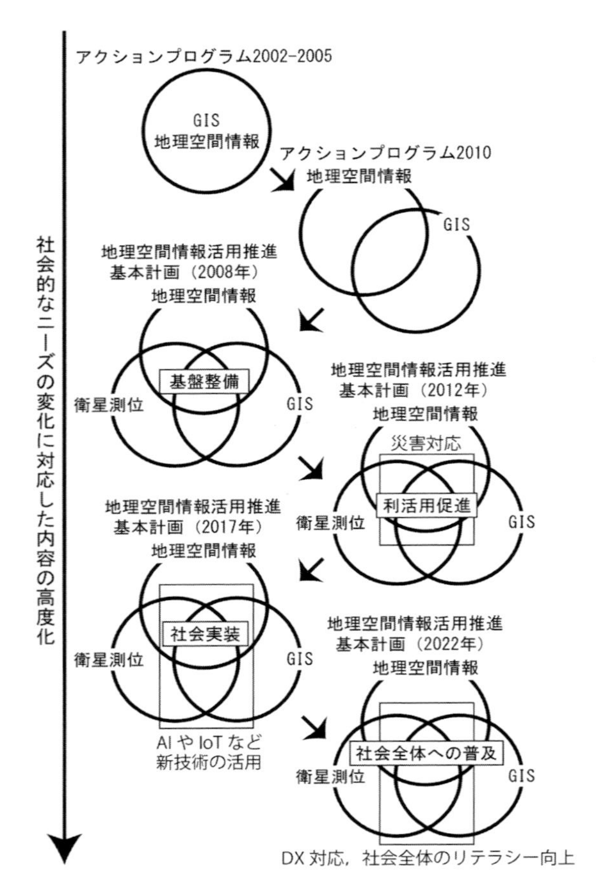

図1-4　地理空間情報に関する基本計画の推移

年法律第43号）や海洋基本法（平成19年法律第33号）など，GISや地理空間情報の活用を進める上で関連の深い基本法が整備された。

2017年に策定された地理空間情報活用推進基本計画（第3期）では地理空間情報，GIS，衛星測位に加え，IoT（Internet of Things）や人工知能（AI）などをキーワードとし，2018年度に日本の準天頂衛星4機体制の本格的運用を視野に入れた計画が示された。この計画策定の直前には，官民データ活用推進基本法（平成28年法律第103号）が成立し，オープンデータの活用推進を目指すための法律が整備された（橋本編，2017)。

2022年に策定された地理空間情報活用推進基本計画（第4期）では，激甚化・頻発化する自然災害や地球規模の環境問題への対応，デジタルトランスフォーメーション（DX）による生産性向上，豊かな暮らしのための多様なサービスの創出を推進することが記されている。また，この計画では，2022 年度から高校で必修となった「地理総合」との関係が明記され，その中には国民の地理空間情報に対するリテラシー向上の推進など人材育成を重視した内容が含まれている。

以上のように，GIS や地理空間情報の活用に関する取組は，第 1 期の基盤整備，第 2 期の利活用促進，第 3 期の社会実装へと段階的に進められ，第 4 期は社会全体への情報基盤の普及を狙う内容となっている。このような動きの中で，日本では地理空間情報の整備や蓄積が急速に進められている。

1-3　データモデル

1-3-1　レイヤーモデル

GIS で用いるデータは，現実世界の地物群を理想的な状態に単純化および抽象化したものであり，大きく空間データ（図形データ）を扱う幾何位相構造と，属性データを扱う属性関係構造で表現される。現在，このデータモデルとしては，レイヤー（構造化）モデルやオブジェクト指向モデルなどが用いられている。

レイヤーモデルは，道路，河川，行政界，等高線などの地物を層状に積み重ねたレイヤー群により構築されるモデルである（図 1-5）。レイヤーでは，一般に空間データと属性データとが別々に記録され，両者をフィーチャーの識別 ID によってリンクするリレーショナル構造をとることで，空間情報の蓄積がはかられる。

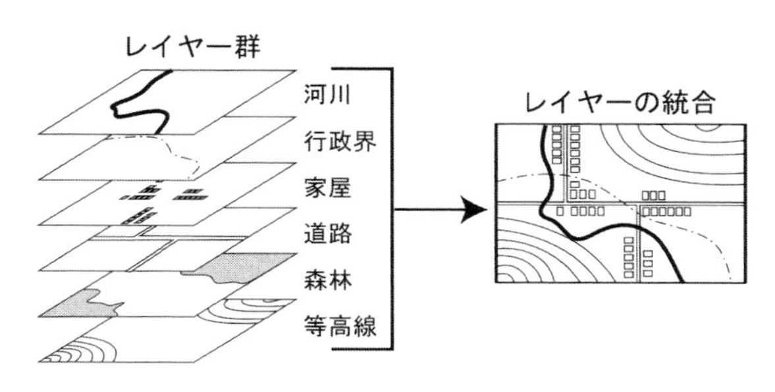

図 1-5　レイヤー（構造化）モデル

このレイヤー化された空間データは内容によってベクター形式またはラスター形式で記述され，離散的な地物情報（道路，河川など）に関してはベクター形式，連続的な地表面情報（標高，写真など）に関してはラスター形式が用いられることが多い。

1-3-2　ベクター形式のデータ

レイヤーモデルにおいて，ベクター形式のデータ（ベクターデータ）は，ポイント（点），ライン（線），ポリゴン（面）で構成され，それぞれが属性と対応する（図 1-6）。

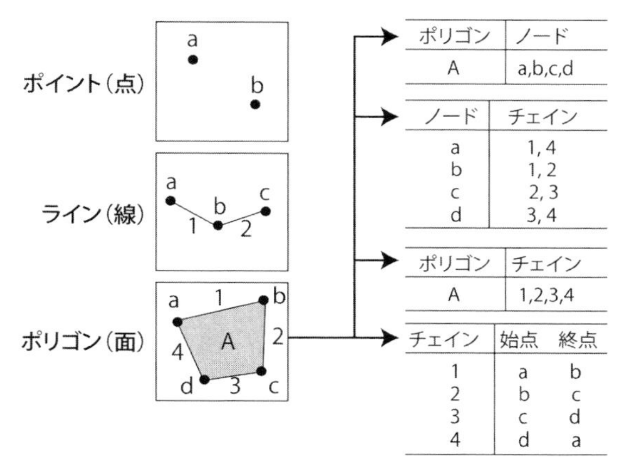

図 1-6　ベクター形式のデータ

ポイント（point）データは，座標を用いて位置を示すものであり，GIS で店舗などの立地を示す場合に使用される。複数のポイントがある場合には，座標に ID 番号を付与するなどして，個々を区別できるようにする。

ライン（line）データは，複数のポイントを繋ぐことにより表現されるものであり，GIS で河川，道路，鉄道などを示す場合に使用される。このラインの端点や結節点はノード（node）と呼ばれ，単なるポイントとは区別される。また，この端点や結節点を連結する線はチェイン（chain）やアーク（arc）と呼ばれる。このラインデータは，GIS では河川，道路，鉄道などを示す場合に使用される。

ポリゴン（polygon）データは，3 点以上のポイントをラインで結んで面を作ることで表現され，GIS で行政界や水域などを示す場合に使用される。このポリゴンで重要なのは，閉じたラインの外側と内側を表す仕組みをもつことである。内側と外側の区別がない場合には，単なる閉じたラインデータ（Polyline）となる。

なお，ここで用いたノード，チェイン，アークなどの名称は，使用するソフトウェアによって異なる。

1-3-3　リレーショナルデータベース

ベクター形式による空間データには，表形式の属性データを関連づけるのが一般的である。属性は，名称などの文字型変数や，各種統計情報などの数値を入力したものであり，リレーショナルデータベース（relational database）として管理される（図 1-7）。

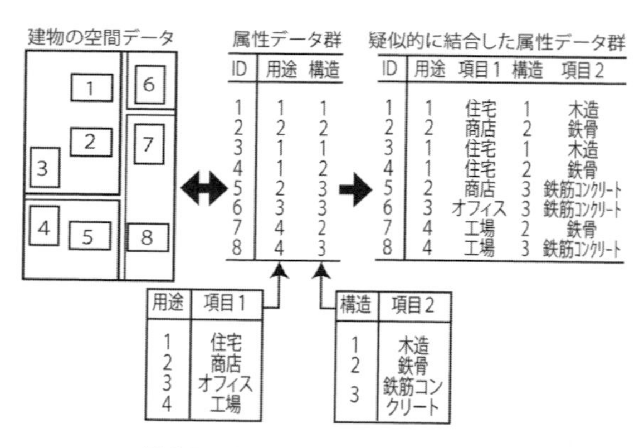

図 1-7　リレーショナルデータベース

リレーショナルデータベースは，1 件のデータ（レコード）を複数の項目（フィールド）の集合として表現し，データの集合を表（テーブル）で示したものである。

リレーショナルデータベースにおいて属性情報は相互に関連する複数の表にまとめられる。このデータベースの構築方法は，ID 番号や名前などのキーとなる属性項目を用いて，データの結合や抽出を容易に行なうことができるため，オブジェクト間の複雑な相互関係を扱うのに適している。

リレーショナルデータベースを構築する際には，属性間の連結依存性を保持すること，新規レコードの追加・削除で情報が失われないようにすることなどに注意する必要がある。

なお，最近ではデータ管理の主流がリレーショナルデータベースからオブジェクト指向モデルに移行しつつある。日本の地理空間情報の標準規格である JPGIS（Japan Profile for Geographic Information Standards：地理情報標準プロファイル）は，このオブジェクト指向モデルによる表記を用いて現実世界を記述しようとしており，その詳細は国土地理院の JPGIS に関する Web サイト（http://www.gsi.go.jp/GIS/jpgis-jpgidx.html）に掲載されている。

1-3-4　ラスター形式のデータ

ラスター形式のデータ（ラスターデータ）は，地表をセルに分割し，セル内の情報を数値化することによって地物の位置や形状を表現するものであり，デジタル写真などの画像データに類似したものとなる（図 1-8）。ラスターデータは，多くの場合，規則正しく並べられたグリッド状のピクセル（画素，セル）の集合体で表現される。このピクセルは，画像の最小の単位であり，属性として位置座標をもつ。地上における任意の範囲に対して設定されるピクセルのサイズが小さいほど，画像の精度は上昇し，地物情報を詳細に読み取ることができる。このラスターデータには，衛星画像データ，空中写真データなどが含まれる。

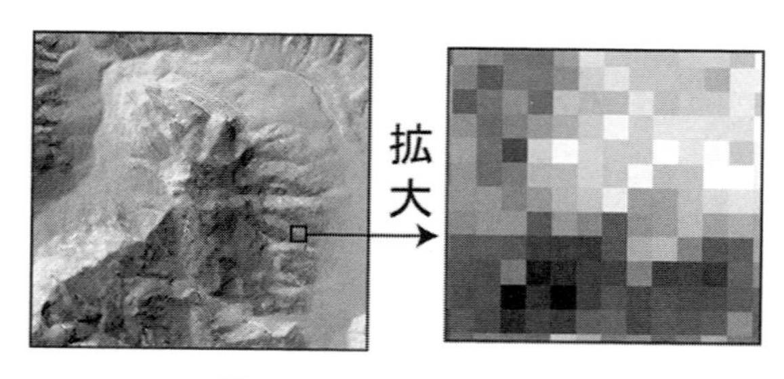

図 1-8　ラスター形式のデータ

1-4　GIS による分析

1-4-1　領域生成

空間分析は，地理空間情報を効率的に利用するために必要な GIS の主要機能であり，ここでは領域生成，空間検索，オーバーレイを紹介する。

領域生成には，バッファー，ボロノイ分割，ドローネ三角網などが含まれる（図 1-9）。バッファーは，オブジェクトが周辺に及ぼす影響を分析するために，任意の点，線，面から等距離にある新たな領域（バッファー）を生成する手法である。

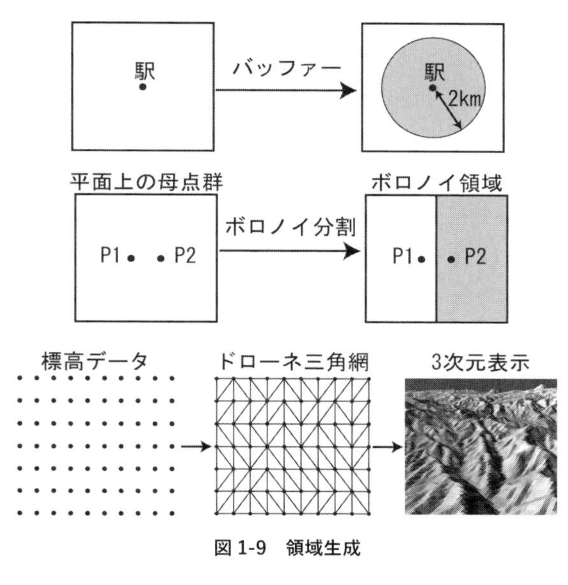

図 1-9　領域生成

ボロノイ分割は，複数のオブジェクト間の影響を考慮して勢力圏を設定する手法の 1 つで，ティーセン分割とも呼ばれる。このボロノイ分割は，複数の施設が存在する領域の中で，隣接する任意の 2 施設を結ぶ線分を想定し，その垂直二等分線で構成される多角形で領域全体を分割する手法である。

ドローネ三角網は，隣接する地点を結ぶことで，領域全体を複数の三角形に分割する手法である。このドローネ三角形は，TIN（Triangled Irregular Network：不規則三角形網）の作成に利用される。TIN は，数値地形モデルの作成にあたり地表を連続した三角形の格子で覆い，頂点に標高情報を与えた空間データであり，これを用いることで点データの集合である標高データを連続した平面で構成される 3 次元図として可視化することができる。

1-4-2　検索

検索とは，利用対象である地理空間情報の中から与えられた条件に合致する情報を抽出する GIS の基本的な機能である。一般には，属性データに関する条件で行う属性検索，地物の位置情報に関する条件で行う空間検索，および両種類を組み合わせた検索がある（図 1-10）。

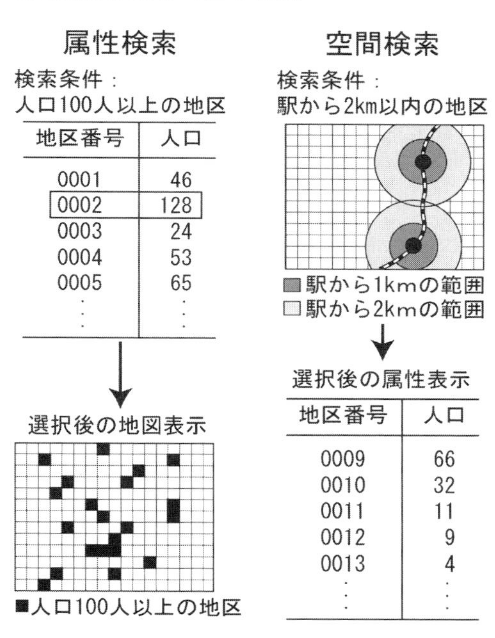

図 1-10　属性検索と空間検索

1-4-3　オーバーレイ

オーバーレイとは，点，線，面を要素とする空間データのレイヤーを複数重ね合わせて，新しい空間データおよび属性データを作成する手法である。このオーバーレイにより，異なる空間データを同一の地図上において扱うことが可能となる。オーバーレイで新しいデータを生成する際には，点，線，面の空間的位相関係が更新される（図 1-11）。前述したようなバッファーやボロノイ分

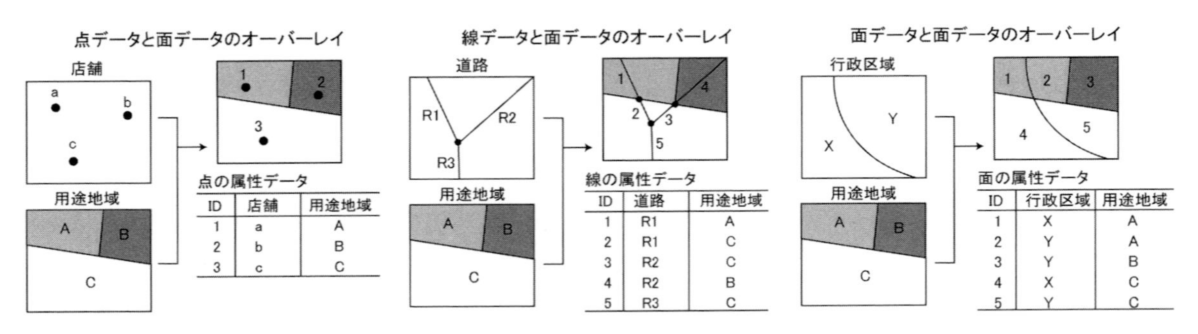

ID	店舗	用途地域
1	a	A
2	b	B
3	c	C

ID	道路	用途地域
1	R1	A
2	R1	C
3	R2	C
4	R2	B
5	R3	C

ID	行政区域	用途地域
1	X	A
2	Y	A
3	Y	B
4	X	C
5	Y	C

図 1-11　オーバーレイ

割などで新領域を生成し，それに基になったデータの属性を付加する場合には，このオーバーレイが役立つ。　　（橋本雄一）

【参考文献】

橋本雄一(2009):地理空間情報活用推進基本法と基本計画. 北海道大学文学研究科紀要，127，59-86.

橋本雄一（2011）：日本における地理空間情報の法的環境整備. Docon Report，189，2-7.

橋本雄一（2013）：国家基本計画における地理空間情報の災害対策. 北海道大学文学研究科紀要 ,140，131-174.

橋本雄一編(2009):『地理空間情報の基本と活用』古今書院.

橋本雄一編（2017）：『二訂版　QGIS の基本と防災活用』古今書院.

第1部　基本概念

第2章　座標系

2-1　座標系と測地系

2-1-1　座標系とは

地図では地球上の任意の位置を表現したいとき，緯度・経度など何らかの数値の組み合わせた座標値を用いる。その座標値で地球上の位置を表すための原点や座標の単位などに関する決まりを座標系という。

GISで座標系を決定する場合には，緯度・経度を求める基準となる「測地系」と，地球上の位置を平面描写するための手法である「投影法」を定義する必要がある。

2-1-2　測地系

地球上の任意の位置を表現しようとするとき，緯度・経度を用いる方法がある。例えば，東京駅の位置は「北緯35度40分53秒，東経139度45分58秒」，札幌駅の位置は「北緯43度4分7秒，東経141度21分3秒」となる。このように，緯度・経度を用いれば，世界中どこの位置でも表現でき，現地語による住所表記と違って，世界中の誰もが理解できる（図2-1）。

この緯度・経度を求めるための基準となるものが測地系であり，日本では日本測地系と世界測地系の2種類が使用されている。日本測地系は，明治時代より使用されてきた日本独自の伝統的な測地系である。日本と同様に，世界各国でも独自の測地系が使用されてきたが，地球規模の測量が行われるようになってからは，地球全体に適合した測地系である世界測地系を採用するメリットが大きくなった。そこで2002年4月1日に日本は，測量法で規定されている「測量の基準」を日本測地系から世界測地系へと移行させ，これ以後に作成される地図では，世界測地系が用いられることとなった。

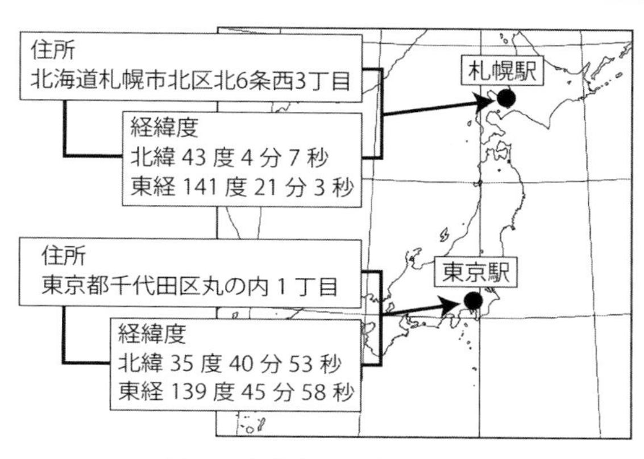

図2-1　経緯度による位置の表現

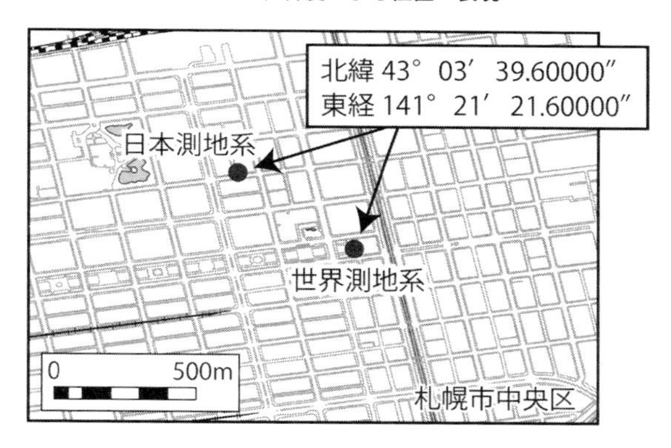

図2-2　測地系による同一座標の位置の違い

同じ座標であっても世界測地系での位置は，日本測地系の位置から，関東地方で約450 m，北海道北部で約400 m，南東方向にずれる（図2-2）。そのため，古い地図と現在の地図を比較するときには，測地系の違いを考慮し，適切な座標値変換を行わなければ位置が一致しない。なお，日本測地系と世界測地系の違いは，準拠楕円体など測地系に関する要素の違いに起因している。

2-1-3　準拠楕円体

地図を作るために経度，緯度，標高などの情報を収集する測量では，まず地球の形について定義を行う必要がある。この地球は宇宙からは球体のようにみえるが，その表面には山や谷が存在して複雑な起伏をもつ。また，自転による遠心力で地球の赤道半径は極半径より長くなっている。このように地球は厳密な意味で真の球体ではないことから，測量では，この形を簡単にするためのモデル化が行われてきた。

その中で，「重力の等ポテンシャル面」，すなわち平均海面で地球を覆った状態を想定したものをジオイド（geoid）と呼び，これが地球の形を考える場合の基本的なモデルとなる。しかし，このジオイドは重力の影響などで局所的な起伏が多く，緯線や経線を設定できるような滑らかな楕円体とはならない。そこで，地球の形状を理想化した幾何学的立体として，測地学の立場から各種の観測地を用い，現実の地球に最も適合した扁平な回転楕円体を決定して，地球を近似する試みがなされている。この楕円体を地球楕円体と呼び，これによって緯線や経線の設定を容易に行うことができる（小白井，2010）。

準拠楕円体は，測量の基準として用いる地球楕円体である。これまでに，準拠楕円体として数多くの提案がなされてきたが，近年ではGRS80（Geodetic Reference System 1980：測地基準系 1980）楕円体が用いられてきた（図 2-3）。このGRS80楕円体は，1979年の国際測地学地球物理学連合（IUGG）の総会が決議した物理定数などの勧告から導かれたもので，その長半径は 6,378,137 m，扁平率は 1/298.257222101 と決めら

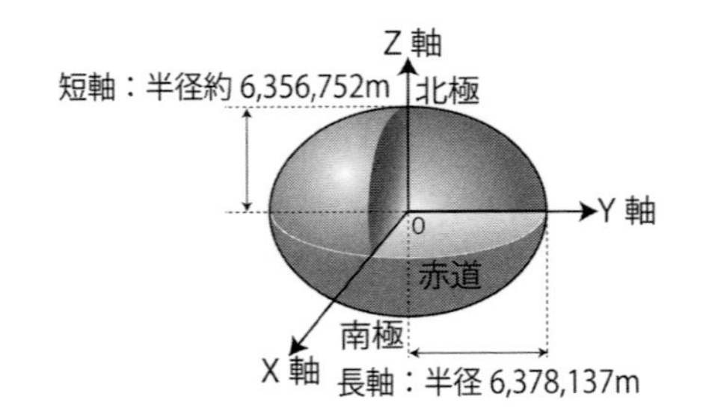

図 2-3　地理座標系のための準拠楕円体

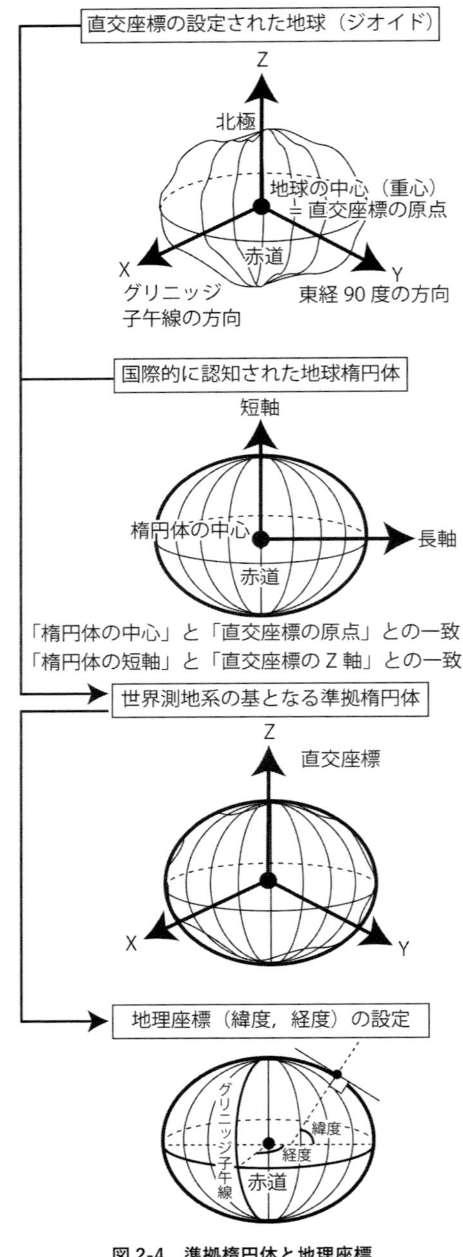

図 2-4　準拠楕円体と地理座標

れている。このように地球楕円体を，ある特定の取り決めによりジオイドに当てはめて，緯度および経度による地理座標の基準として使うことができるようにしたものが準拠楕円体である（図2-4)。なお，採用される楕円体は，国や地域によって異なる場合がある。

日本は，明治時代よりドイツの測量技術を採用してきたため，日本測地系の時代にはベッセル楕円体という定義を採用してきた。しかし，現在の世界測地系ではGRS80楕円体を採用している。なお，GPSではWGS84楕円体という準拠楕円体が利用されているが，これはGRS80楕円体との極半径の差が0.1 mmしかないため，実用上ほぼ同一のものと考えて差し支えない（表2-1)。

測量で用いられる緯度と経度は，正しくは地理緯度（測地緯度）および地理経度（測地経度）という。緯度は任意の地点における楕円体面の法線と赤道面との角度であり，経度は任意の地点を通る子午線と本初子午線との角度である。なお，地球楕円体の重心に原点を置いた座標は地心三次元直交座標（地心直交座標）と呼ばれる。任意の地点と地球楕円体の重心を結ぶ線が赤道面となす角度は地心緯度であり，緯度（地理緯度）とは異なる（図2-5)。

表2-1　準拠楕円体の種類

楕円体名	赤道半径（m）	扁平率の逆数	測地系
ベッセル	6,377,397.155	299.152813	日本測地系
GRS80	6,378,137	298.257222101	世界測地系
WGS84	6,378,137	298.257223563	世界測地系

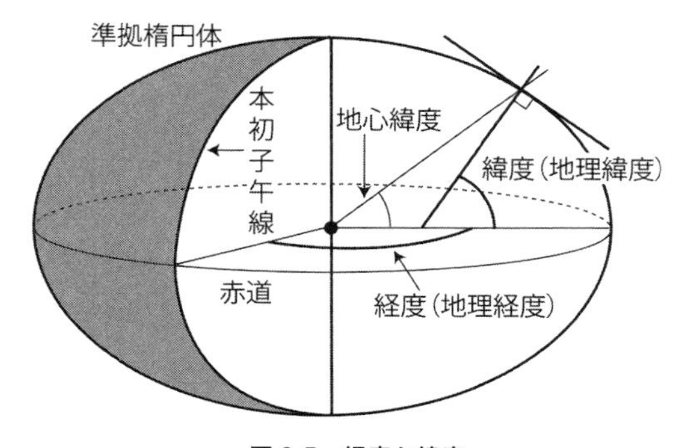

図2-5　経度と緯度

2-2　地理座標系

ここからGISを扱う上で理解しておくべき座標系として，ここでは地理座標系（測地座標系）と投影座標系の2種類を説明する。

地球上の特定の位置を表すために使われるのが，緯度と経度という地理座標である。これらの値で位置を表現する仕組みを地理座標系という。地理座標系では，地球の形として採用する準拠楕円体により座標が設定される。そのため，この楕円体が異なると，座標は違ったものになる。現在，日本の基準となっている世界測地系は，国際地球回転・基準系事業（IERS）が構築しているITRF（International Terrestrial Reference Frame：国際地球基準座標系）に基づいている（小白井，2010)。このITRFは更新が続いており，以前に構築したものと区別するため，ITRF94やITRF2008というように名称に年号が付与されている。

日本における世界測地系としては，ITRF94とGRS80楕円体を基本として作られた測地成果2000（JGD2000）が，2002年4月1日より採用されてきた。しかし，2011年に東日本大震災が発生した影響で，2012年10月31日以降には，一部地域をITRF2008に更新した測地成果2011（JGD2011）へ移行した（図2-6)。また，GPSに

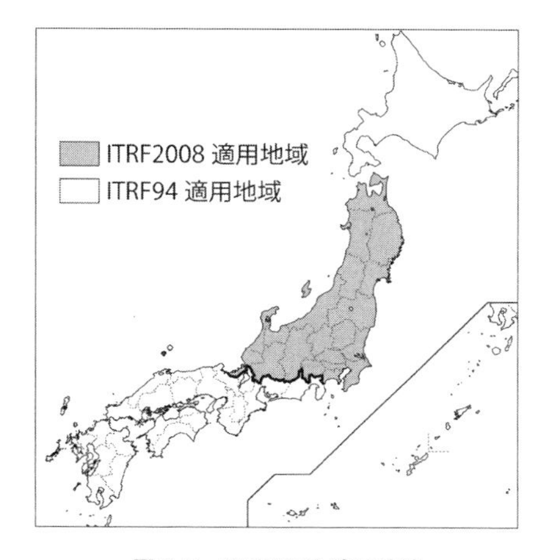

図2-6　ITRF2008適用地域

おいては準拠楕円体と同一名称の WGS84 という座標系が用いられている。

2-3　投影座標系

2-3-1　投影座標系の種類

地理座標系で位置を正確に表すことはできるが，GIS の分析には適していない。これは，度分秒で表現される間隔は同じであっても，メートルなどの距離に置き換えると，場所によって違う値になるためであり，例えば 1 秒あたりの経度の長さは，赤道付近で約 31 m であるが，両極では 0 になる。しかし，GIS で地理座標系を用いて地図を描画しようとすると，X 軸と Y 軸が経緯度の値で設定され，あらゆる場所に関して経度 1°の間隔と緯度 1°の間隔は同じ距離で描かれる。そうすると地図は，高緯度になるほど東西方向に引き伸ばされたような形になる（図 2-7）。

また，地球儀のように，地球を球体のまま縮小して表す場合と違い，平面のモニターに表示する場合には必ず地図に歪みが生じ，距離，角度，面積，方位といった情報を全て正しく表示することは不可能である。

そこで誤差を少なくし，2 次元平面に置き換える方法として投影座標系が考え出された。この投影座標系は，測地系や準拠楕円体によって決定される経緯度を，平面上に投影した座標に変換する方法を定めたものである。投影の方法により地図の精度や範囲が異なるので，目的により使い分ける必要があり，これまでに用途に応じて多くの種類の投影法が考案されてきた。例えば，かつて海図・航路図のための投影法として用いられてきたメルカトル図法は有名である（図 2-8）。

日本においては，大縮尺地図（1/500 ～ 1/5,000 程度）では「平面直角座標系」とよばれる日本独自の座標系が用いられており，中縮尺（1/10,000 ～ 1/50,000 程度）では世界各国で用いられている「UTM 座標系」が利用されることが多い。

地理座標系（JGD2000）

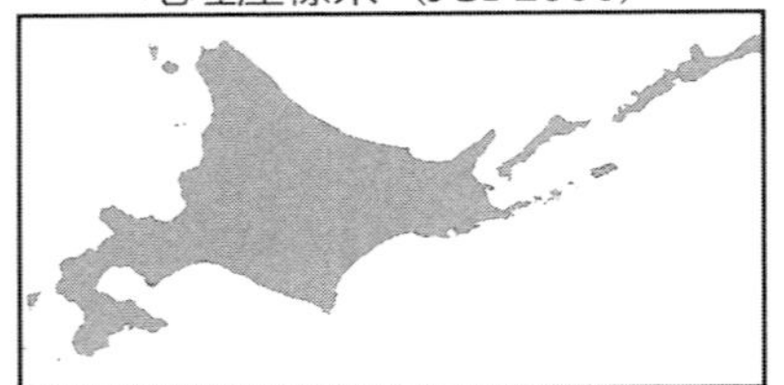

投影座標系（UTM54 帯，JGD2000）

図 2-7　座標系による地図描画の違い

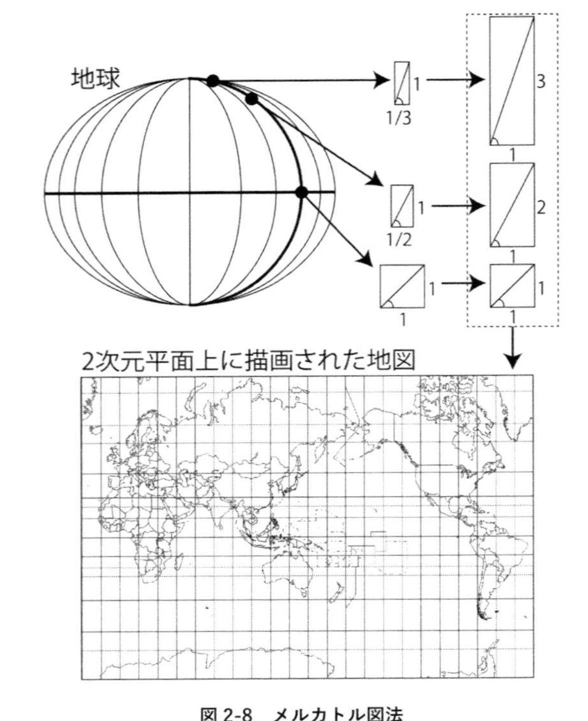

図 2-8　メルカトル図法
政春（2011），永原（2017）を参考に作成。

2-3-2　平面直角座標系

「平面直角座標系」は，日本全土に 19 カ所の原点を設定し，それら原点からの距離を XY 座標値として扱う座標系である。この座標系は，日本の公共測量で利用されることから「公共測量座標系」ともいわれる。座標系の原点は，日本全国において投影時の誤差をできるだけ少なくするように配置され（図 2-9），どの原点がどの地域に対応するかは基本的に都道府県単位で決められている。ただし，北海道のように面積の大きな地域や，東京都や沖縄県のように広い範囲に島嶼部のある地域に関しては，原点は自治体によって異なる（表 2-2）。

もし，地域に対応した原点ではなく，遠く離れた原点を選んだ場合，歪みの大きな地図が描画される。例えば第 12 系で描かれるべき札幌市中央区の基盤地図情報を，第 16 系や第 19 系で描画すると，図 2-10 に示したように歪みが大きくなる

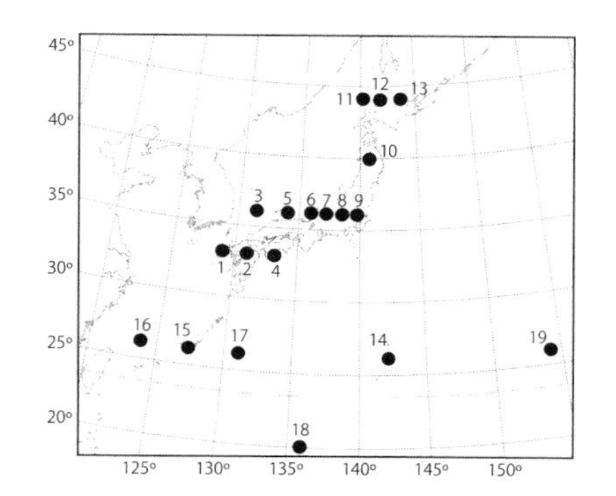

図 2-9　平面直角座標系の原点の位置

国土地理院 Web サイト（http://www.gsi.go.jp/LAW/heimencho.html）により作成。表 2-2 も同様。

表 2-2　平面直角座標系の原点および適用区域

系番号	座標系原点の経緯度		適用区域
	経度（東経）	緯度（北緯）	
1	129 度 30 分 0 秒 0000	33 度 0 分 0 秒 0000	長崎県 鹿児島県のうち北方北緯 32 度南方北緯 27 度西方東経 128 度 18 分東方東経 130 度を境界線とする区域内（奄美群島は東経 130 度 13 分までを含む）にあるすべての島、小島、環礁及び岩礁
2	131 度 0 分 0 秒 0000	33 度 0 分 0 秒 0000	福岡県　佐賀県　熊本県　大分県　宮崎県　鹿児島県（I 系に規定する区域を除く）
3	132 度 10 分 0 秒 0000	36 度 0 分 0 秒 0000	山口県　島根県　広島県
4	133 度 30 分 0 秒 0000	33 度 0 分 0 秒 0000	香川県　愛媛県　徳島県　高知県
5	134 度 20 分 0 秒 0000	36 度 0 分 0 秒 0000	兵庫県　鳥取県　岡山県
6	136 度 0 分 0 秒 0000	36 度 0 分 0 秒 0000	京都府　大阪府　福井県　滋賀県　三重県　奈良県 和歌山県
7	137 度 10 分 0 秒 0000	36 度 0 分 0 秒 0000	石川県　富山県　岐阜県　愛知県
8	138 度 30 分 0 秒 0000	36 度 0 分 0 秒 0000	新潟県　長野県　山梨県　静岡県
9	139 度 50 分 0 秒 0000	36 度 0 分 0 秒 0000	東京都（XIV 系、XVIII 系及び XIX 系に規定する区域を除く）　福島県　栃木県　茨城県　埼玉県 千葉県 群馬県　神奈川県
10	140 度 50 分 0 秒 0000	40 度 0 分 0 秒 0000	青森県　秋田県　山形県　岩手県　宮城県
11	140 度 15 分 0 秒 0000	44 度 0 分 0 秒 0000	小樽市　函館市　伊達市　北斗市　北海道後志総合振興局の所管区域　北海道胆振総合振興局の所管区域のうち豊浦町、壮瞥町及び洞爺湖町　北海道渡島総合振興局の所管区域　北海道檜山振興局の所管区域
12	142 度 15 分 0 秒 0000	44 度 0 分 0 秒 0000	北海道（XI 系及び XIII 系に規定する区域を除く）
13	144 度 15 分 0 秒 0000	44 度 0 分 0 秒 0000	北見市　帯広市　釧路市　網走市　根室市　北海道オホーツク総合振興局の所管区域のうち美幌町、津別町、斜里町、清里町、小清水町、訓子府町、置戸町、佐呂間町及び大空町　北海道十勝総合振興局の所管区域　北海道釧路総合振興局の所管区域　北海道根室振興局の所管区域
14	142 度 0 分 0 秒 0000	26 度 0 分 0 秒 0000	東京都のうち北緯 28 度から南であり、かつ東経 140 度 30 分から東であり東経 143 度から西である区域
15	127 度 30 分 0 秒 0000	26 度 0 分 0 秒 0000	沖縄県のうち東経 126 度から東であり、かつ東経 130 度から西である区域
16	124 度 0 分 0 秒 0000	26 度 0 分 0 秒 0000	沖縄県のうち東経 126 度から西である区域
17	131 度 0 分 0 秒 0000	26 度 0 分 0 秒 0000	沖縄県のうち東経 130 度から東である区域
18	136 度 0 分 0 秒 0000	20 度 0 分 0 秒 0000	東京都のうち北緯 28 度から南であり、かつ東経 140 度 30 分から西である区域
19	154 度 0 分 0 秒 0000	26 度 0 分 0 秒 0000	東京都のうち北緯 28 度から南であり、かつ東経 143 度から東である区域

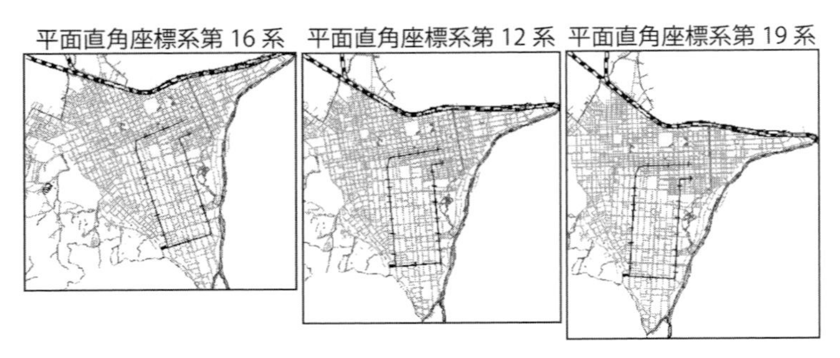

図 2-10　異なる座標系による地図描画の違い

ため，適切な原点を選択することが重要である。

平面直角座標系の X 軸は，座標系原点において子午線に一致する軸であり，真北に向う値が正となる。また，座標系の Y 軸は，座標系原点において座標系の X 軸と直交する軸であり，真東に向う値が正となる。なお，原点の座標は，X 軸も Y 軸も 0 m となる。

ここで座標値の表記例を示すと，東京駅の緯度・経度「北緯 35 度 40 分 53 秒，東経 139 度 45 分 58 秒」は，平面直角座標系では「第 9 系：X（南北）= -35346.213 m，Y（東西）= -6084.681 m」となる。しかし，一般的に GIS の座標は，Y が南北，X が東西となるため，実際に GIS で東京駅の位置を表現する際は，「X（東西）= -6084.681 m，Y（南北）= -35346.213 m」となる。このように平面直角座標系の座標値を取り扱う場合には，X 軸と Y 軸が逆となる可能性があるため注意が必要である。

2-3-3　UTM 座標系

UTM 座標系は，ユニバーサル横メルカトル図法（Universal Transverse Mercator Projection）により投影を行って，北緯 84 度から南緯 80 度の間の地域を 6 度ごとの経線で 60 のゾーンに分割しに沿って分割し，赤道と中央経線の交点を原点として設定された投影座標系である。これらのゾーンは，経度 180 度の線を始発線とし，西から東に向かって第 1 帯，第 2 帯，・・・，第 60 帯と名付けられている。各ゾーンの中央を通る経線が中央経線であり，この中央経線の両側にある 3 度の範囲が平面上にガウス・クリューゲル図法によって平面上に投影される（図 2-11）。

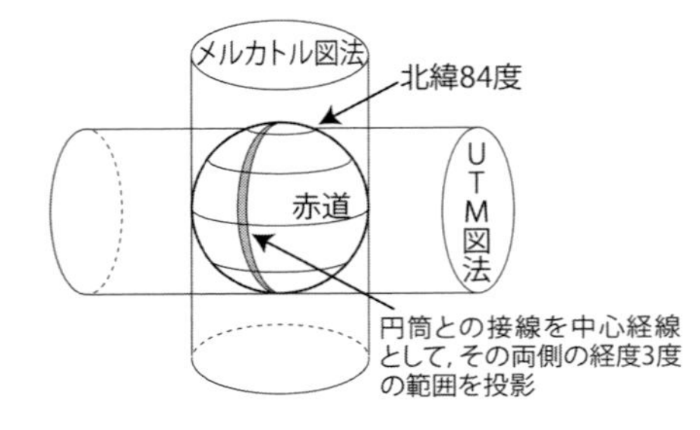

図 2-11　ガウス・クリューゲル図法による投影

日本が属する UTM 座標帯は 6 ゾーンあり，それらの中央経線の経度は，第 51 帯が東経 123 度，第 52 帯が東経 129 度，第 53 帯が東経 135 度，第 54 帯が東経 141 度，第 55 帯が東経 147 度，第 56 帯が東経 153 度である（図 2-12）。UTM 座標系は，平面直角座標系と違って世界中で利用されており，日本では都道府県単位など比較的広域のデータを作成するときに利用される。

UTM 座標系では，中央経線が X 軸であり北方向に進むと座標値が増加する。また，赤道が Y 軸であり，東方向に進むと座標値が増加する（図 2-13）。各ゾーンの原点は，赤道と中央経線の交点であり，同一地点であっても，その座標値は北半球と南半球で異なる。北半球に対しての原点は X=0 m，Y=500,000 m であるが，南半球に対しての原点は X=10,000,000 m，Y=500,000 m となる。これは，負の座標値をもつ地域を作らず，すべての位置を正の座標値で表すための措置である。

なお，この UTM 座標系も，平面直角座標系と

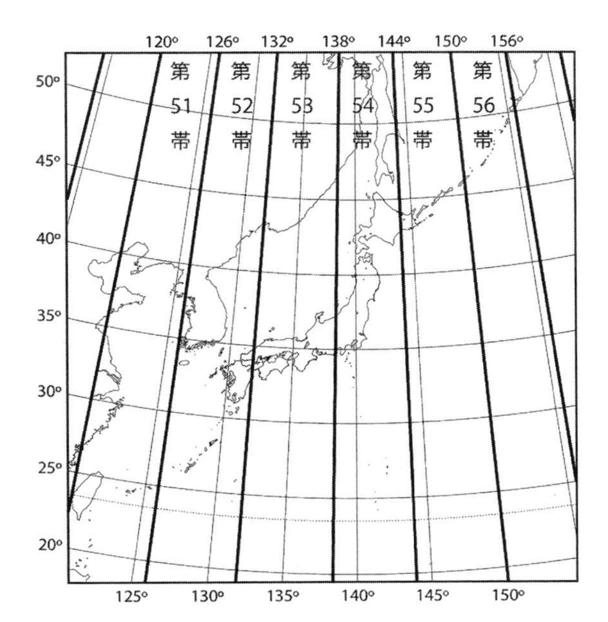

図 2-12　日本周辺における UTM 座標の適用区域

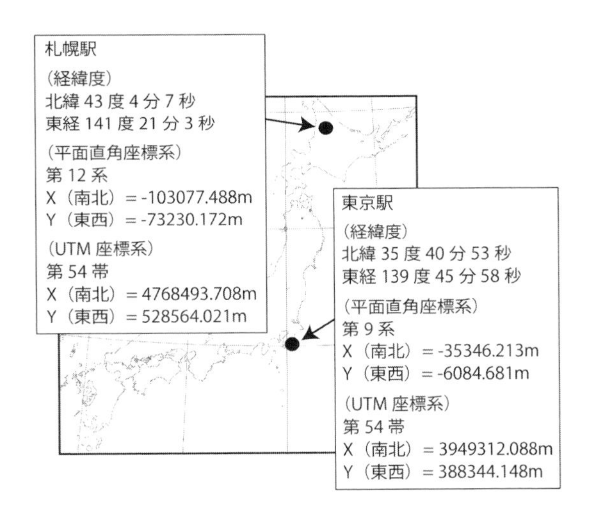

図 2-13　地理座標系（経緯度）・平面直角座標系・UTM 座標系の違い

同じく南北方向を Y 軸，東西方向を X 軸とする場合があり紛らわしいので，中央経線を N 軸，赤道を E 軸などと表記する例もある。

2-4　座標系などに関する注意点

2-4-1　GIS における注意点

測地系および座標系をまとめると，表 2-3 のようになり，GIS データは，いずれかの座標系に属することになる。この座標系の取り扱いを間違えた場合，正しくデータ入力をしていると思っていても，原点がずれるなど大きなトラブルの生じる可能性がある。見慣れない GIS データを入手したら，まず座標系が何であるかを確認し，必要に応じて座標の定義や変換をしてから作業を行うことが重要である。

また，通常は緯度・経度の座標値を度・分・秒で表すが，分・秒は 60 進法であるため GIS での計算では非常に扱いづらい。そこで，GIS では度・分・秒を十進法の小数で表した「十進緯度・経度」が基本になる。この十進緯度・経度は「度＋（分 /60）＋（秒 /3600）」で求められる。例えば，東京駅の座標である「北緯 35 度 40 分 53 秒，東経 139 度 45 分 58 秒」は，コンピュータ上では十進緯度・経度である「北緯 35.68138 度，東経 139.76611 度」となる。

ここで，注意すべきトラブルの事例を紹介する。2012 年 10 月 31 日以降の GIS データは，原則的に世界測地系の測地成果 2011（JGD2011）で作成されているが，現在でも事情により，日本測地系または世界測地系の測地成果 2000（JGD2000）で作成されるケースもある。特に，地方自治体が製作したデータに関しては，この点に関して注意が必要である。もし，GIS 上で複数の地図を重ねて表示したときに，一部の地図の表示が斜め方向に約 400 ～ 450 m ずれる場合は，その地図が日本測地系である可能性を検討してほしい。

また，平面直角座標系や UTM 座標系でよくあるトラブルとして，単位に起因するものがある。これらの座標系では，通常は「メートル」で座標値が表記されるが，まれに「センチメートル」や

表 2-3　代表的な座標系

測地系名称	楕円体名	座標系		主な用途
日本測地系（Tokyo97） ※2002年3月末まで	ベッセル	地理座標系（経緯度）		位置の表現
		投影座標系（距離）	平面直角座標系（1～19系）	公共測量
			UTM座標系（51～56帯）	国土地理院の地形図
世界測地系（JGD2000） ※2002年4月1日から 世界測地系（JGD2011） ※2012年10月31日から	GRS80	地理座標系（経緯度）		位置の表現
		投影座標系（距離）	平面直角座標系（1～19系）	公共測量
			UTM座標系（51～56帯）	国土地理院の地形図
世界測地系（WGS84）	WGS84	地理座標系（経緯度）		GPS
		投影座標系（距離）		
			UTM座標系（51～56帯）	国際的なデータ流通

「キロメートル」で記録されていることもある。

さらに，平面直角座標系やUTM座標系は，場所や市町村によって系や帯が決まっているが，諸事情により決められた系や帯以外で製作されている場合もある。例えば，北海道の市町村は，平面直角座標系では11～13系，UTM座標系では54～55帯に属するが，北海道全域のデータを1つのファイルにするとき，通常の平面直角座標系であれば11系や13系に属する市町村であっても12系に統一する場合がある。同様に，UTM座標系の場合，北海道の大部分をカバーする54帯に，その他のゾーンの地域も統一する場合がある。以上のようなトラブルを避けるためにも，データの投影法や座標の単位を確認してから作業を行うことが必要である。

なお，この投影法や座標系については，飛田（2004），政春（2011），財団法人日本地図センター編（2003）などを参考にしてほしい。

2-4-2　Webマップにおける注意点

現在ではWebマップが普及したことにより，誰もが，いつでもインターネットで地図を手軽に見ることができる。例えば2013年10月から国土地理院が提供している地理院地図は，Webブラウザ上でシームレスに地図を表示でき，描画範囲も自由に変更できるため非常に便利である。この地理院地図は，これまでに紹介した投影法ではなく，「Webメルカトル」という投影法が用いられている（北村ほか，2014）。

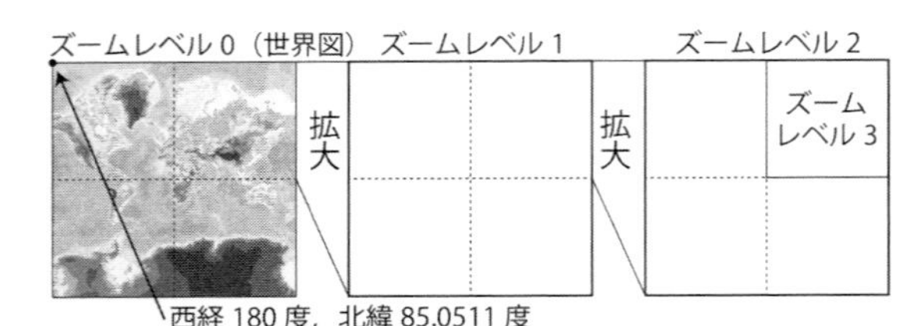

図 2-14　地理院地図のタイル画像
北村ほか（2014）を参考に作成。

Webメルカトルは，メルカトル図法の一種であり，地球上の北緯約85度から南緯約85度までの範囲を正方形として表現する投影法である（図2-14）。この投影法を最初に採用したのはGoogleであり，インターネットを通じて地図をタイル画像（数種類のズームレベルごとに作成されたタイル形状の地図画像）として高速で表示させるのに都合が良いため，Webメルカトルが用いられた。現在では，Webブラウザで公開される多くの地図で，この投影法が採用されている。なお，地理院地図やGoogleマップで採用されている地球楕円体は真球であり，長半径（赤道半径）と短半径（極半径）が同じ6,378,137.0 mである。

Webメルカトルで描かれた地図で注意すべきことは，同一画面であっても場所によって縮尺が異なり，この点が国土地理院の発行する紙の地形図や地勢図と大きく違う。Webメルカトルでは高緯度ほど引き伸ばされて表示されるため，同じ画面内であっても地図の北側と南側で縮尺が異なることに注意してほしい。　　（橋本雄一）

【参考文献】

小白井亮一（2010）：『わかりやすい GPS 測量』オーム社.

財団法人日本地図センター編（2003）『新版　地図と測量の Q&A』財団法人日本地図センター.

北村京子, 小島脩平, 打上真一, 神田洋史, 藤村英範（2014）：地理院地図の公開．国土地理院時報，125，53-57.

飛田幹男（2004）：『世界測地系と座標変換』日本測量協会.

永原和聡（2017）：メルカトル図法　約 450 年の歴史をもつ地図投影法．Newton（2017 年 4 月号），148-149.

政春尋志（2011）：『地図投影法－地理空間情報の技法』朝倉書店.

第3章　基盤地図情報のダウンロードと地図化

3-1　基盤地図情報のダウンロード

3-1-1　基盤地図情報とは

本章は，札幌市中央区の基盤地図情報をダウンロードして，ArcGIS Pro により地図表示を行うまでを説明する。基盤地図情報は，電子地図上の位置を定めるための基準となるものの位置を示す情報である。

国土地理院が提供する基盤地図情報の項目は，「基本項目」，「数値標高モデル」，「ジオイド・モデル」の 3 つに分けられ，本章では主に「基本項目」のデータを使用する。基盤地図情報の詳細については，国土地理院の「基盤地図情報サイト」（https://www.gsi.go.jp/kiban/index.html）で確認できる。なお，国土地理院が作成する基盤地図情報を利用する際には，手続が必要な場合があり，詳しくは「国土地理院の測量成果の利用手続き」（https://www.gsi.go.jp/LAW/2930-index.html）に記されている。

3-1-2　国土地理院のログイン ID とパスワードの取得

次に，基盤地図情報をダウンロードする。Web ブラウザ（本書では Google Chrome を使用）を立ち上げ，国土地理院 Web サイトにおける基盤地図情報のページ（https://www.gsi.go.jp/kiban/index.html）を開いたら，【基盤地図情報のダウンロード】ボタンを押して，基盤地図情報ダウンロードサービスのページ（https://fgd.gsi.go.jp/download/）に入る（図 3-1）。

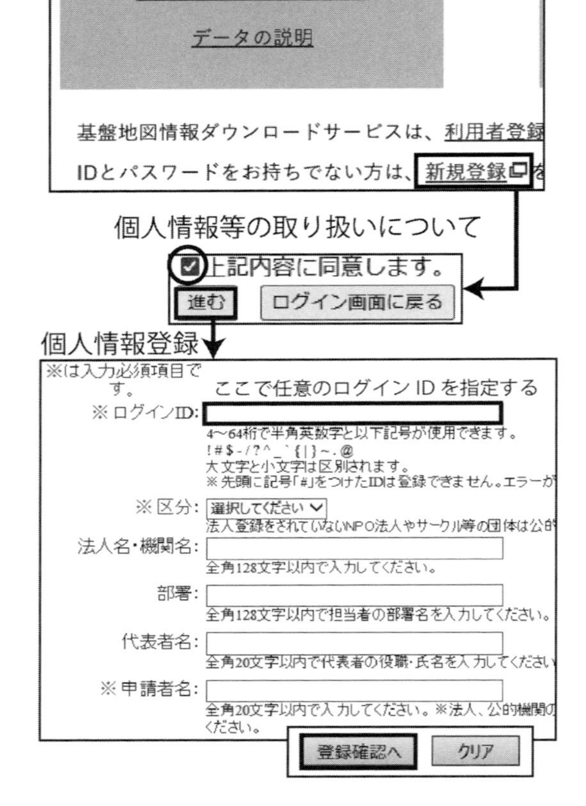

図 3-1　基盤地図情報サイトのログイン ID 新規登録画面
国土地理院 Web サイト（https://www.gsi.go.jp/kiban/）による。

データダウンロードを行うためには，基盤地図情報ダウンロードサービスのページで利用者登録を行い，ログイン ID とパスワードを取得する必要がある。ログイン ID とパスワードを取得するためには，基盤地図情報ダウンロードサービスのページで「ID とパスワードをお持ちでない方は，新規登録をお願いいたします。」という文章の「新規登録」の部分をクリックする。

国土地理院共通ログイン管理システムを利用する際の留意点が表示されたら，確認後にページの下側にある「上記内容に同意します。」にチェックを入れ，【進む】ボタンを押す。

個人登録情報の入力ページが出たら，希望するログイン ID を設定し，さらに個人・法人・公的機関の区分，申請者名，郵便番号，住所，電話番号，電子メールアドレスなどの情報を入力して，【登録確認へ】ボタンを押す。なお，ここでは※印がついた項目は必ず入力する。

【登録確認へ】ボタンを押すと，内容確認ページに入るので，入力した内容を確認する。内容が正しい場合には，【登録する】ボタンを押す。もし修正が必要な場合には【修正する】ボタンを押して，個人登録情報の入力ページに戻り，正しい情報を入力する。

【登録する】ボタンを押すと，仮登録完了ページに移り，「メールを送信しました。」というメッセージが出る。ここで，登録したメールアドレスに国土地理院から「仮登録受付メール（国土地理院）」という件名のメールが届くので，これに書かれている Web サイトのアドレスをクリックする。そうすると，ブラウザで登録完了ページが開き，「登録が完了しました。」というメッセージが表示される。その後，国土地理院から「本登録完了メール（国土地理院）」という件名のメールが届き，それにユーザー ID とパスワードが記されている（図 3-2）。

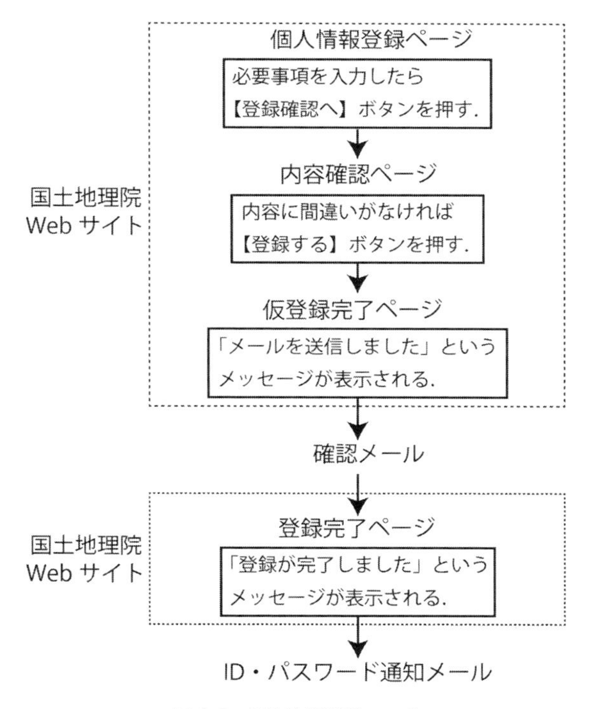

図 3-2　個人情報登録ページ

登録内容やパスワードを変更したい場合には，ユーザー ID とパスワードを取得した後に，ダウンロードサービスのページ（https://fgd.gsi.go.jp/download/）で「基盤地図情報ダウンロードサービスは，利用者登録制です。」の中の「利用者登録制」をクリックする。開いたページの「登録情報の変更」を選択すると，ログイン画面が表示されるので，ログイン ID とパスワードを入力する。そうすると登録情報変更のページに入れるので，そこで情報の修正を行うことができる。

3-1-3　ログイン

ログイン ID とパスワードを取得した後に，もう一度，基盤地図情報ダウンロードサービスのページ（https://fgd.gsi.go.jp/download/）に戻り，ページ上側にある「ログイン」をクリックする（図 3-3）。そうするとログイン画面が表示されるので，

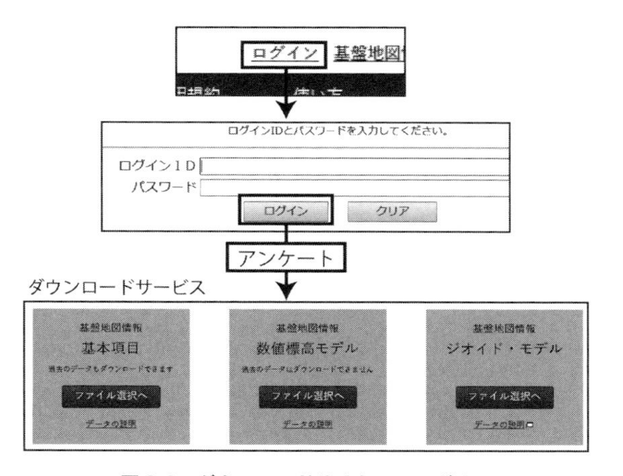

図 3-3　ダウンロードサイトへのログイン
国土地理院 Web サイト（https://www.gsi.go.jp/kiban/）による。

先ほど取得したログインIDとパスワードを入力し，【ログイン】ボタンを押す。アンケートの画面が出たら回答し，【次へ（アンケートの送信も自動で行います)】ボタンを押す。これで，ログインの操作が完了する。

3-1-4　データ項目の選択

ログインの後，基盤地図情報ダウンロードサービスのページで「基盤地図情報　基本項目」の【ファイル選択へ】ボタンをクリックすると，検索条件や選択方法を指定するためのページが開く（図3-4)。

まず，ページ左上のタブで【基本項目】が選択されていることを確認してから，「検索条件指定」において「全項目」のチェックを入れる。もし，過去の基盤地図情報をダウンロードしたい場合には，「過去の基盤地図情報も検索する」にチェックを入れ，年月日をメニューから選ぶ。

3-1-5　対象地域の選択

次に，「選択方法指定」で対象地域の選択方法を「地図上で選択」,「都道府県または市区町村で選択」,「メッシュ番号で選択」の中から指定する。ここでは「都道府県または市区町村で選択」にチェックを入れ，都道府県のメニューで【北海道】を選択してから，市区町村のメニューで【札幌市中央区】を選ぶ。続いて【選択リストに追加】ボタンを押すと,「選択リスト」に該当する2次メッシュ番号が表示される（もし，ファイル容量が大きすぎて，後で行うArcGIS Proの作業に支障が出た場合には，「644142」のみを残し，それ以外の2次メッシュデータを削除してから作業を続けると良い)。

ここで【ダウンロードファイル確認へ】ボタンを押すと,「ダウンロードファイルリスト」のページに入る。このページで，ファイルリストの上にある【全てチェック】ボタンをクリックしてから，【まとめてダウンロード】ボタンを押す。

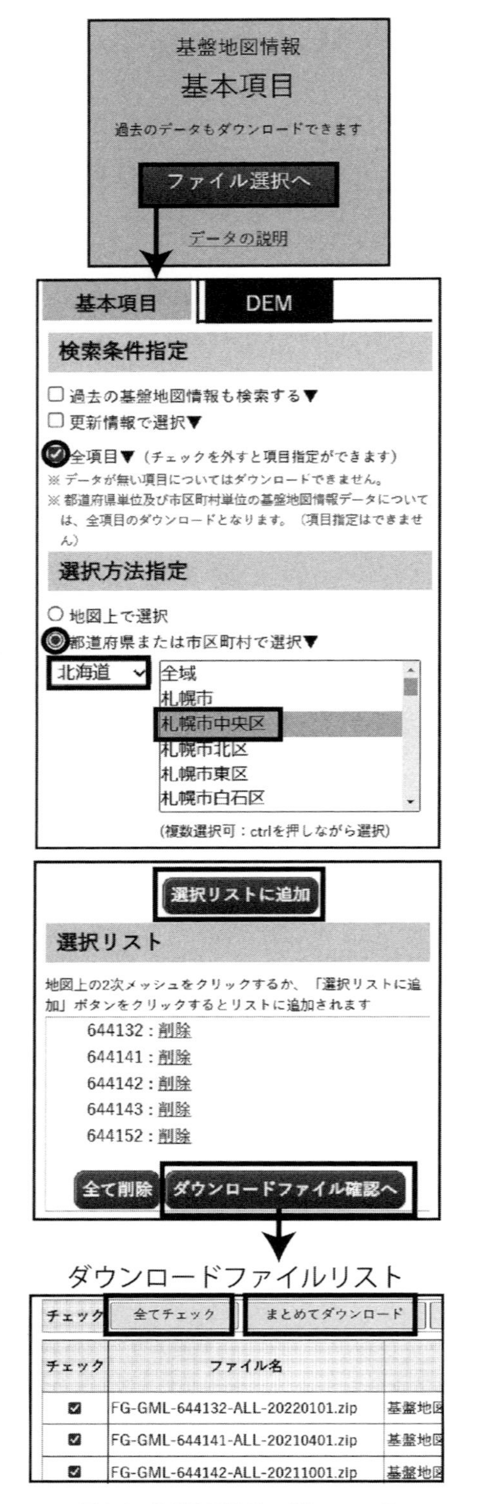

図3-4　基盤地図情報のダウンロード
国土地理院Webサイト（https://www.gsi.go.jp/kiban/）による。
ファイル名はダウンロードする時期により異なる。

「複数のファイルを選択した場合，ダウンロードが長時間にわたる場合があります。」というメッセージが出るので【OK】ボタンを押すと，札幌市中央区の基盤地図情報ファイル＜ PackDLMap.zip ＞が＜ダウンロード＞フォルダー（本書の作業では＜ C:¥Users¥(ユーザー名)¥Downloads ＞）に保存される（保存される場所は PC の設定により異なる場合がある）。ダウンロードしたファイルは，zip 形式の圧縮ファイルであるが，この時点で解凍する必要はない。ここまでの作業を終えたら Web ブラウザを閉じる。

3-2　ArcGIS Pro のプロジェクト設定

3-2-1　ArcGIS Pro 3.0 を使用するための準備

2022 年 8 月現在，ArcGIS Pro 3.0 をインストールするためには，ESRI ジャパン公式ブログ（https://blog.esrij.com/2022/06/13/post-43514/）から公表されているように，＜ .NET 6 Desktop Runtime x64 ＞が必要である。これはマイクロソフトの Web サイト（https://dotnet.microsoft.com/en-us/download/dotnet/6.0）で入手できる。このページでは「Windows」の「x64」を選択して，ファイルをダウンロードしてからセットアップを行う。

また，このままでは ArcGIS Pro 3.0 に Excel ファイルを読み込むことができない。加えて，ArcGIS Pro 2.9 より古いバージョンで作成したプロジェクトで Excel ファイルを含むものは開くこともできない。そのため，Excel 用の Microsoft Access データベースエンジン 2016 再頒布可能コンポーネント（Microsoft Access Database Engine 2016 Redistributable 64-bit driver）をインストールする必要がある。これはマイクロソフトの Web サイト（https://www.microsoft.com/ja-JP/download/details.aspx?id=54920）からダウンロードできる（「はじめに」の iv ページ参照）。

さらに，ArcGIS Pro 3.0 に基盤地図情報などの国内データをインポートするためには，ESRI ジャパンの Web サイト（https://doc.esrij.com/pro/get-started/setup/user/addin_tool/）から国内データ変換のためのアドインツール（ESRIJ.ArcGISPro.AddinJPDataCnv_v19.zip）をダウンロードして，インストールする必要がある。

3-2-2　ArcGIS Pro の起動とプロジェクト作成

まず，ArcGIS Pro を起動させ，プロジェクトを作成する。このプロジェクトは，ArcGIS Pro における作業内容を aprx ファイル（プロジェクトファイル）として保存するものであり，1 つのプロジェ

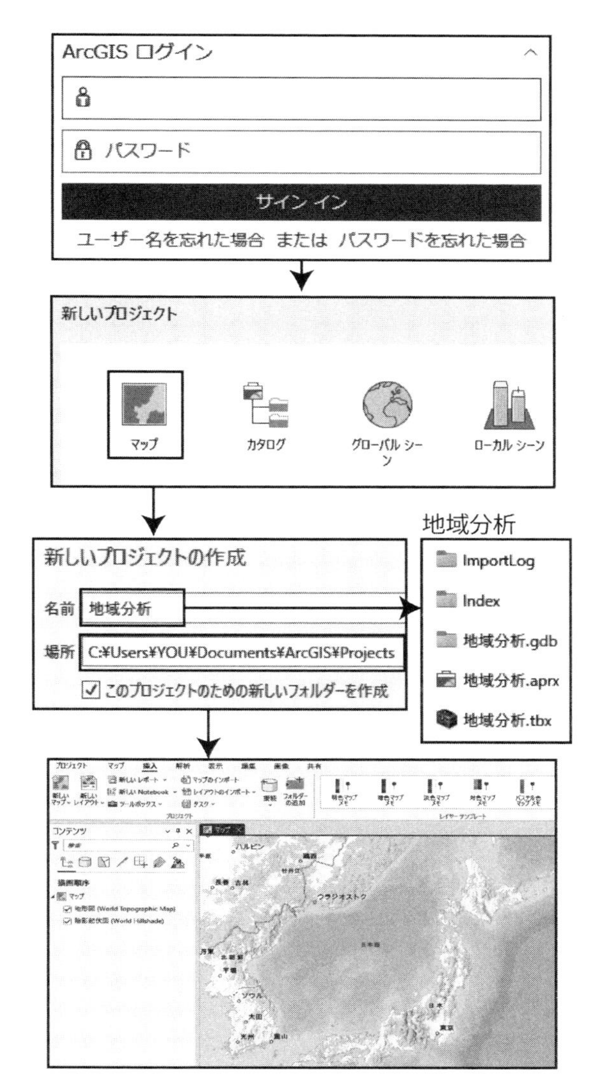

図 3-5　ArcGIS Pro の起動

クトで複数の「マップ」や「レイアウト」を扱うことができる。

Windows のスタートメニューから ArcGIS Pro を選択し，起動で《ArcGIS サインイン》ウィンドウが表示されたら,「ユーザー名」と「パスワード」に登録しているアカウント情報を入力して，【サインイン】ボタンを押す（図 3-5)。

次に, ArcGIS Pro の起動画面で「新しいプロジェクト」の【マップ】を選択し，プロジェクトの作成を行う。ここではプロジェクトを, 個人用ドキュメントフォルダー（本書では＜ C:¥...¥Documents¥ArcGIS¥Projects ＞）の中に作る。《新しいプロジェクトの作成》ウィンドウが表示されたら,「名前」に＜地域分析＞と入力し，「場所」ではフォルダーアイコンを押して，《新しいプロジェクトの場所》ウィンドウを出し，＜ C:¥...¥Documents¥ArcGIS¥Projects ＞フォルダーを選択して【OK】ボタンを押す。さらに，「このプロジェクトのための新しいフォルダーを作成」にチェックを入れて，【OK】ボタンを押すと，プロジェクトが作成され, ArcGIS Pro では新しいマップが表示される。

3-2-3　ファイルジオデータベース

プロジェクトの保存場所をファイルエクスプローラで確認すると，＜ C:¥...¥Documents¥ArcGIS¥Projects ＞フォルダー内に，新しいフォルダー＜地域分析＞が作成され，その中にはプロジェクトファイル＜地域分析 .aprx＞，空のツールボックス＜地域分析 .atbx ＞，ファイルジオデータベース＜地域分析 .gdb ＞が保存されている。

本章では，このファイルジオデータベース＜地域分析 .gdb ＞にマップに関するデータを保存する。なお，ファイルジオデータベースは，Esri 社が開発した ArcGIS の標準データ形式であるジオデータベースの一種であり，空間データと属性データの両方を 1 つのフォルダーに格納し，管理することができる。保存制限は 1TB であり，ファイルジオデータベースにおけるフィールド名の制限は 64 文字（半角英数）であり，NULL 値を扱うことが可能である。

ここからの ArcGIS Pro の説明において，ベクター形式でデータ化した個々の地物はフィーチャと表現される。また, 共通の主題を持つフィーチャが集合したものがフィーチャクラスであり，これはジオデータベースで管理され，フィーチャのタイプ，属性フィールド，座標系などが定義される。このフィーチャクラスを ArcGIS Pro に追加すると，レイヤーとして扱える（図 3-6)。

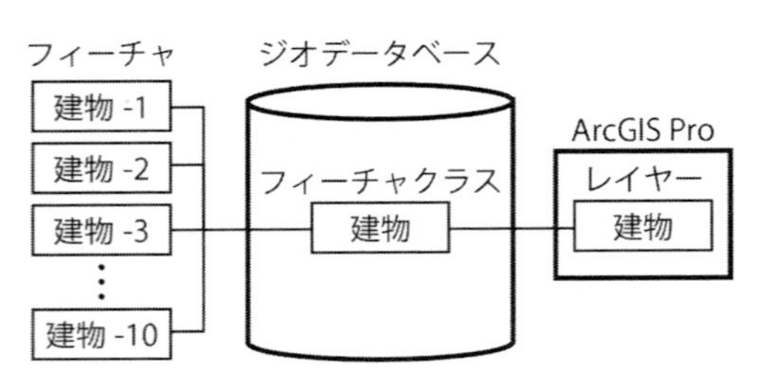

図 3-6　フィーチャとフィーチャクラス

3-2-4　ArcGIS Pro の画面構成

新しいプロジェクトを作成した直後の画面は，各種機能がまとめられたリボンと，《コンテンツ》ウィンドウ，《プロジェクト》ウィンドウが表示されている（図 3-7)。

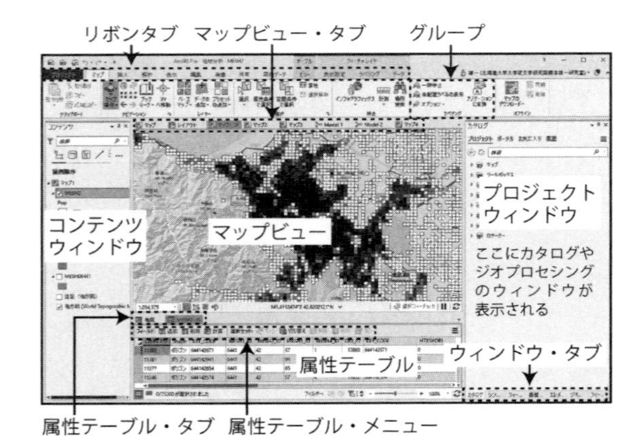

図 3-7　ArcGIS Pro の画面構成

リボンは，アイコン化したコマンドをタブでグループ化したものである。リボンには,【プロジェクト】,【マップ】,【挿入】,【解析】,【表示】,【編集】，【画像】などのタブが用意されており，各種機能がグループごとに整理されている。これらのタブは，常に同じものだけが表示されるのではなく，利用者の操作状況に応じて使用可能な機能が整理されたタブが追加表示される。

3-2-5　マップの名称変更と座標系の設定

マップを新規作成すると，自動でインターネット経由のオンライン地形図がマップビューに表示される。初期のマップの座標系は，このオンライン地形図の座標系である「Web メルカトル」となっているので，これを平面直角座標系 12 系（JGD2011）に変更する。

《コンテンツ》ウィンドウの＜マップ＞を右クリックし，表示されるメニューで【プロパティ】を選択する（もしくは＜マップ＞をダブルクリックする）と《マッププロパティ》ウィンドウが出るので，左側のリストから【一般】を選び，「名前」の欄に「基盤地図情報」と入力する（図 3-8）。

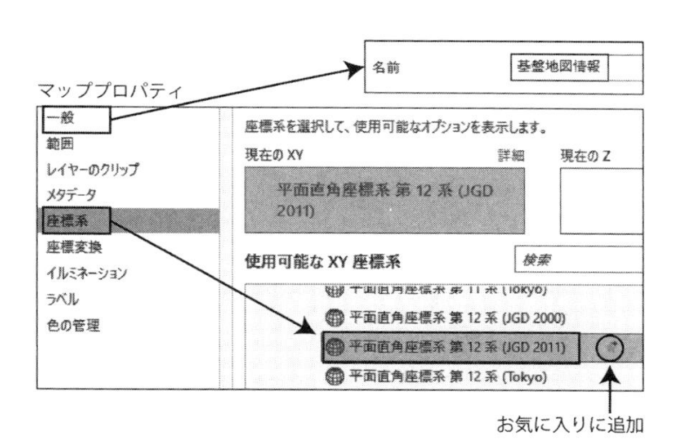

図 3-8　座標系の設定

続いて，左側のリストで【座標系】を選択する。ここで「使用可能な XY 座標系」のリストにおいて＜投影座標系＞－＜各国の座標系＞－＜日本＞－＜平面直角座標系第 12 系（JGD2011）＞を選択し【OK】ボタンを押すと，座標系が変更される。

なお，＜平面直角座標系第 12 系（JGD2011）＞を選択すると右に【お気に入りに追加】アイコンが表示されるので，これを押す。そうすると選択した座標系が，＜お気に入り＞のリストに追加されるので，次回からの選択が楽になる。

なお，ArcGIS Pro に用意されている日本関係の座標系は図 3-9 に示す通りである。

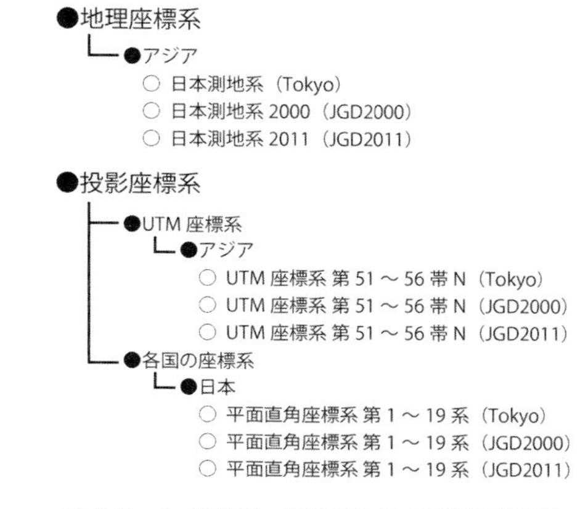

図 3-9　ArcGIS Pro における日本関係の座標系

3-3　ジオデータベースへの変換

3-3-1　ファイルの準備

この作業で用いるファイルを準備する。そのために，＜ C:¥...¥Documents¥ArcGIS¥Projects¥ 地域分析＞フォルダーの中に，新たに＜基盤地図情報＞フォルダーを作成する。その中に国土地理院の基盤地図情報 Web サイトからダウンロードした＜ PackDLMap.zip ＞をコピーして解凍する。そうすると，＜基盤地図情報＞フォルダーの中に＜ PackDLMap ＞フォルダーが作られ，その中に複数のファイルが保存される。

3-3-2　ファイルの変換

ここで，解凍した基盤地図情報のファイルをジオデータベースに変換する。リボンタブ【国内データ】を選択し，【国土地理院】－【基盤地図情報のインポート】を選択すると，《基盤地図情報のインポート》ウィンドウが地図の右側に表示される（図 3-10）。

もし，リボンタブに【国内データ】がないときには，ESRI ジャパンの Web サイト（https://

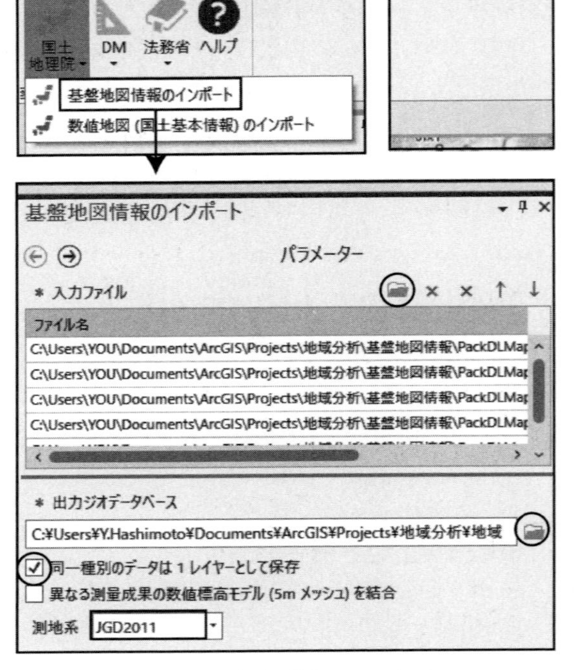

図 3-10　基盤地図情報のインポート

doc.esrij.com/pro/get-started/setup/user/addin_tool/）からアドインツール（ESRIJ.ArcGISPro.AddinJPDataCnv_v19.zip）をダウンロードして，インストールする。

このウィンドウの「入力ファイル」の設定では，フォルダアイコン（入力ファイルの追加）を押して《開く》ウィンドウを出し，＜ Projects ＞－＜地域分析＞－＜基盤地図情報＞－＜ PackDLMap ＞フォルダーを開いてから，＜ FG-GML-644132-ALL-20220101.zip ＞などすべての zip ファイルを選択する（複数のファイルを選択するには，キーボードの Shift キーを押しながら最初と最後のファイルをクリックするか，Ctrl キーを押して全ファイルを選択すればよい）。

ファイルの選択後，【開く】ボタンを押すと，《基盤地図情報のインポート》ウィンドウに選択したファイル名が表示される。

「出力ジオデータベース」の設定では，入力欄の右にあるフォルダアイコン（出力ジオデータベースの選択）を押して《ジオデータベースを選択してください》ウィンドウを出す。その中で，＜プロジェクト＞－＜データベース＞－＜地域分析 .gdb ＞を選択して【OK】ボタンを押す。

さらに，「同一種別のデータは 1 レイヤーとして保存」にチェックを入れる。これを指定しないと，同じ名称のレイヤーが複数作成され，《コンテンツ》ウィンドウで任意のレイヤーを選択するのが困難になる。

最後に，「測地系」が【JGD2011】となっていることを確認してから【実行】ボタンを押す。そうすると処理が行われて，基盤地図情報の zip ファイルがジオデータベースに変換される。

3-4　基盤地図情報の地図化

3-4-1　ジオデータベースの読み込み

ジオデータベースへの変換を終えたら，マップビューにジオデータベースに変換した基盤地図情報を追加する。リボンタブ【マップ】を選択し，【データの追加】－【データ】を選択すると，《データの追加》ウィンドウが表示される。このウィンドウで＜地域分析 .gdb ＞を開き，表示されるファイル名をすべて選択してから（キーボードの Shift キーを押しながら最初と最後のファイルをクリックすると作業が容易），【OK】ボタンを押す。そうすると《コンテンツ》ウィンドウに読み込んだジオデータベースが表示され，マップビューに基盤地図情報が描画される（図 3-11）。

なお，マップビューの下では縮尺や位置単位を設定できる。任意の位置を，経緯度ではなく座標原点からの距離で知りたい場合には，位置情報の右をクリックし，位置単位を【メートル】に設定する。

このマップビューの画像は，マウスのホイールで拡大や縮小を行うことができる。また，マウスを左クリックしながら動かすことで，上下左右に移動させることができる（図 3-12）。

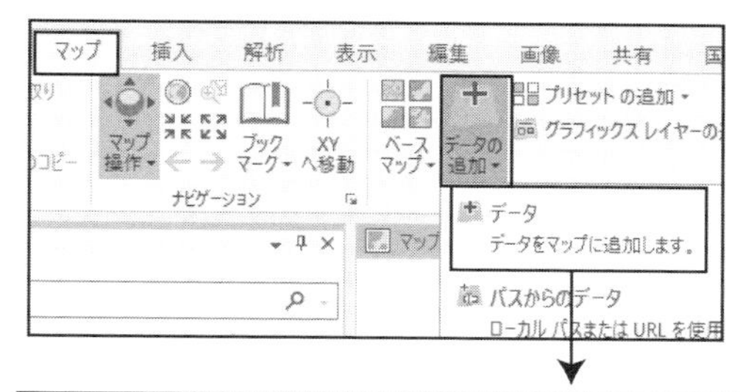

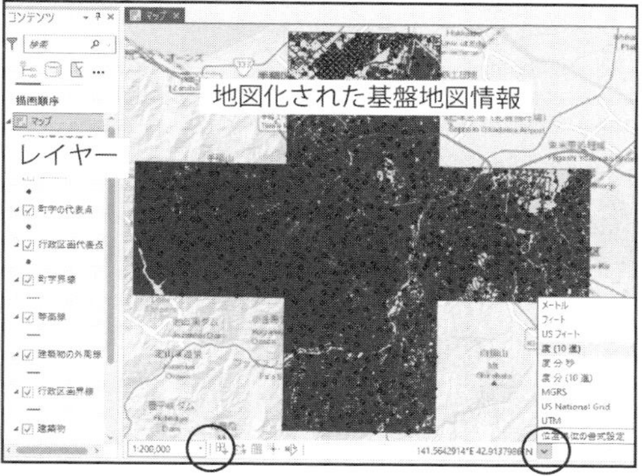

図 3-11　データの追加

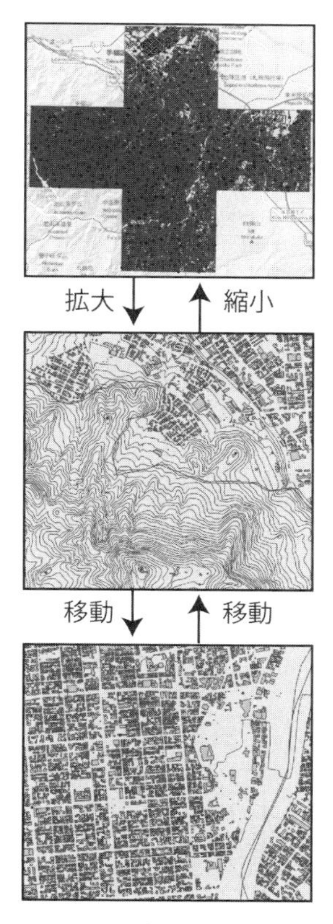

図 3-12　マップの拡大・縮小・移動

3-4-2　マップのシンボル変更

(1) 一般的なシンボル変更

地図が描画されたら，シンボルの変更を行う。《コンテンツ》ウィンドウの＜街区の代表点＞，＜測量の基準点＞，＜標高点＞，＜町字の代表点＞，＜行政区画代表点＞，＜街区線＞，＜町字界線＞，＜建築物の外周線＞，＜行政区画＞のチェックを外して非表示にする。また，＜地形図（World Topographic Map）＞，＜陰影起伏図（World Hillshade）＞などが表示されている場合には，これらのチェックも外す。これによりマップビューに表示されているのは＜水部構造物線＞，＜水涯線＞，＜道路縁＞，＜道路構成線＞，＜軌道の中心線＞，＜等高線＞，＜行政区画界線＞，＜水部構造物面＞，＜水域＞，＜建築物＞となる。

続いて《コンテンツ》ウィンドウで，これらの順番を変更する。《コンテンツ》ウィンドウでは上位のものがマップビューの前面に，下位のものが背面に表示される。《コンテンツ》ウィンドウ上部のアイコンで【描画順序】が選択されていることを確認してから，＜行政区画界線＞をクリックしたまま最上位に移動させる。その他も移動させて，上位から＜行政区画界線＞，＜軌道の中心線＞，＜道路縁＞，＜道路構成線＞，＜水部構造物線＞，＜水涯線＞，＜等高線＞，＜建築物＞，＜水部構造物面＞，＜水域＞と並べる。

並べ終わったら，凡例の変更を行う。＜行政区画界線＞の下に表示されている凡例の線をクリックすると，マップビューの右側に《シンボル》ウィンドウの「ラインシンボルの書式設定」が表示される。ここで，シンボルの中から【一点鎖線】を選択する。

次に，＜水涯線＞の凡例の線をクリックして《シンボル》ウィンドウを表示させ，シンボルの中から【水（ライン）】を選択する。同様に，＜水部構造物線＞の凡例も【水（ライン）】に変更する。＜水部構造物面＞と＜水域＞は，それぞれ凡例の四角をクリックし，シンボルの中から【水（エリア)】を選択する。＜建築物＞はシンボルの中から【建物フットプリント)】を選ぶ。

＜道路縁＞と＜道路構成線＞は，それぞれ凡例の線をクリックして【0.5 ポイント】を選択した後,《コンテンツ》ウィンドウに表示されている凡例の線を右クリックし,カラーパレットを出して「グレー 20%」のような薄い灰色を指定する（図 3-13)。

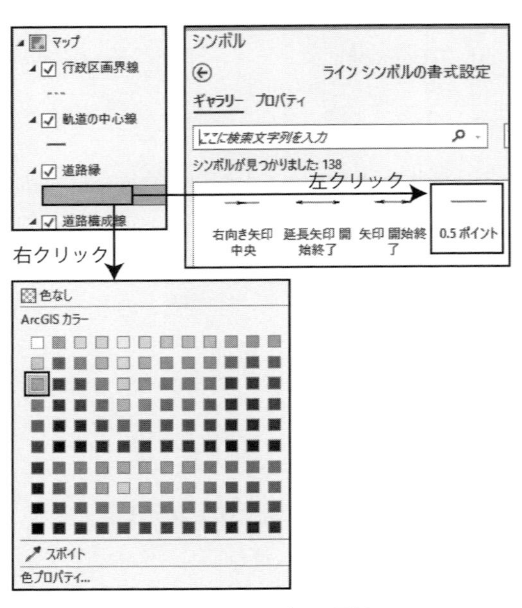

図 3-13　シンボルの選択

＜等高線＞は凡例の線をクリックして【0.5 ポイント】を選択した後,《コンテンツ》ウィンドウに表示されている凡例の線を右クリックし，カラーパレットを出して「チェリーウッドブラウン」のような濃い茶色を指定する。

(2) 軌道中心線のシンボル変更

＜軌道の中心線＞は，JR や地下鉄などを分けて表示するため，より詳細な設定を行う。はじめに,《コンテンツ》ウィンドウの＜軌道の中心線＞を右クリックし，出てきたメニューで【シンボル】を選ぶ。そうすると,《シンボル》ウィンドウの「プライマリシンボル」の設定画面が表示される。

ここで一番上のメニューを【個別値】にして,【フィールドの追加】ボタンを押す。そうするとフィールドが追加されるので,「フィールド 1」で【種別】,「フィールド 2」で【表示区分】を選ぶ。

そうすると 9 個のシンボルが表示されるので，各項目のシンボル変更を行う。「普通鉄道，表示」の左にある線シンボルをクリックすると,「ラインシンボルの書式設定」となるので「単一ダッシュ」を選択する。この画面上側にある矢印アイコンをクリックすると,「プライマリシンボル」の画面に戻る。

これと同じ方法で,「トンネル内の鉄道, 非表示」と「普通鉄道，非表示」では「破線 2:2」を,「路面の鉄道，表示」と「路面の鉄道，非表示」では「鉄道」を選択する。また,「索道，表示」,「特殊軌道 , 表示」,「特殊軌道 , 非表示」の 3 項目では「2.0 ポイント」を選択する。なお,「その他の値すべて」では「枠線なし」を選択する（図 3-14)。これでシンボルの変更は終了である。

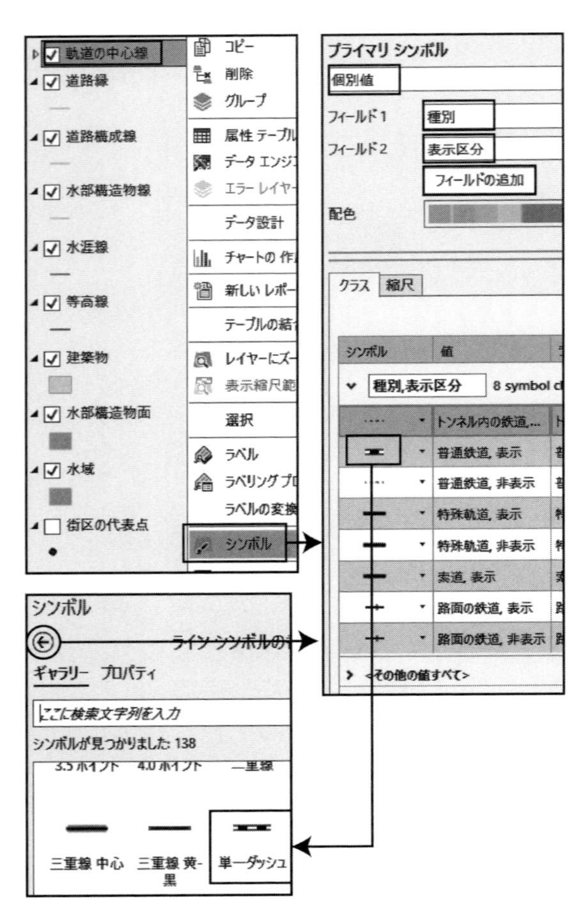

図 3-14　鉄道のシンボル設定

3-4-3　凡例・方位記号・縮尺記号の付加

(1) レイアウトビューの設定

マップのシンボル設定を終えたら，これに凡例，方位記号，縮尺記号を付加してマップを完成させる。ArcGIS Pro では，プロジェクトにレイアウトを追加することで，印刷やエクスポート用のページを作成できる。なお，ここではマップを 24,000 分の 1 で表示させる。これは，マップビューの下側にある縮尺の設定メニューで設定する。

まず，リボンタブ【挿入】－【新しいレイアウト】をクリックし，メニューから「ISO-Portrait」の【A4】(縦) を選択する。そうするとレイアウトビューが追加され，マップビューの【基盤地図情報】タブの隣に【レイアウト】タブが表示される。なお，追加した後にページのサイズや方向を変更するには，リボンタブ【レイアウト】に移動して【サイズ】や【方向】をクリックして新たな設定を行う。

次にレイアウトビューにマップを表示させる。リボンタブ【挿入】－【マップフレーム】をクリックし，メニューから現在作成中のマップのアイコンを選択する。その後，レイアウトビュー上で任意の四角形を書くように，マウスの左ボタンを押したまま左上から右下にマウスを移動させる。マウスの左ボタンを離すとマップが描画されるので，フレーム上のハンドルを操作して大きさや形を調節する (図 3-15)。

(2) 方位記号の挿入

リボンタブ【挿入】－【方位記号】を選んでリストを展開し，その中から 1 つの記号を選んでから，レイアウトビューの任意の場所でクリックすると，方位記号が挿入されるので，位置を調整する。なお，記号が小さい場合には，四隅のハンドルをドラッグして適当な大きさにする (図 3-16)。

この方位記号をダブルクリックするとマップビュー右側に《エレメント 方位記号》ウィンドウが表示されるので，「方位記号」の下の【表示】アイコンをクリックする。ここで「背景」の「シンボル」の右側にある【背景色】の設定メニューで【白】を選択する。そうすると方位記号の背景を白色にすることができる。

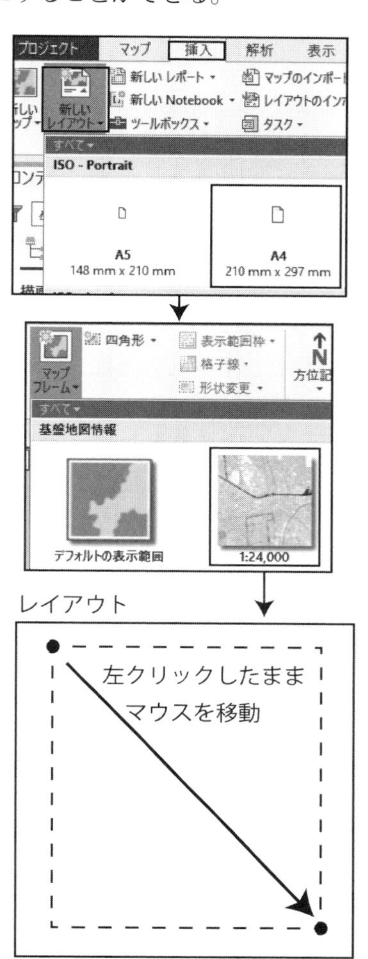

図 3-15　レイアウトの設定

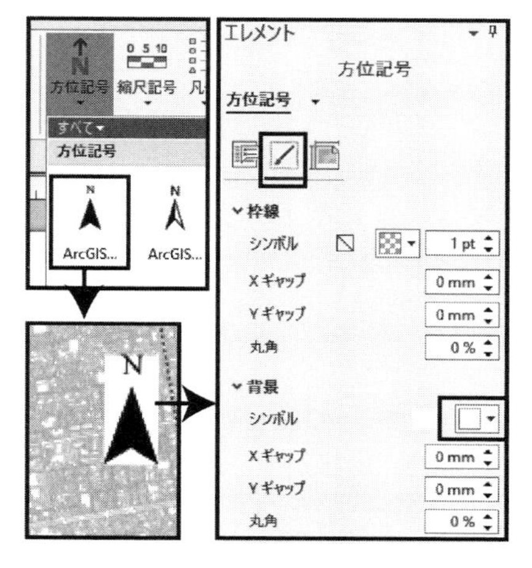

図 3-16　方位記号の設定

(3) 凡例の挿入

リボンタブ【挿入】－【凡例】で複数の凡例デザインが表示される。ここでは【凡例 1】を選び，レイアウトビューの任意の場所でクリックする。そうすると凡例記号が挿入されるので，位置を調整する。

この凡例記号をクリックすると《エレメント凡例》ウィンドウが表示されるので，その上側にある【オプション】アイコンをクリックする。ここで,「凡例」の「タイトル」で「表示」にチェックを入れる。また，タイトルが「Legend」となっていたら，それを「凡例」に変更する（図 3-17）。

次に，凡例の背景を白色にする。ウィンドウ上側にある【表示】アイコンをクリックし，「背景」の「シンボル」の右側にある【背景色】の設定メニューで【白】を選択する。

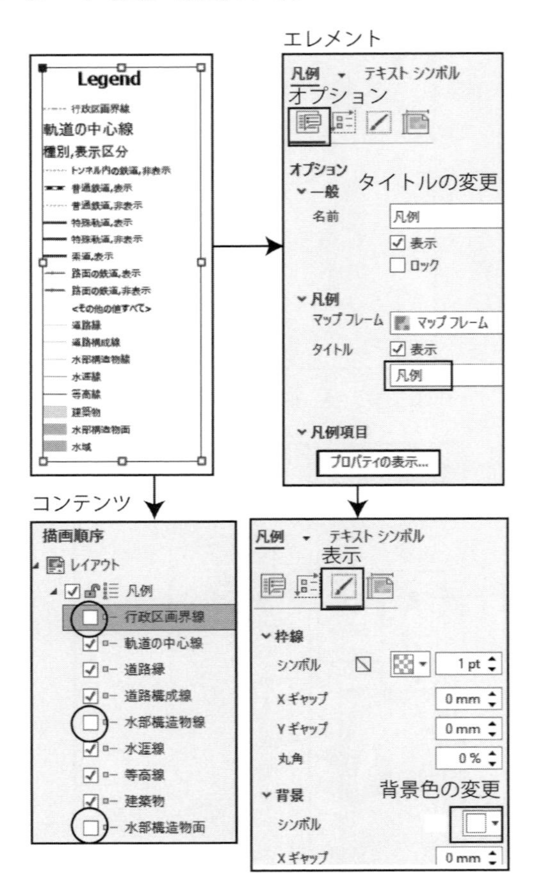

図 3-17　凡例の設定

なお，凡例において表示させたくないものは，《コンテンツ》ウィンドウでチェックを外す。ここでは例として，＜行政区画界線＞，＜水部構造物線＞，＜水部構造物面＞のチェックを外して非表示にする。

(4) 縮尺記号

最後に縮尺記号を付加する。リボンタブ【挿入】－【縮尺記号】で表示されるメニューから「メートル法」の【縮尺ライン 1（メートル)】を選択し，レイアウトビューの任意の場所でクリックすると，縮尺記号が挿入される（図 3-18）。

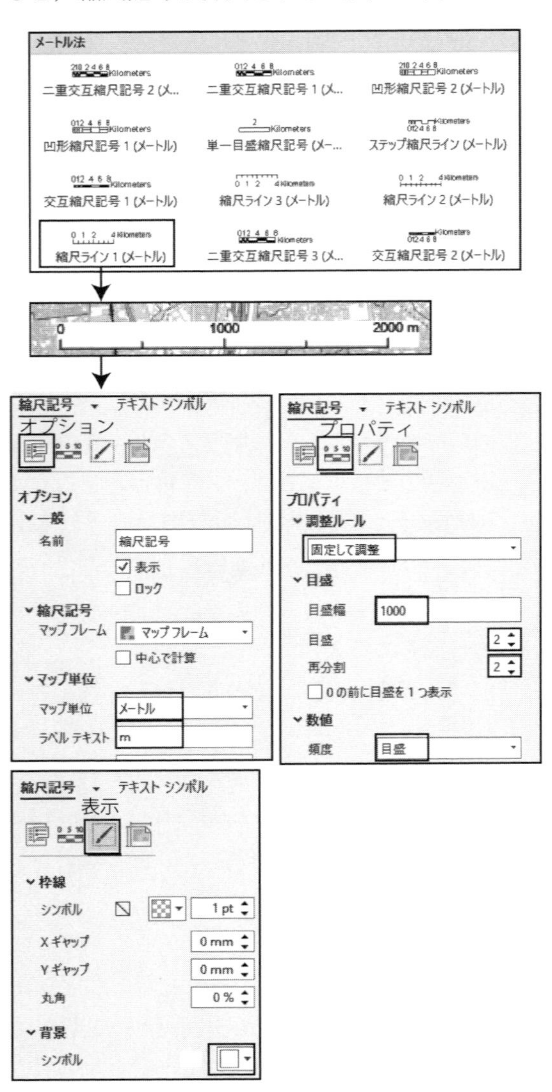

図 3-18　縮尺記号の設定

この縮尺記号をクリックして《エレメント 縮尺記号》ウィンドウを表示させ，上側にある【オプション】アイコンをクリックする。ここで「マップ単位」を【メートル】,「ラベルテキスト」を「m」に変更する。

次に,【プロパティ】アイコンをクリックし,「調整ルール」で【固定して調整】を選択する。ここで「目盛幅」に「1000」と入力し,「目盛」を【2】,再分割を【2】に設定する。さらに「数値」の「頻度」を【目盛】にする。そうすると，見やすい縮尺記号を表示できる。

続いて【表示】アイコンをクリックし，「背景」の「シンボル」の右側にある【背景色】の設定メニューで【白】を選択する。ここまでの操作で完成した地図が表示される（図3-19)。

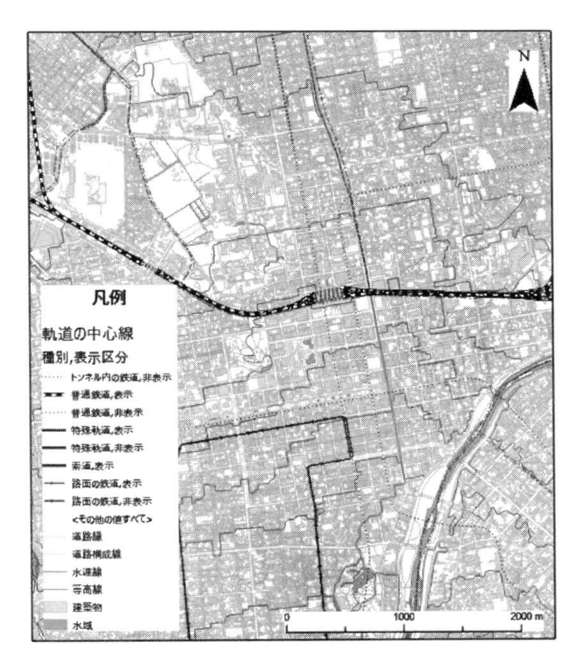

図3-19　基盤地図情報の描画

3-4-4　ブックマーク

レイアウトビューで，画像が1つの印刷図郭に収まらない場合，複数の印刷図郭に分けて設定する必要がある。しかし，印刷図郭ごとにレイアウトビューを作成すると作業が繁雑になる。そこで，ブックマークを用いて，特定のマップの範囲を記録しておくと便利である。このブックマークを用いれば1つのプロジェクトに，複数の印刷範囲を記録できる。

まず,《コンテンツ》ウィンドウで＜マップフレーム＞を選び,リボンタブ【レイアウト】−【ブックマーク】−【新しいブックマーク】を選択する。《ブックマークの作成》ウィンドウが出たら,「ブックマーク名」を「ブックマーク1」にしたまま【OK】ボタンを押す（図3-20)。ここで，もう一度メインメニュー【ブックマーク】を選択し,【ブックマーク1】がメニューに追加されているのを確認する。

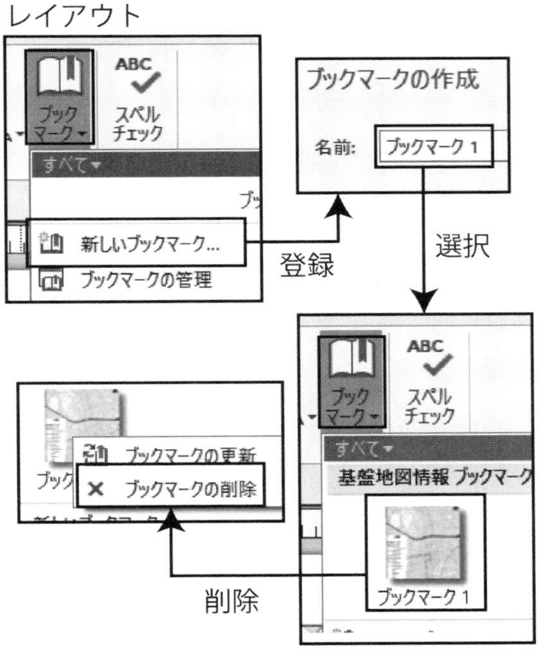

図3-20　ブックマークの設定

これで，リボンタブ【レイアウト】－【アクティブ化】を選び，レイアウトビューの描画範囲を変更しても，リボンタブ【レイアウト】－【ブックマーク】－【ブックマーク 1】を選択すると，設定した描画範囲に戻ることができる。なお，アクティブ化した状態からレイアウトビューに戻る場合には，マップビューの上の「レイアウト」をクリックする。

ブックマークを削除したい場合には，リボンタブ【レイアウト】－【ブックマーク】で表示される【ブックマーク 1】アイコンを右クリックし，【ブックマークの削除】を選択する（【ブックマーク 1】アイコンが表示されない場合には，リボンタブ【レイアウト】－【ブックマーク】－【ブックマークの管理】を選択し，《ブックマーク》ウィンドウで表示される＜ブックマーク 1 ＞の横の【×】アイコンを押す）。

3-4-5　マップのエクスポート

ここまでに作成したマップを，＜基盤地図情報 .jpg ＞という名前の JPEG 形式のイメージ画像で書き出す。そのために，レイアウトビューを表示したまま，リボンタブ【共有】－【レイアウトのエクスポート】を選択して，《レイアウトのエクスポート》ウィンドウを出す。ウィンドウでは，「ファイルタイプ」として【JPEG】を選び，「名前」では＜プロジェクト＞－＜フォルダー＞－＜地域分析＞の中にある＜基盤地図情報＞フォルダーに＜基盤地図情報 .jpg ＞というファイル名で保存するように設定する。「解像度」（DPI）を「300」にしてから【エクスポート】ボタンを押すと，JPEG 形式のイメージ画像ファイルが作成される（図 3-21）。

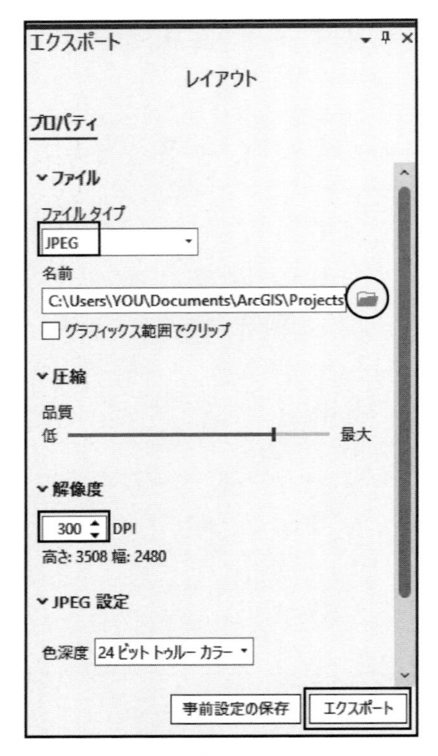

図 3-21　マップのエクスポート設定

3-5　プロジェクトの保存と終了

これまでに作成したマップやレイアウトを保存するために，リボンタブ【プロジェクト】－【保存】を選択すると，＜ C:¥...¥Documents¥ArcGIS¥Projects¥ 地域分析＞フォルダーの中にある＜地域分析 .aprx ＞が上書き保存される。今後，ArcGIS Pro を開くとき，このプロジェクトを読み込めば，作成したマップやレイアウトを呼び出すことができる。

ここまでの作業を終えたら，リボンタブ【プロジェクト】－【終了】で ArcGIS Pro を終了する。

（橋本雄一）

第４章　国勢調査データのダウンロードと地図化

4-1　国勢調査データのダウンロード

4-1-1　国勢調査とは

国勢調査は，日本の人口・世帯の実態を明らかにする最も基本的な統計調査であり，1920（大正9）年から５年ごとに実施されている。国勢調査データは，総務省の Web サイト『e-Stat 政府統計の総合窓口』から入手できる。

このサイトでは, 1995 ～ 2020 年の国勢調査データが公開されており，その中で小地域（町丁・字等別）データは 2000 ～ 2020 年の５回分を入手することができる。なお，この小地域（町丁・字等別）データにおける境界は年次によって異なるため，時系列的な比較を行うことは困難である。

ここでは 2015 年国勢調査（小地域）のデータをダウンロードして，人口の分布図を作成するまでを説明する。ここでの作業フォルダーとして，＜C:¥Users¥(ユーザー名)¥Documents¥ArcGIS¥Projects¥ 地域分析＞フォルダーの中に，新たに＜国勢調査（小地域）＞フォルダーを作成する。本章でダウンロードするファイルや作業で生成されるファイルは，すべてこの＜国勢調査(小地域)＞フォルダーに保存する。

4-1-2　データのダウンロード

札幌市中央区の境界データを，世界測地系のシェープファイル形式でダウンロードする。Web ブラウザで,『e-Stat 政府統計の総合窓口』（https://www.e-stat.go.jp/）を開き，そのトップページで【地図（統計 GIS)】をクリックして「地図で見る統計（統計 GIS)」のページに入る。ここで「境界データダウンロード」をクリックし,「境界一覧」から【小地域】－【国勢調査】－【2015 年】－【小地域（町丁・字等別)】－【世界測地系平面直角座標系・Shapefile】－【01 北海道】を選ぶ（図 4-1)。続いて,「01101 札幌市中央区」の右にある【世界測地系平面直角座標系・Shapefile】ボタンをクリックする。そうすると＜ A002005212015XYSWC01101.zip ＞という圧縮ファイルが，＜ダウンロード＞フォルダー（本書では＜ C:¥...¥Downloads ＞）に保存される。なお，このページの右上にある【定義書】をクリックすると，境界データの定義を記した＜A002005212015.pdf ＞が表示され，フィールド名と項目内容を確認できる。ここまでの作業を終えたら Web ブラウザを閉じる。

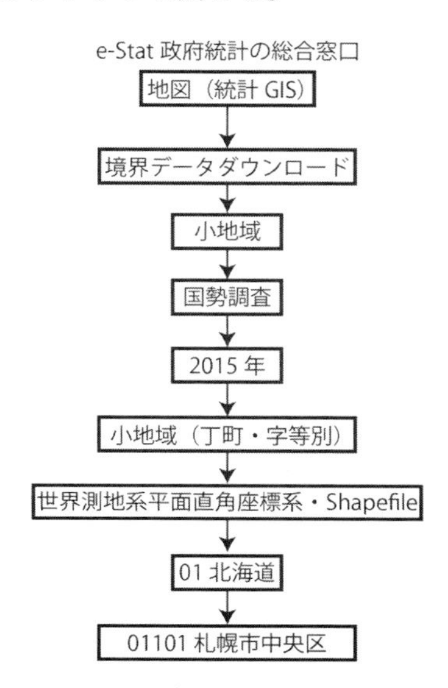

図 4-1　境界データのダウンロード画面

4-1-3　シェープファイルの確認

ダウンロードした圧縮ファイル< A002005212015XYSWC01101.zip >を，先ほど作成した<国勢調査（小地域）>フォルダーに移動させてから解凍する。そうすると<国勢調査（小地域）>フォルダーの中に，新たに< A002005212015XYSWC01101 >フォルダーが作られ，その中に< H27ka01101.shp >，< H27ka01101.dbf >，< H27ka01101.shx >，< H27ka01101.prj >という4つのファイルが保存されている。これらのファイルが，札幌市中央区における国勢調査の境界に関するシェープファイルである。なお，他の測地系や座標系でシェープファイルをダウンロードした場合，圧縮ファイル名は異なるが，解凍した後の4つのファイル名は同じになるので，間違えないように注意する必要がある。

< H27ka01101.shp >，< H27ka01101.dbf >，< H27ka01101.shx >，< H27ka01101.prj >という4つのファイルは，まとめてシェープファイルと呼ばれる。シェープファイルは，図形情報と属性情報をもった地図データファイルである。このシェープファイルは，米国Esri社が提唱したベクター形式のデータの記録形式で，多くのGISソフトウェアでの利用が可能である。

シェープファイルは，異なる役割をもつ複数のファイルから構成され，拡張子が「shp」のファイルには図形の座標，拡張子が「dbf」のファイルには属性情報，拡張子が「shx」のファイルには図形情報（*.shp）と属性情報（*.dbf）の対応関係，拡張子が「prj」のファイルには投影法が記録されている（図4-2）。

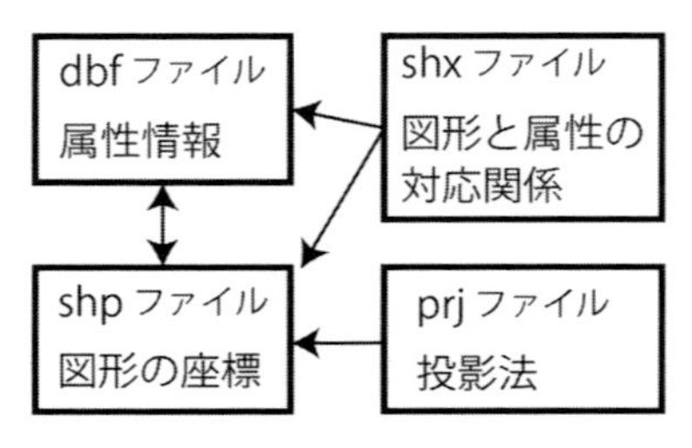

図4-2　シェープファイルの構成

4-2　国勢調査データの地図化

4-2-1　ArcGIS Pro の起動

ArcGIS Proで2015年国勢調査（小地域）データを地図化する。本来は，境界データに属性として統計データを結合し様々な主題図を作成できるが，その方法についての説明は第5章で行う。ここでは，境界データに属性として記録されている人口総数を使う。

前章で作成した< C:¥...¥Documents¥ArcGIS¥Projects¥ 地域分析>の中の<地域分析 .aprx >をダブルクリックして，ArcGIS Proを起動させる（あるいは，ArcGIS Proを起動させ，初期画面において「最近使ったプロジェクト」の【地域分析】を選択する）。そうすると，前章で基盤地図情報を地図化したプロジェクトが表示される。続いて，リボンタブ【挿入】－【新しいマップ】－【新しいマップ】を選択すると，新しいマップ（ここでは<マップ1 >とする）がプロジェクトに追加される。このように，複数のマップを管理できる事がArcGIS Proのプロジェクトの利点である。なお，本章の操作は新しいプロジェクトを作成して作業を行っても良い。

新しいマップでは，札幌市付近を拡大表示させる。また，操作する地図を見やすくするため，《コンテンツ》ウィンドウの<地形図（World Topographic Map）>，<陰影起伏図（World Hillshade）>などが表示されている場合には，チェックを外して非表示にしておく。

4-2-2　マップの名称変更と座標系の設定

マップが追加されたら，マップビューで新しいマップを最前面にしたまま，《コンテンツ》ウィンドウの<マップ1 >を右クリックし，表示されるメニューで【プロパティ】を選択する（もしくは<マップ1 >をダブルクリックする）と《マッププロパティ》ウィンドウが出るので，左側のリ

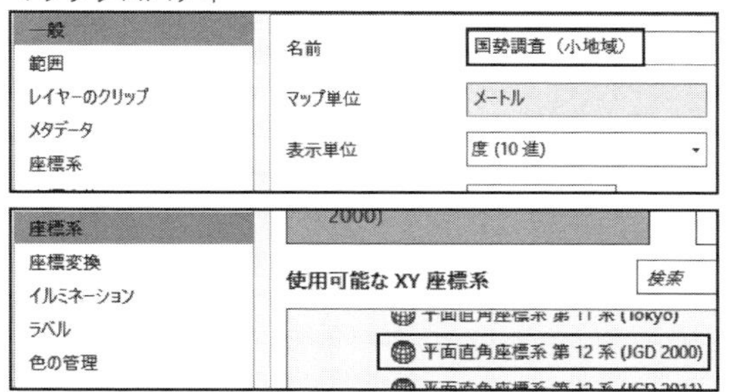

図 4-3　名称変更と座標系設定

表 4-1　e-Stat における平面直交座標系の設定

都道府県	座標系
北海道	12 系
青森県，岩手県，宮城県，秋田県，山形県	10 系
福島県，茨城県，栃木県，群馬県，埼玉県，千葉県，東京都，神奈川県	9 系
新潟県，山梨県，長野県，静岡県	8 系
富山県，石川県，岐阜県，愛知県	7 系
福井県，三重県，滋賀県，京都府，大阪府，奈良県，和歌山県	6 系
兵庫県，鳥取県，岡山県	5 系
島根県，広島県，山口県	3 系
徳島県，香川県，愛媛県，高知県	4 系
福岡県，佐賀県，熊本県，大分県，宮崎県，鹿児島県	2 系
長崎県	1 系
沖縄県	15 系

『e-Stat 政府統計の総合窓口』Web サイトによる。

ストから【一般】を選び，「名前」の欄に「国勢調査（小地域）」と入力する（図 4-3）。

続いて，左側のリストで【座標系】を選択する。ここで「使用可能な XY 座標系」のリストにおいて，<投影座標系>－<各国の座標系>－<日本>－<平面直角座標系第 12 系（JGD2000）>を選択し【OK】ボタンを押すと，座標系が変更される。なお，<平面直角座標系第 12 系（JGD2000）>を選択すると右に【お気に入りに追加】アイコンが表示されるので，これを押して，この座標系を<お気に入り>のリストに追加しておく。

なお，『e-Stat 政府統計の総合窓口』のデータでは，平面直角座標系の原点が公共測量の規定と異なり，都道府県ごとに 1 つと設定されている。その設定は，境界データの定義を記した< A002005212015.pdf >で確認でき，北海道の市町村は，すべて平面直角座標系第 12 系で提供されている（表 4-1）。第 2 章の表 2-2 のような公共測量の規定通りの座標系にするためには，座標変換を行う必要があり，その方法は本書の第 8 章で解説する。また，e-Stat における国勢調査の境界データは平面直角座標系（JGD2000）で提供されており，基盤地図情報で設定した平面直角座標系（JGD2011）とは異なるため注意してほしい。

4-3　ジオデータベースへのデータのインポート

4-3-1　シェープファイルの読み込み

リボンタブ【マップ】－【データの追加】－【データ】を選択して《データの追加》ウィンドウを出し，<プロジェクト>－<フォルダー>－<地域分析>－<国勢調査（小地域）>－< A002005212015XYSWC01101 >を開いてから，< h27ka01101.shp >を選んで【OK】ボタンを押す。そうすると，読み込んだシェープファイルが《コンテンツ》ウィンドウに追加され，マップビューに地図が表示される（図 4-4）。

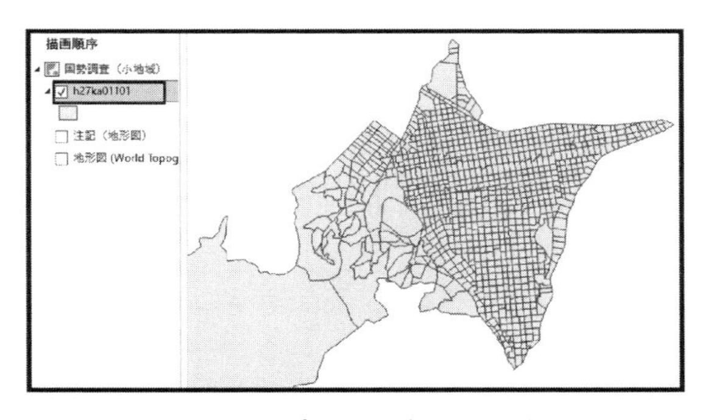

図 4-4　マップビューに表示された地図

4-3-2　ジオデータベースへのインポート

続いて，シェープファイル< h27ka01101 >をジオデータベースにインポートする。リボンタブ【表示】－【カタログウィンドウ】を選択すると，マップビューの横に《カタログ》ウィンドウが表示される。ここで，＜データベース＞を開き，＜地域分析 .gdb ＞を右クリックしてメニューを出して【インポート】－【複数のフィーチャクラス】を選択する。

《ジオプロセシング》ウィンドウが出たら，「入力フィーチャ」では【h27ka01101】を選択し,「出力ジオデータベース」では【地域分析 .gdb】を選ぶ（図 4-5)。ここで【実行】ボタンを押すと，ジオデータベースへのインポートが行われる。

インポートが終了してから, リボンタブ【表示】

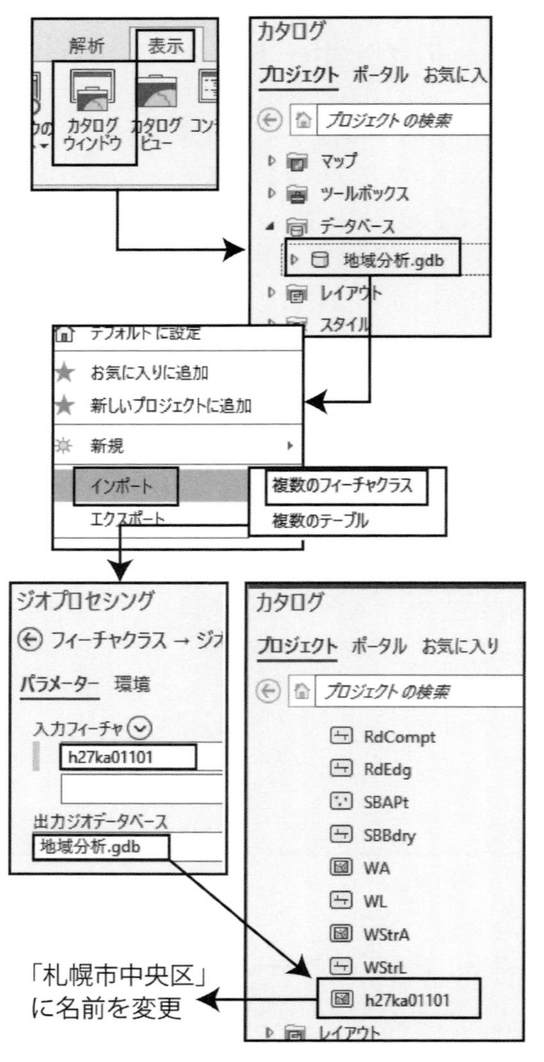

図 4-5　ジオデータベースへのインポート

－【カタログウィンドウ】を選択し，《カタログ》ウィンドウの＜地域分析 .gdb ＞を右クリックし，【更新】を選んで＜ h27ka01101 ＞が作成されたことを確認する。続いて，この＜ h27ka01101 ＞を右クリックし，メニューから【名前の変更】を選んで，名前を＜札幌市中央区＞に変える。

さらに，ここでリボンタブ【マップ】－【データの追加】－【データ】で《データの追加》ウィンドウを開き，＜地域分析 .gdb ＞の中の＜札幌市中央区＞を読み込む。《コンテンツ》ウィンドウに＜札幌市中央区＞が追加されたら，＜ h27ka01101 ＞のチェックを外す。

ここまでの作業を終えたら，リボンタブ【プロジェクト】－【保存】を選択し, 上書き保存を行う。

4-4　等級シンボルによる人口分布の描画

ここで札幌市中央区の人口分布に関する主題図を作成する。国勢調査（小地域）の境界データには，小地域ごとの人口総数（フィールド名：JINKO）が属性データとして記録されており（図 4-6)，それを利用して地図化を行う。なお，面積の異なる小地域データで，人口の絶対数を地図化するのは不適切であるため，ここでは等級シンボルで人口を示す。

《コンテンツ》ウィンドウの＜札幌市中央区＞を右クリックしてメニューを出し，【シンボル】を選択すると, マップビューの右側に《シンボル》ウィンドウが出る。ここで,「プライマリシンボル」

札幌市中央区

フィールド: 追加　計算　選択セット: 属性条件で選択

	MOJI	KBSUM	JINKO	SETAI	X_CODE
1	宮ケ丘（番地）	1	4	2	141.3068
2	円山	1	0	0	141.31399
3	円山西町	6	22	7	141.3011
4	円山西町	0	0	0	141.30149

図 4-6　人口総数に関する属性データ

のメニューで【等級シンボル】を選び，フィールドを【JINKO】,「正規化」を【なし】, 方法を【手動間隔】,「クラス」を【5】とする（図 4-7）。なお，テンプレートは初期設定のままとする。

次に，シンボルの「上限値」の設定を行う。《シンボル》ウィンドウ下側の「クラス」を見ると，人口規模で 5 段階に分けられ，初期値として中途半端な値が入力されているので，これを修正する。なお，修正は数値の高い方から行う。「上限値」の「≦ 1140」をクリックすると，1 つの数値を入力できるようになる。これは選択したシンボルが示す最大値であり，ここでは「1500」と半角で入力する。その上にあるシンボルの最大値を「1000」，その上を「750」, その上を「500」, 一番上を「250」

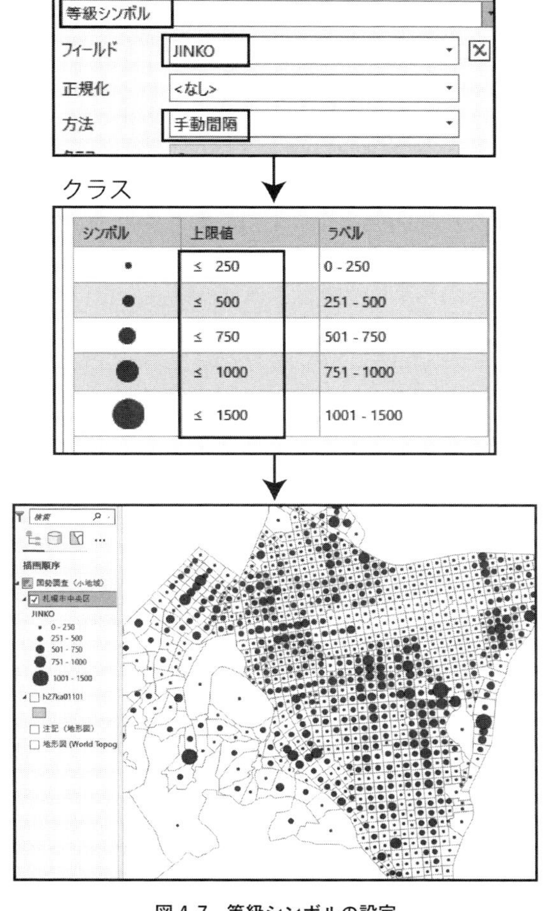

図 4-7　等級シンボルの設定

と入力する。すると，「クラス」の隣の「ラベル」は「0-250」,「251-500」,「501-750」,「751-1000」,「1001-1201」と表示される。もし，背景色を変えたい場合には，「背景」のアイコンを押し，表示されるシンボルから選択する。

各種設定を終えると，設定がマップビューの地図に反映される。

4-5　等級色による人口密度分布の描画

4-5-1　属性テーブルのフィールド追加

最後に，人口密度（1 km^2 当たりの人口）を計算し，それに応じた等級色で塗り分けることによりコロプレスマップの作成を行う。

まず《コンテンツ》ウィンドウの＜札幌市中央区＞を選んでから，リボンタブ【データ】－【属性テーブル】を選択すると（あるいは＜札幌市中央区＞を右クリックし，出てくるメニューで【属性テーブル】を選ぶと），マップビューの下に属性テーブル《札幌市中央区》が表示される。

これにフィールドを追加するためには，属性テーブルの上側にある【追加】アイコンをクリックする（あるいはリボンタブ【データ】－【フィールド】を選ぶ）。そうすると通常のレコード表示から，《フィールド：札幌市中央区（国勢調査（小地域））》というフィールドビュー（フィールド一覧の表示画面）になり，最下段に新たなフィールドが追加される。

新しいフィールドでは，「フィールド名」の欄をダブルクリックして「人口密度」と入力する。また,「データタイプ」では【Double】を選択する。さらに,「数値形式」の欄を選んでから 1 回クリックするとブラウザボタンが表示されるので，それを押して《数値形式》ウィンドウを出し，「カテゴリ」で【数値】を選ぶ。そうすると数値形式の詳細を設定できるようになるので，「桁数設定」の「桁数」にチェックを入れ, その右の数値を「6」

にして，【OK】ボタンを押す（図 4-8）。

続いて，リボンタブ【フィールド】－【保存】を選ぶ。属性テーブルのタブ【札幌市中央区】をクリックし，テーブルを右にスクロールすると，新しいフィールド「人口密度」が追加されている。

4-5-2　人口密度の算出

次に，小地域ごとの人口密度（人 / km^2）を求める。属性テーブルのタブ【札幌市中央区】を選択し，フィールド名「人口密度」をクリックして選択し，テーブルの上にある【計算】を押すと，《フィールド演算》ウィンドウが表示される。

このウィンドウの「入力テーブル」では【札幌市中央区】,「フィールド名」では【人口密度】,「式の種類」では【Python3】を選択する。

属性テーブルにおいて,人口総数は「JINKO」（単位：人），面積は「AREA」（単位：m^2）というフィールド名で入力されている。そこで,ウィンドウの「人口密度 =」の下側の入力欄に「!JINKO! / !AREA! *1000000」と半角で入力する（図 4-9）。これは「人口を面積で割った値に 1,000,000 を乗じる」という意味である。この時,「JINKO」や「AREA」は，その上側の「フィールド」にある項目の中から選び,計算記号は【/】や【*】のボタンを押す。また,「1000000」という数値はキーボードから直接入力する。

なお,設定した式に「*1000000)」を付けるのは,面積の単位を「m^2」から「km^2」に変換するためである。属性データの「AREA」（面積）の単位は平方メートルであるため，人口を面積で割るだけでは 1 平方メートル当たりの人口となる。これを 1 平方キロメートル当たりの人口にするためには，数値に 1,000,000 を掛ける必要がある。

ここで《フィールド演算》ウィンドウの【OK】ボタンを押すと,「人口密度」に計算結果が入力される。数値の入力を確認したら，属性テーブル《札幌市中央区》と《フィールド：札幌市中央区（国勢調査（小地域））》のタブの【閉じる】ボタン（×印）を押して，属性テーブルを閉じる。

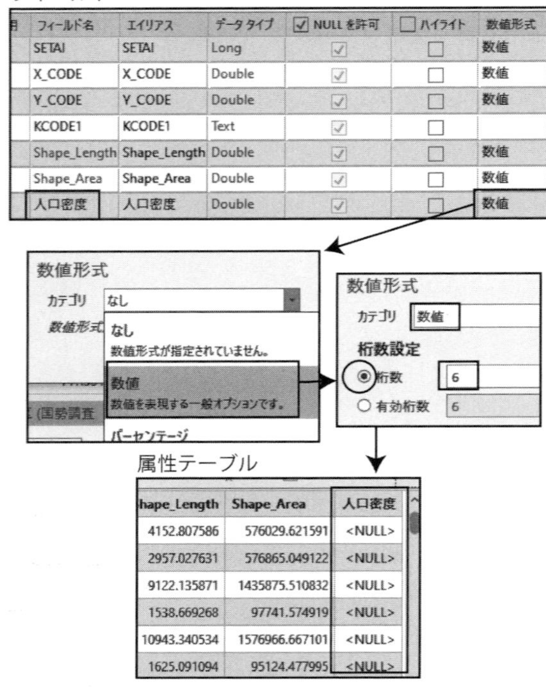

図 4-8　属性テーブルにおけるフィールドの追加

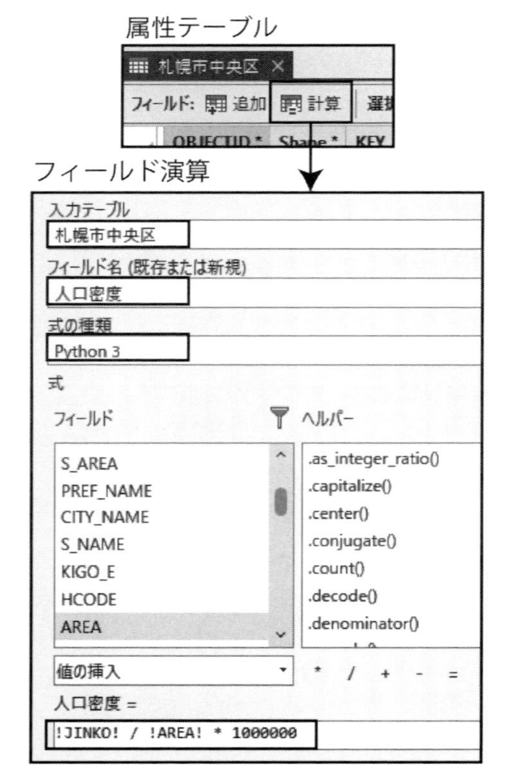

図 4-9　フィールド演算による人口密度の算出

4-5-3　コロプレスマップの描画

ここから，算出された「人口密度」の値を使ってコロプレスマップを作成する。《コンテンツ》ウィンドウの<札幌市中央区>を右クリックしてメニューを出し，【シンボル】を選択する。そうすると，マップビューの右に《シンボル》ウィンドウが表示されるので，一番上のメニューで【等級色】を選ぶ。さらに「フィールド」では【人口密度】を選び，「配色」では任意のカラーバーを選択する。もし，カラーバーによって割り当てられる色の順序を逆にしたい場合には，【クラス】タブの【詳細】ボタンをクリックし，【シンボルの順序の反転】を選ぶ。

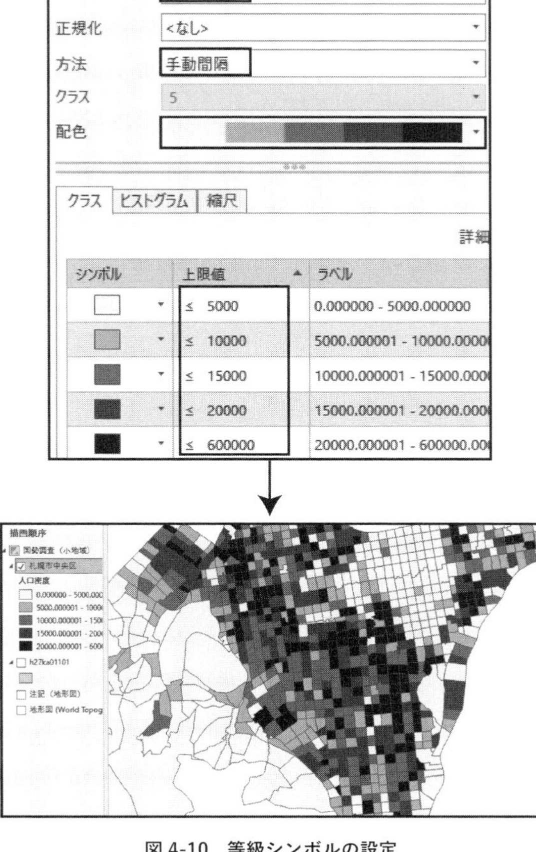

図 4-10　等級シンボルの設定

続いて，【クラス】タブでシンボルのクラス設定を行う。ここでは，人口密度が 5 段階に分けられており，初期値として中途半端な値が入力されているため変更する。「上限値」の数値をクリックすると任意の数値を入力できるようになるので，数値の大きい下側から「60000」，「20000」，「15000」，「10000」，「5000」と半角で入力する。そうすると，人口密度を示すコロプレスマップが描画される（図 4-10）。

4-6　Google Earth による表示

4-6-1　KML ファイルの作成

人口密度を示した<札幌市中央区>を，Google Earth で表示する方法を説明する。Google Earth は，デジタル化された地球儀でありウェブブラウザ上で閲覧できる。

まず，<札幌市中央区>を Google Earth で表示するための変換を行う。リボンタブ【解析】−【ツール】を選択し，マップビューの右に《ジオプロセシング》ウィンドウが表示されたら【ツールボックス】を選択し，【変換ツール】−【KML】−【レイヤー → KML（Layer to KML)】を選択する（図 4-11）。もし，複数のレイヤーを Google Earth で表示するのであれば【マップ → KML（Map to KML)】を選べばよい。

《ジオプロセシング》ウィンドウで変換の設定画面が表示されたら，「レイヤー」で【札幌市中央区】,「出力ファイル」では<国勢調査（小地域）>フォルダーの中に<札幌市中央区>という名前で保存するように設定する。「レイヤーの出力スケール」は「0」のままとし，「フィーチャを地表に固定」にチェックを入れる。ここで【実行】ボタンを押すと，指定したフォルダーに<札幌市中央区 .kmz >（拡張子は「.kml」ではない）というファイルが作成される。

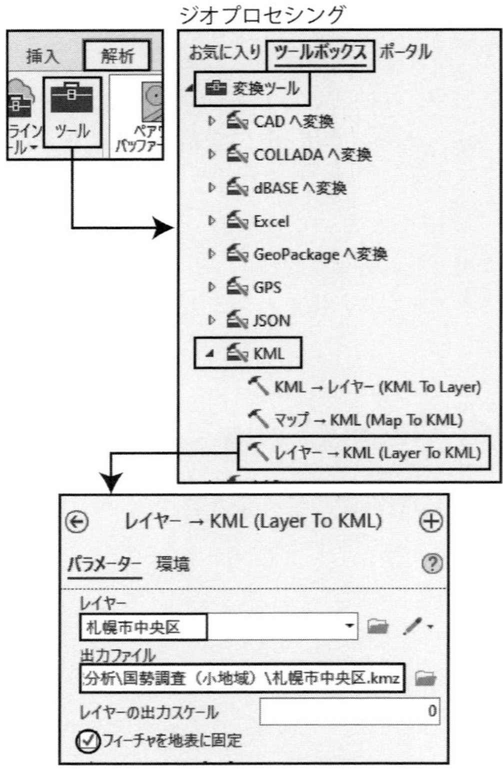

図 4-11　KML ファイルへの変換

4-6-2　KML ファイルのインポート

ここからは，＜札幌市中央区 .kmz ＞を Google Earth に読み込む方法を解説する。Web ブラウザで Google Earth のサイト（https://www.google.co.jp/earth/）を開いたら，【Earth を起動】を選択する。Google Earth が表示されたら，左側の【プロジェクト】アイコンをクリックし,【開く】－【パソコンから KML ファイルをインポート】を選ぶ。《開く》ウィンドウが出たら,＜国勢調査（小地域）＞フォルダーの中の＜札幌市中央区 .kmz ＞を指定し【開く】ボタンを押すと，Google Earth 上に＜札幌市中央区＞が表示される。

Google Earth 左側の【地図のスタイル】アイコンをクリックし,「建物の 3D 表示をオンにする」の設定をオンにすると人口密度の高い地区に高層マンションが立地していることを確認できる。

4-7　シェープファイルへの変換

ArcGIS Pro で作成や加工したマップを他の GIS ソフトで使用したい場合，シェープファイル形式への変換が必要な場合がある。このシェープファイル形式への変換は以下の様に行う。なお，変換後のシェープファイルを保存するために，＜国勢調査(小地域)＞フォルダーの中に＜シェープファイル＞というフォルダーを新たに作っておく。

リボンタブ【解析】－【ツール】を選択し,マップビューの右に《ジオプロセシング》ウィンドウが表示されたら【ツールボックス】を選択し,【変換ツール】－【シェープファイルへの変換】－【フィーチャクラス → シェープファイル（マルチプル））】を選択する（図 4-12)。《ジオプロセシング》ウィンドウで変換の設定画面が表示された

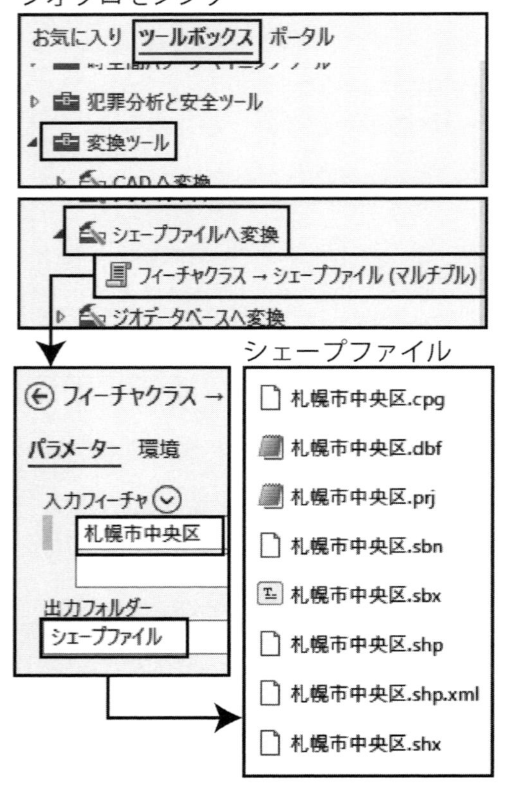

図 4-12　シェープファイルへの変換

ら，「入力フィーチャ」で【札幌市中央区】，「出力フォルダー」では＜シェープファイル＞フォルダーを指定する。

ここで【実行】ボタンを押すと，指定したフォルダーに人口密度の情報を持った＜札幌市中央区＞のシェープファイルが作成される。なお，このシェープファイルは複数のファイルで構成される。

最後に，ArcGIS Pro のプロジェクトを保存するため，リボンタブ【プロジェクト】－【保存】を選択し，上書き保存を行う。保存が終わったら，リボンタブ【プロジェクト】－【終了】で ArcGIS Pro を終了する。

（橋本雄一）

第5章 標準地域メッシュ統計のダウンロードと地図化

5-1　標準地域メッシュの概要

5-1-1　標準地域メッシュの区画

標準地域メッシュとは，経緯線により作成された国土の区画であり，これを用いて統計データを編成したものが総務省統計局の地域メッシュ統計である。

標準地域メッシュには，以下のような階層的な地域区画がある（図 5-1）。まず，第 1 次地域区画（1 次メッシュ）は，全国の地域を偶数緯度およびその間隔（120 分）を 3 等分した緯度（40 分）における緯線と，1 度ごとの経線とによって分割してできる区域であり，1 辺の長さは約 80 km である。これは，20 万分の 1 地勢図の 1 図葉の区画に該当する。

次に，第 2 次地域区画（2 次メッシュ）は，第 1 次地域区画を緯線方向および経線方向に 8 等分してできる区域であり，緯度間隔は 5 分，経度間隔は 7 分 30 秒，1 辺の長さは約 10 km である。これは，2 万 5 千分の 1 地形図の 1 図葉の区画にほぼ該当する。

さらに，第 3 次地域区画（3 次メッシュ）は，第 2 次地域区画を緯線方向および経線方向に 10 等分してできる区域であり，緯度間隔は 30 秒，経度間隔は 45 秒，1 辺の長さは約 1 km である。

これより細かい分割地域メッシュとしては，2 分の 1 地域メッシュ（4 次メッシュ），4 分の 1 地域メッシュ（5 次メッシュ），8 分の 1 地域メッシュがある。2 分の 1 地域メッシュは，基準地域メッ

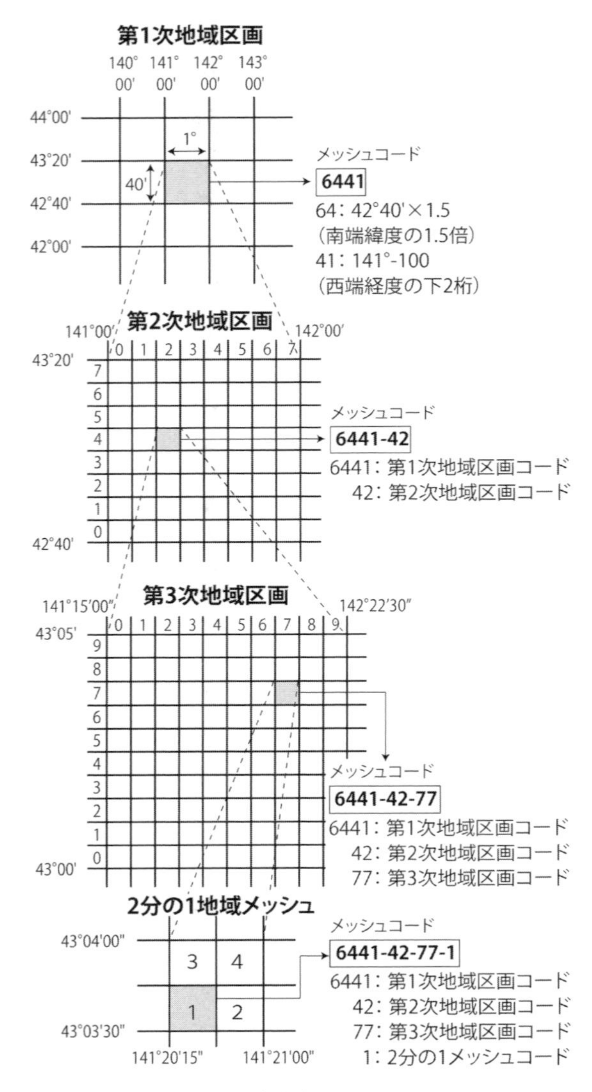

図 5-1　標準地域メッシュコード

シュ（第3次地域区画）を緯線方向，経線方向に2等分してできる区域であり，緯度間隔は15秒，経度間隔は22.5秒，1辺の長さは約500 mである。4分の1地域メッシュは，2分の1地域メッシュを緯線方向，経線方向に2等分してできる区域であり，緯度間隔は7.5秒，経度間隔は11.25秒，1辺の長さは約250 mである。

8分の1地域メッシュは，4分の1地域メッシュを緯線方向，経線方向に2等分してできる区域であり，緯度間隔は3.75秒，経度間隔は5.625秒，1辺の長さは約125 mである。

各メッシュとも緯線と経線で区分されているため，東西方向の1辺に関する厳密な長さは高緯度ほど短くなる。

なお，日本測地系と世界測地系（JGD2000, JGD2011）は，同じ経緯度で異なる位置を示すため，標準地域メッシュの区画の境界が一致しない。同じ地域メッシュ統計でも，2000年以前に作られたデータと2000年以降に作られたデータでは，境界が重ならないことがある（図5-2）。そのため，GISで地域メッシュ統計を扱う場合には，測地系について注意する必要がある。

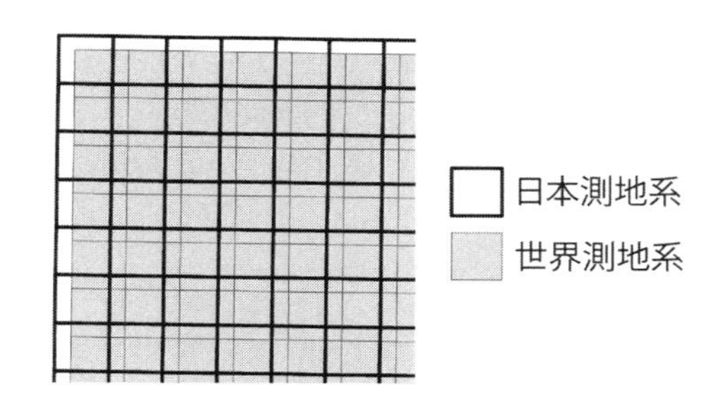

図5-2　測地系によるメッシュの違い

5-1-2　地域メッシュコード

ここで地域メッシュコードについて解説する。1次メッシュコードは，区画の南端の緯度を1.5倍した2桁の数字と，西端の経度から100を引いた2桁の数字を，順に組み合わせた4桁の数字である。

2次メッシュコードは，1次メッシュを緯線方向および経線方向に8等分し，経線方向については南から北へ，緯線方向については西から東へ，順に0，1，2，・・・，7と数字を付け，これらを経線方向，緯線方向の順に組み合わせた2桁の数字である。

3次メッシュコードは，2次メッシュを緯線方向および経線方向に10等分し，経線方向については南から北へ，緯線方向については西から東へ，順に0，1，2，・・・，9の数字を付けて，これらを経線方向，緯線方向の順に組み合わせた2桁の数字である。この3次メッシュコード表示する場合には，1次メッシュコード，2次メッシュコード，3次メッシュコードをハイフンで繋ぎ，「6441-42-74」のような8桁の数字で記す。

4次メッシュコードは，3次メッシュを緯線方向および経線方向に2等分した4つのメッシュに対して，南西のメッシュに1，南東のメッシュに2，北西のメッシュに3，北東のメッシュに4が割り当てられる。この4次メッシュをコード表示する場合には，3次メッシュコードを示す8桁の数字と，4次メッシュコードをハイフンで繋ぎ，「6441-42-74-1」のような9桁の数字で記す。

この地域メッシュについては，行政管理庁告示第143号「統計に用いる標準地域メッシュおよび標準地域メッシュ・コード」（昭和48年7月12日）で定められ，現在ではJIS規格（JISX0410）となっている。

5-2　500 mメッシュデータのダウンロード

5-2-1　1次メッシュ番号の確認

本章では2015年国勢調査の4次メッシュ（500 mメッシュ）データをダウンロードして，人口の分布図を作成するまでを説明する。ここでの作業フォルダーとして，＜C:¥Users¥（ユーザー名）¥Documents¥ArcGIS¥Projects¥地域分析＞の中に＜国勢調査（500 mメッシュ）＞というフォルダーを作成する。

総務省 Web サイト『e-Stat 政府統計の総合窓口』においてメッシュデータは，1 次メッシュの範囲ごとに提供されるため，ダウンロードする 1 次メッシュのコードを確認する必要がある。

そのために，Web ブラウザで国土地理院 Web サイトの『地理院地図』（https://maps.gsi.go.jp/）を開く。ここで左上にある【地図】（地図を選択）アイコンを押し，表示されるメニューの「地図の種類」で【その他】－【地図の更新情報や提供地域】－【地域メッシュ】を選択する。ここで地図を拡大すると，ズームレベル 6 ～ 9 で 1 次メッシュの区画が表示される（図 5-3）なお，2 次メッシュはズームレベル 10 ～ 13 で，3 次メッシュはズームレベル 14 ～ 18 で表示される。これにより，札幌市は 1 次メッシュ「6441」に含まれることが確認できる。

5-2-2　境界データのダウンロード

総務省 Web サイト『e-Stat 政府統計の総合窓口』（https://www.e-stat.go.jp/）でダウンロードできる国勢調査の地域メッシュデータとしては，1995 年，2000 年，2005 年，2015 年，2020 年のデータが公表されている。4 次メッシュ（500 m メッシュ）データは，すべての年次において世界測地系による地域メッシュ区画で整備されている。

まず，札幌市を含む 1 次メッシュ「M6441」の範囲に含まれる 500 m メッシュの境界データをダウンロードする。Web サイト『e-Stat 政府統計の総合窓口』（https://www.e-stat.go.jp/）のトップページで【地図（統計 GIS)】をクリックして「地図で見る統計（統計 GIS)」のページに入る（図 5-4)。ここで「境界データダウンロード」をクリックし，「境界一覧」から【4 次メッシュ（500 m メッシュ)】－【世界測地系平面直角座標系・Shapefile】を選ぶ。1 次メッシュの一覧が出たら「M6441」の右にある【世界測地系平面直角座標系・Shapefile】ボタンをクリックする。そうすると＜ HXYSWH6441. zip ＞という圧縮ファイルが，＜ダウンロード＞

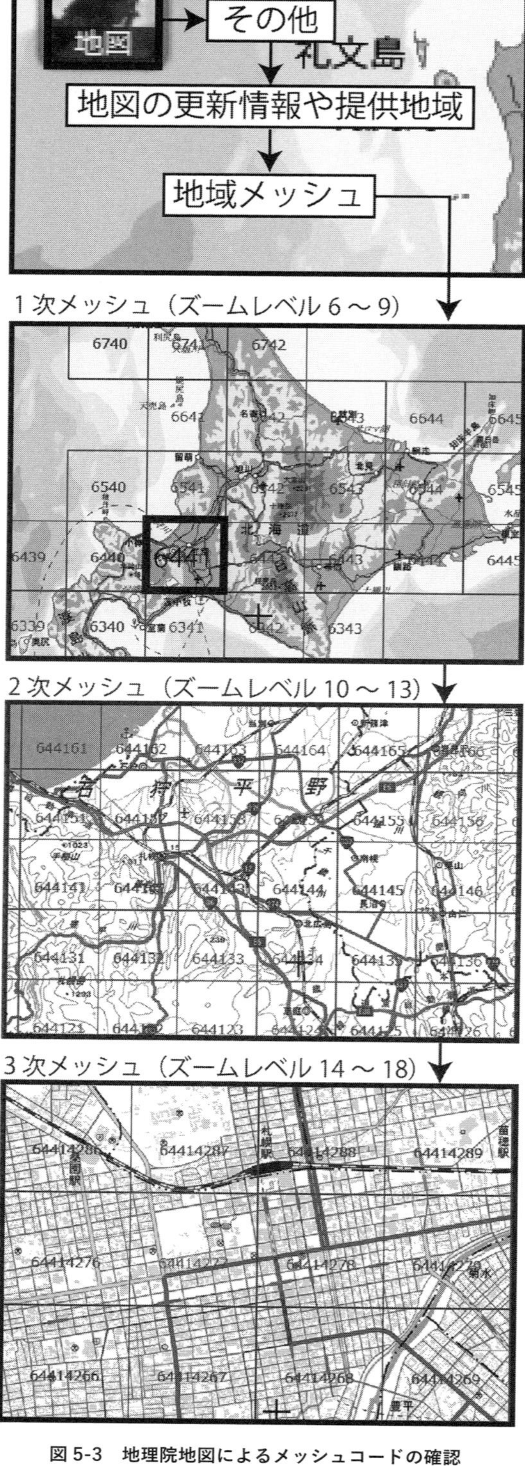

図 5-3　地理院地図によるメッシュコードの確認
国土地理院『地理院地図』Web サイトにより作成。

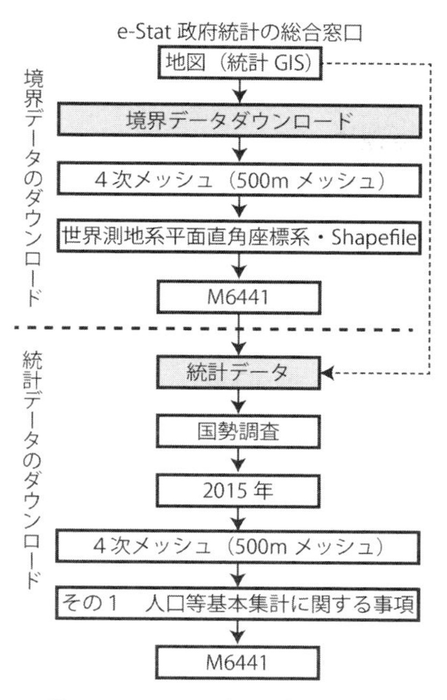

図 5-4　e-Stat のデータダウンロード

フォルダー（本書では＜ C:¥...¥Downloads ＞）に保存される。なお，このページの右上にある【定義書】をクリックすると，境界データの定義を記した＜ H002005112009.pdf ＞が表示され，フィールド名と項目内容を確認できる。

ダウンロードした圧縮ファイル＜ HXYSWH6441.zip ＞を，＜国勢調査（500 m メッシュ）＞フォルダーに移動させてから解凍する。解凍後には，新たに＜ HXYSWH6441 ＞フォルダーが作られ，その中に＜ MESH06441.shp ＞,＜ MESH06441.dbf ＞,＜ MESH06441.shx ＞，＜ MESH06441.prj ＞という 4 つのファイルが保存されている。これらが，1 次メッシュ 6441 に含まれる 500 m メッシュのシェープファイルである。このシェープファイルの属性としては，メッシュコード（KEY_CODE，9 桁），1 次メッシュコード（MESH1_ID，4 桁），2 次メッシュコード（MESH2_ID，2 桁），3 次メッシュコード（MESH3_ID, 2 桁）, 4 次メッシュコード（MESH4_ID，1 桁），通し番号（OBJ_ID，9 桁）が記録されており，詳細は定義書＜ H002005112009.pdf ＞に記されている。

5-2-3　統計データのダウンロード

境界データの次には統計データをダウンロードする。境界データをダウンロードしたページの左側にあるメニューで【統計データ】をクリックする。（「地図で見る統計（統計 GIS）」のページで「統計データダウンロード」をクリックしても良い。）ここで【国勢調査】－【2015 年】－【4 次メッシュ】－【その 1 人口等基本集計に関する事項】を選ぶと，1 次メッシュの一覧が出るので，「M6441」の右にある【CSV】ボタンをクリックする。そうすると＜ tblT000847H6441.zip ＞という圧縮ファイルが，＜ダウンロード＞フォルダーに保存される。なお, このページの右上にある【定義書】をクリックすると，境界データの定義を記した＜ T000847.pdf ＞が表示され，フィールド名と項目内容を確認できる。

ダウンロードした圧縮ファイル＜ tblT000847H6441.zip ＞を，＜国勢調査（500 m メッシュ）＞フォルダーに移動させてから解凍する。解凍後には，新たに＜ tblT000847H6441 ＞フォルダーが作られ，その中に＜ tblT000847H6441.txt ＞という CSV ファイル（カンマ区切りで並べたテキストデータ）が保存されている。これらが，1 次メッシュ 6441 に含まれる統計データのファイルであり，その内容を＜ T000847.pdf ＞で確認すると，メッシュごとの人口総数，男女別人口，年齢別人口，外国人人口，世帯数などが記録されていることがわかる。ここまでの作業を終えたら Web ブラウザを閉じる。

5-3　Excel による統計データの加工

5-3-1　統計データの読み込み

境界データと統計データを結合させて主題図を描くことは GIS の基本的な機能である。ここでは属性テーブルのキー項目（キーコードとなる特定のフィールド）を利用して両者を結合させる方法（属性結合）について説明する。

境界データと統計データを結合させるせるキー項目は「KEY_CODE」であり，メッシュ番号が入力されている。境界データの属性テーブルにおいて，この「KEY_CODE」は文字型として定義されている（図 5-5）。しかし，統計データは CSV ファイルであるため，そのまま用いると「KEY_CODE」は数値型として認識されてしまう。「KEY_CODE」に関する両データの形式が異なると，ArcGIS Pro は結合させることができない。そのため，結合の準備として，ここでは Excel で統計データを加工する。

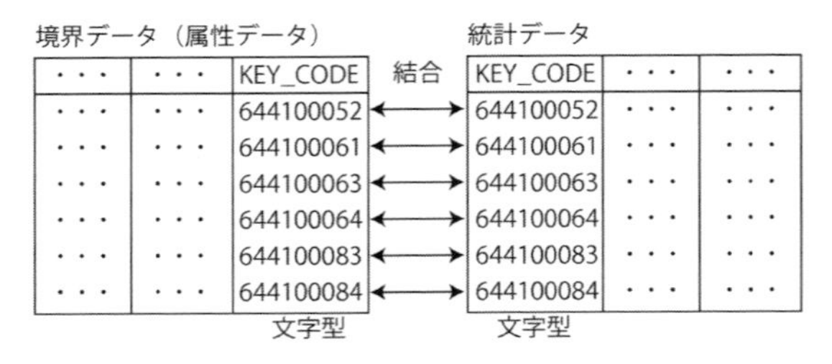

図 5-5　境界データと統計データの結合

Excel を起動させ，メインメニュー【ファイル】－【開く】－【参照】で，＜ C:¥...¥Documents¥ArcGIS¥Projects¥ 地域分析 ¥ 国勢調査（500 m メッシュ）¥tblT000847H6441 ＞フォルダーの中の＜ tblT000847H6441.txt ＞を開く。この時，《ファイルを開く》ウィンドウにおいて，「ファイル名」の入力欄の右にある対象ファイルの選択を【すべての Excel ファイル】から【すべてのファイル】に変更する必要がある。

ファイル名に＜ tblT000847H6441.txt ＞を指定して【開く】ボタンをクリックすると，《テキストファイルウィザード - 1/3》が現れるので，「元のデータ形式」で「コンマやタブなどの区切り文字によってフィールドごとに区切られたデータ」にチェックを入れ，【次へ】ボタンをクリックする（図 5-6）。

《テキストファイルウィザード - 2/3》では，「区切り文字」の「コンマ」にチェックを入れ，【次へ】ボタンをクリックする。

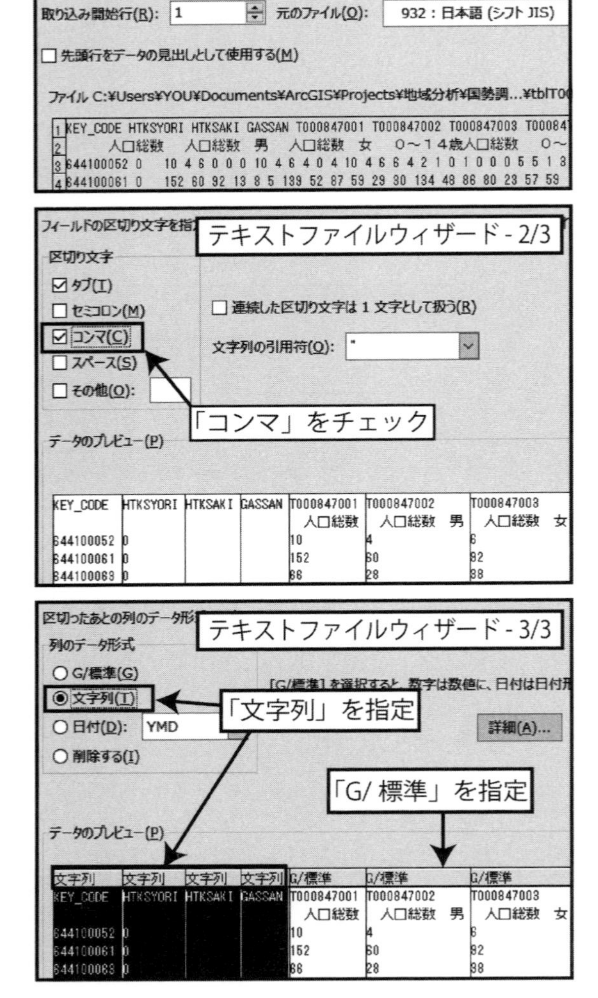

図 5-6　Excel でのデータ形式の指定

《テキストファイルウィザード - 3/3》では，「データのプレビュー」における各列に対して「列のデータ形式」により定義を行う。この定義付けで，メッシュコードを示す「KEY_CODE」～「GASSAN」は「文字列」を指定し，「T000847001」（人口総数）より右の列は変更せず「G/ 標準」のままにしておく。ここで【完了】ボタンを押すと，Excel 上に統計データが示される。

なお，データが表示されるExcelのワークシートには，読み込んだファイル名が付けられるので，ここでは＜ tblT000847H6441 ＞というワークシート名になる。

ここで，このデータを保存する。Excelのメインメニュー【ファイル】–【名前を付けて保存】で，＜ C:¥...¥Documents¥ArcGIS¥Projects¥ 地域分析 ¥ 国勢調査（500 m メッシュ）¥tblT000847H6441 ＞フォルダーを指定する。ファイルの種類は【Excel97-2003 ブック（*.xls)】とし，＜ tblT000847H6441.xls ＞というファイル名を付けたら【保存】ボタンを押す。なお，Excelブック形式（*.xlsx）で保存すると，ArcGIS Proでの作業でエラーが発生する場合がある。

5-3-2　統計データの加工

Excelファイルを，境界データに結合するために加工を行う。まず，「G/ 標準」を指定したE列からAS列の2行目以降に文字が入力されていると，そのフィールドは数値型としてArcGISに認識されず，うまく結合できない。そこで，「人口総数」などの文字が入力されている2行目を削除する（図5-7）。

次に，Excelのメインメニュー【ホーム】–【検索と選択】–【置換】で《検索と置換》ウィンドウを出し，「検索する文字列」に「~*」，置換後の文字列に何も入力せず【すべて置換】ボタンを押す。これで「*」が入力されていたセルが空白になる。ジオデータベースではNull値（データが入力されていない状態)を扱うことができるため，ここでは不明な値をすべてNull値とする。なお，「検索する文字列」を「*」とすると，すべての文字や数値が該当してしまうので注意してほしい。

また，フィールド名が「T000847001」～「T000609004」では各列の内容がわかりにくいので，E列1行目の「T000847001」を「Pop」に，F列1行目の「T000847002」を「Male」に，G列1行目の「T000847003」を「Female」に変える。ArcGIS Proでは，日本語で項目名を設定したExcelファイルを読み込んだときにエラーが起こる場合があるため注意する必要がある。これ以降に説明する属性結合の操作が上手くいかない場合には，フィールド名の先頭に半角スペースなどが入っていないかを確認する。また，Excelの保存

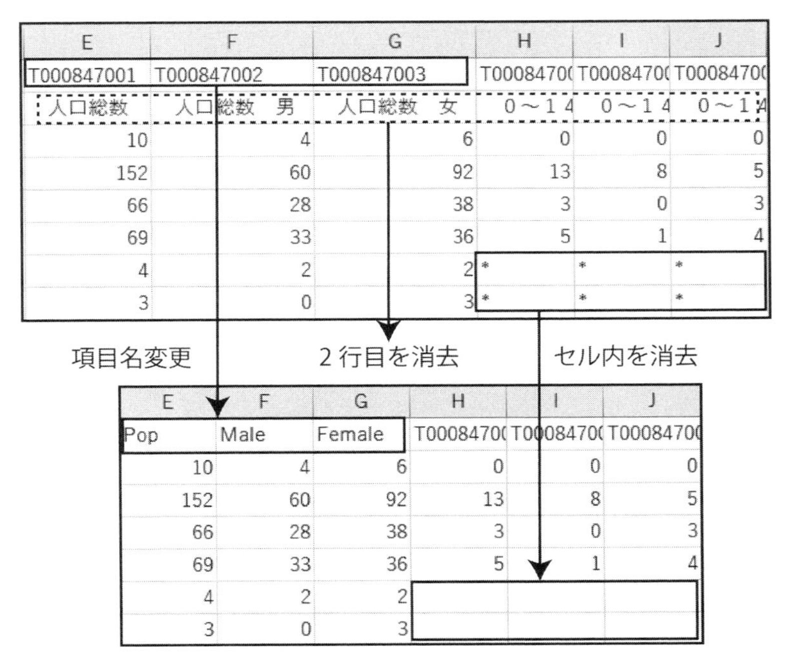

図5-7　Excelデータの加工

形式を変更すると上手くいく場合がある。

以上の修正が終わったら，Excelのメインメニュー【ファイル】－【上書き保存】でデータを保存し，Excelを終了する。

5-4　ArcGIS Pro でのマップ追加

5-4-1　ArcGIS Pro の起動

ここからは，ArcGIS Proにより作業を行う。なお，ArcGIS Pro 3.0でExcelファイルを読み込むためには，第3章でも述べたように，Excel用のMicrosoft Access データベースエンジン 2016 再頒布可能コンポーネント（Microsoft Access Database Engine 2016 Redistributable 64-bit driver）をインストールする必要がある。これはマイクロソフトのWebサイト（https://www.microsoft.com/ja-JP/download/details.aspx?id=54920）からダウンロードできるので，作業の前にセットアップを行う。

＜C:¥...¥Documents¥ArcGIS¥Projects¥地域分析＞の中の＜地域分析.aprx＞をダブルクリックして，ArcGIS Proを起動させる（あるいは，ArcGIS Proを起動させ，初期画面において「最近使ったプロジェクト」の【地域分析】を選択する）。そうすると，基盤地図情報や国勢調査（小地域）を地図化したプロジェクトが表示される。続いて，リボンタブ【挿入】－【新しいマップ】－【新しいマップ】を選択すると，新しいマップ（ここでは＜マップ2＞とする）がプロジェクトに追加される。このマップでは，札幌市付近を拡大表示させる。なお，本章の操作は新しいプロジェクトを作成して作業を行っても良い。

5-4-2　マップの名称変更と座標系の設定

マップが追加されたら，それをマップビュー・タブで最前面にしたまま，《コンテンツ》ウィンドウの＜マップ2＞を右クリックし，表示されるメニューで【プロパティ】を選択する（もしくは＜マップ2＞をダブルクリックする）と《マッププロパティ》ウィンドウが出るので，左側のリストから【一般】を選び，「名前」の欄に「国勢調査（メッシュ）」と入力する。

続いて，左側のリストで【座標系】を選択し，「使用可能なXY座標系」のリストで＜投影座標系＞－＜各国の座標系＞－＜日本＞－＜平面直角座標系第12系（JGD2000）＞を選んでから【OK】ボタンを押すと，座標系が変更される。なお，＜平面直角座標系第12系（JGD2000）＞を選択する。もし，＜お気に入り＞に＜平面直角座標系第12系（JGD2000）＞が登録されている場合には，これを選んで【OK】ボタンを押す。

このデータも，平面直角座標系の原点が公共測量の規定と異なり，北海道の市町村は，すべて平面直角座標系第12系（JGD2000）で提供されている。

5-4-3　境界データの読み込み

ここで国勢調査（500 mメッシュ）のシェープファイル＜MESH06441.shp＞をArcGIS Proに読み込む。リボンタブ【マップ】－【データの追加】－【データ】を選択して《データの追加》ウィンドウを出し，＜プロジェクト＞－＜フォルダー＞－＜地域分析＞－＜国勢調査（500 mメッシュ）＞－＜HXYSWH6441＞を開いてから，＜MESH06441.shp＞を選んで【OK】ボタンを押す。そうすると，＜MESH06441＞が《コンテンツ》ウィンドウに表示され，マップビューに500 mメッシュの境界データが描画される。

5-4-4　ジオデータベースへのインポート

次に，この＜MESH06441＞をジオデータベースにインポートする。リボンタブ【表示】－【カタログウィンドウ】を選択すると，マップビューの右側に《カタログ》ウィンドウが表示される。ここで，＜データベース＞を開き，＜地域分析.gdb＞を右クリックしてメニューを出して【インポート】－【複数のフィーチャクラス】を選択する。

《ジオプロセシング》ウィンドウが出たら，「入力フィーチャ」で【MESH06441】，出力ジオデータベースで【地域分析 .gdb】を選び，【実行】ボタンを押す（図 5-8）。

リボンタブ【表示】－【カタログウィンドウ】を選択すると，《カタログ》ウィンドウの<地域分析 .gdb >を右クリックし，【更新】を選ぶと< MESH06441 >を確認できる。これを右クリックし，表示されるメニューから【名前の変更】を選んで，名前を< MESH >に変える。

ここでリボンタブ【マップ】－【データの追加】－【データ】で《データの追加》ウィンドウを開き，<地域分析 .gdb >の中の< MESH >を読み込む。

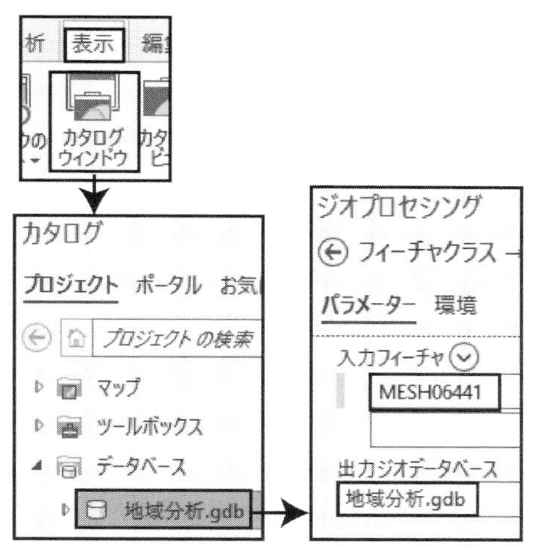

図 5-8　ジオデータベースへのインポート

5-5　データの結合

5-5-1　テーブル結合

境界データをインポートしたら，統計データである< MESHH6441.xls >を，<地域分析 .gdb >の中の< MESH >に結合する。《コンテンツ》ウィンドウの< MESH >を選択してからリボンタブ【データ】－【結合】－【結合】を選択する（あるいは< MESH >を右クリックしてメニューを出し【テーブルの結合とリレート】－【結合】を選択する）と，《テーブルの結合》ウィンドウが表示される（図 5-9）。

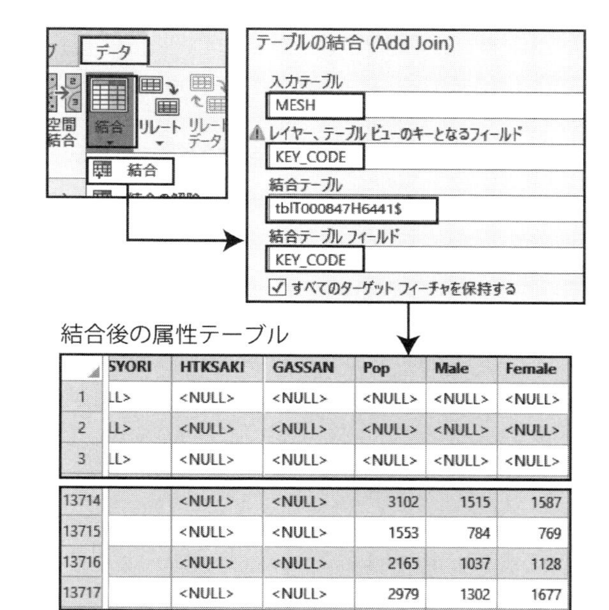

	SYORI	HTKSAKI	GASSAN	Pop	Male	Female
1	LL>	<NULL>	<NULL>	<NULL>	<NULL>	<NULL>
2	LL>	<NULL>	<NULL>	<NULL>	<NULL>	<NULL>
3	LL>	<NULL>	<NULL>	<NULL>	<NULL>	<NULL>
13714		<NULL>	<NULL>	3102	1515	1587
13715		<NULL>	<NULL>	1553	784	769
13716		<NULL>	<NULL>	2165	1037	1128
13717		<NULL>	<NULL>	2979	1302	1677

図 5-9　属性テーブルの結合

このウィンドウでは，「入力テーブル」で【MESH】，「レイヤー，テーブルビューのキーとなるフィールド」で【KEY_CODE】を選択する。「結合テーブル」ではフォルダーアイコンを押し《結合テーブル》ウィンドウを出し，<プロジェクト>－<フォルダー>－<地域分析>－<国勢調査（500 m メッシュ）>－< tblT000847H6441 >を開いてから，< tblT000847H6441.xls >を選んで【開く】ボタンを押す。すると，Excel のワークシート名を指定できるようになるので，< tblT000847H6441$ >を指定し【OK】ボタンを押す。さらに，「結合テーブルフィールド」では【KEY_CODE】を選び，【OK】ボタンを押す。

テーブルの結合が終了したら，《コンテンツ》ウィンドウの< MESH >を選んでから，リボンタブ【データ】－【属性テーブル】を選択する。そうすると，マップビューの下に結合後の属性テーブルが表示される。属性テーブルでは Null 値が目立つが，テーブルを下にスクロールすると数値の入ったセルが現れる。

5-5-2　フィーチャのエクスポート

ここまでの作業は，境界データと統計データを擬似的に結合させただけであり，両データが完全に結合しているわけではない。そこで，ここから境界データと追加した統計データを一体化させる。

まず，《コンテンツ》ウィンドウの＜ MESH ＞を右クリックしてメニューを出し，【データ】－【フィーチャのエクスポート】を選択する。《フィーチャのエクスポート》ウィンドウが表示されたら，「入力フィーチャ」で【MESH】を選び，「出力フィーチャクラス」には「MESH2」と記入する。ここで，【OK】ボタンを押すと《コンテンツ》ウィンドウに＜ MESH2 ＞が加わる。

5-6　人口分布図の描画

最後に＜ MESH2 ＞の属性データ「Pop」を用いて，人口分布図を描画する。なお《コンテンツ》ウィンドウの＜ MESH06441 ＞および＜ MESH ＞のチェックを外しておく。

＜ MESH02 ＞を右クリックしてメニューを出し，【シンボル】を選択すると，マップビューの右側に《シンボル》ウィンドウが出る。プライマリシンボルとしては【等級色】を選び，「フィールド」では【Pop】，「正規化」では【なし】，「方法」では【手動間隔】を選択する。また，「クラス」は【5】のままとしておく。

「配色」では任意のカラーバーを設定する。なお，カラーバーの配色を上下逆にしたい場合には，【クラス】タブの【詳細】ボタンをクリックし，【シンボルの順序の反転】を選ぶ。

続いて，【クラス】タブでシンボルのクラス設定を行う。ここでは，クラス分けされた人口総数の上限値を変更する。「上限値」の数値をクリックすると任意の数値を入力できるようになるので，数値の大きい下側から「6000」,「2000」,「1500」,「1000」,「500」と半角で入力する（図 5-10）。そうすると人口分布図が描画される。なお，この地図において Null 値が入力されているメッシュは色がつかない。

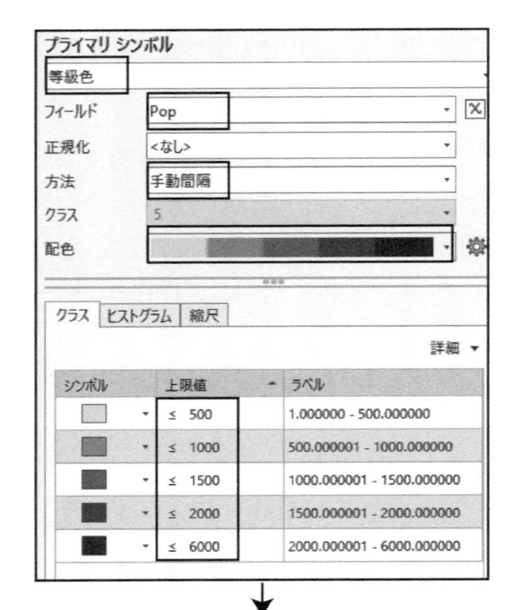

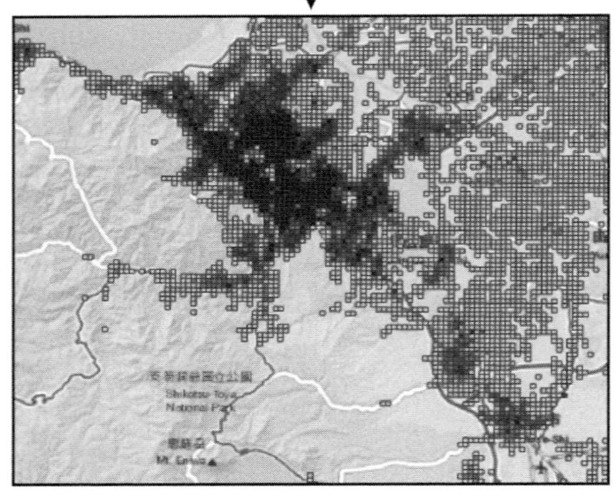

図 5-10　500 m メッシュの人口分布図

最後に，これまでに作成したマップを保存するために，リボンタブ【プロジェクト】－【保存】を選択する。保存が終わったら，リボンタブ【プロジェクト】－【終了】で ArcGIS Pro を終了する。

以上のような属性結合により，様々な主題図を描画したり，高度な分析を行ったりすることが可能となる。

（橋本雄一）

第6章 国土数値情報のダウンロードと地図化

6-1　国土数値情報のダウンロード

1974（昭和49）年の国土庁発足に伴い，日本では全国総合開発計画策定などの基礎データ整備として国土情報整備事業が開始された。国土数値情報は，この事業により整備された情報であり，現在，国土交通省の『GISホームページ』（https://nlftp.mlit.go.jp/index.html）から国土（水・土地），政策区域，地域，交通などに関するデータが無償提供されている。

本章では，国土数値情報の中から北海道の地価公示に関する情報をダウンロードして地図化する。ここでの作業用フォルダーとして＜C:¥Users¥(ユーザー名)¥Documents¥ArcGIS¥Projects¥地域分析＞の中に＜地価公示＞というフォルダーを作成し，すべてのファイルをここに保存する。

まず，「国土数値情報ダウンロード」（https://nlftp.mlit.go.jp/ksj/）のページで，「データ形式」として「JPGIS形式」の「GML（JPGIS2.1）シェープファイル」を選び，データ一覧の中から「地価公示（ポイント）」をクリックする（図6-1）。

地価公示データの詳細を記したページに入ったら，「地価公示」に関するデータの座標系は「世界測地系（JGD2000）」，データ形状は「点」であることを確認できる。また，属性情報として，公示価格は「L01_006」という変数名であり，データ形式は「整数型（Integer）」で，1 m^2 あたりの円価格で保存されていることもわかる。

ダウンロードするデータの属性情報を知りたい

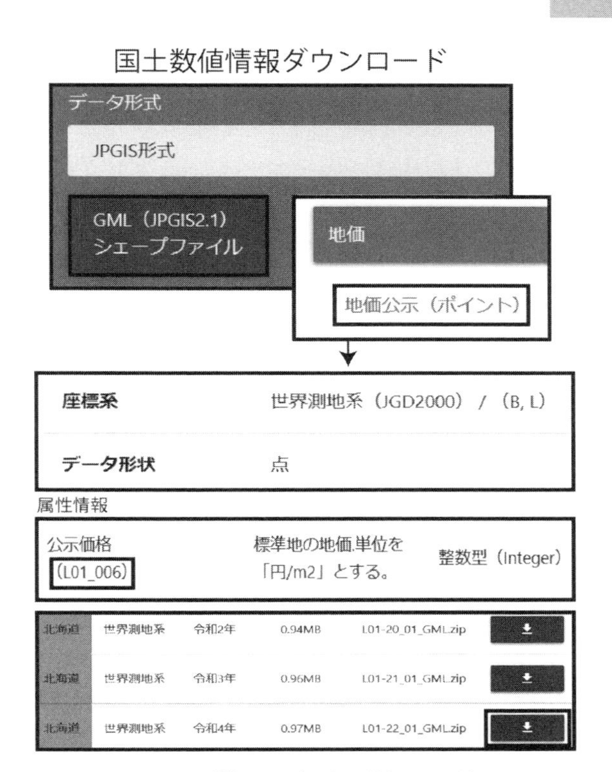

図6-1　地価公示データのダウンロード
国土数値情報Webサイトによる。

場合には，このページの「データフォーマット（符号化）」で，「シェープファイルの属性について」をクリックする。そうすると属性名が入力されたExcelファイル＜shape_property_table2.xls＞がダウンロードされるので，このファイルをExcelで開くと，属性データの属性名と属性コードを確認できる。

このページを下にスクロールすると，ダウンロードするデータの地域選択を行うことができる。「北海道」の「令和4年」（2022年）の右にあるダウンロードボタンを押すと，＜ L01-22_01_GML.zip ＞という圧縮ファイルが，＜ダウンロード＞フォルダーに保存される。

ダウンロードした圧縮ファイル＜ L01-22_01_GML.zip ＞を，＜地価公示＞フォルダーに移動させてから解凍する。ファイルを解凍すると＜ L01-22_01_GML ＞フォルダーが作成され，その中に＜ L01-22_01.dbf ＞，＜ L01-22_01.prj ＞，＜ L01-22_01.shp ＞，＜ L01-22_01.shx ＞というシェープファイルを構成する4つのファイル，＜ L01-22_01.geojson ＞という GeoJSON ファイル，＜ L01-22_01.xml ＞（データ本体）および＜ KS-META-L01-22_01.xml ＞（メタデータ）という2つの XML ドキュメントが収納されている。

6-2　ArcGIS Pro でのマップ追加

6-2-1　ArcGIS Pro の起動

ここからは，ArcGIS Pro により作業を行う。＜ C:¥...¥Documents¥ArcGIS¥Projects¥ 地域分析＞の中の＜地域分析 .aprx ＞をダブルクリックして，ArcGIS Pro を起動させる(あるいは，ArcGIS Pro を起動させ，初期画面において「最近使ったプロジェクト」の【地域分析】を選択する)。プロジェクトが表示されたら，リボンタブ【挿入】－【新しいマップ】－【新しいマップ】を選択して，新しいマップをプロジェクトに追加する。新しいマップでは，札幌市付近を拡大表示させる。なお，本章の操作は新しいプロジェクトを作成して作業を行っても良い。

6-2-2　マップの名称変更と座標系の設定

マップが追加されたら，それをマップビュー・タブで選択したまま，《コンテンツ》ウィンドウで新しく追加されたマップを右クリックし，表示されるメニューで【プロパティ】を選択する。《マッププロパティ》ウィンドウが表示されたら，左側のリストから【一般】を選び，「名前」の欄に「地価公示」と入力する。

次に，座標系の設定を行う。前述したように，Web サイトの「国土数値情報ダウンロード」のページに記載された地価公示データの座標系は「世界測地系（JGD2000）」である。《マッププロパティ》ウィンドウの左側のリストで【座標系】を選択し，「使用可能な XY 座標系」のリストで＜地理座標系＞－＜アジア＞－＜日本測地系 2000（JGD 2000）＞を選択する。なお，＜日本測地系 2000（JGD 2000）＞を選択すると右に【お気に入りに追加】アイコンが表示されるので，これを押して，この座標系を＜お気に入り＞のリストに追加しておく。

ここで，《マッププロパティ》ウィンドウの【OK】ボタンを押すと，《コンテンツ》ウィンドウのマップ名が＜地価公示＞に変更される。

6-3　ジオデータベースへのデータのインポート

6-3-1　シェープファイルの読み込み

マップの設定を行ったら，地価公示のシェープファイルの読み込みを行う。リボンタブ【マップ】－【データの追加】－【データ】を選択して《データの追加》ウィンドウを出し，＜プロジェクト＞－＜フォルダー＞－＜地域分析＞－＜地価公示＞－＜ L01-22_01_GML ＞を開き，＜ L01-22_01.shp ＞を選んで【OK】ボタンを押す。そうすると，読み込んだシェープファイル＜ L01-22_01 ＞が《コンテンツ》ウィンドウに表示される。

6-3-2　座標変換とジオデータベースへのインポート

この地価公示＜ L01-22_01 ＞の座標系は，第6章で解説したとおり地理座標系の＜日本測地系 2000（JGD2000）が選択されている。そこで，これをジオデータベースにインポートする。

リボンタブ【表示】－【カタログウィンドウ】を選択すると，マップビューの右側に《カタログ》ウィンドウが表示される。ここで，＜データベース＞を開き，＜地域分析 .gdb ＞を右クリックしてメニューを出して【インポート】－【複数のフィーチャクラス】を選択する。

《ジオプロセシング》ウィンドウが出たら，「入力フィーチャ」で【L01-22_01】，出力ジオデータベースで【地域分析 .gdb】を選び，【実行】ボタンを押す。

リボンタブ【表示】－【カタログウィンドウ】を選択して，《カタログ》ウィンドウの＜地域分析 .gdb ＞を右クリックし，【更新】を選ぶと＜L01-22_01 ＞を確認できる。これを右クリックし，表示されるメニューから【名前の変更】を選んで，名前を＜地価公示＞に変える。

ここでリボンタブ【マップ】－【データの追加】－【データ】で《データの追加》ウィンドウを開き，＜地域分析 .gdb ＞の中の＜地価公示＞を読み込む（図 6-2）。

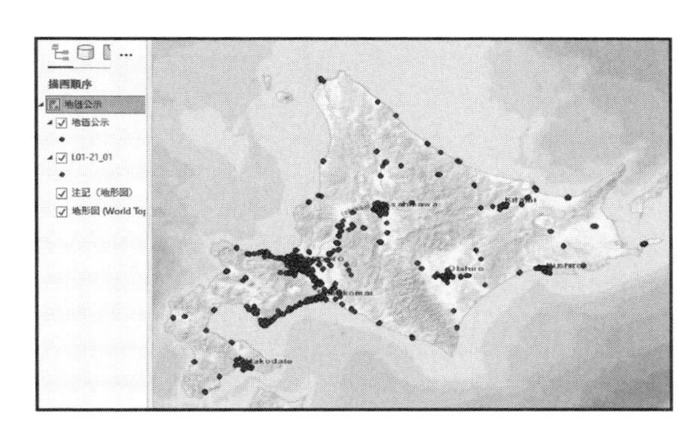

図 6-2　地価公示データの地図表示

6-4　最高地価点の抽出

6-4-1　属性テーブルのフィールド追加

まず，属性テーブルを使った最高地価点を検索する。最高地価点の検索では，《コンテンツ》ウィンドウの＜地価公示＞を選んでから，リボンタブ【データ】－【属性テーブル】を選択する。そうするとマップビューの下に，【地価公示】というタブを持つ属性テーブルが表示される。

この属性テーブルでは，フィールド「L01_006」に地価公示の価格（円 / m^2）が記録されている。ただし，この属性テーブルにおいて，公示価格は文字情報として入力されている。数値の大きさによって並べ替えを行うために，この文字情報を数値情報に変換する。

《コンテンツ》ウィンドウの＜地価公示＞を選んでからリボンタブ【データ】－【フィールド】をクリックすると，【フィールド：公示地価（地価公示)】というタブをもつ属性テーブルのフィールド画面になる。その一番下にある「ここをクリックして，新しいフィールドを追加します。」をクリックするとフィールド名などを入力できるようになるので，「フィールド名」と「エイリアス」をダブルクリックしてから，それぞれ「地価」と入力する。また，「データタイプ」では【Long】を選択する。

さらに，「数値形式」ではブラウザボタンを押して《数値形式》ウィンドウを出し，「カテゴリ」で【数値】を選ぶ。そうすると数値形式の詳細を設定できるようになるので，「桁数設定」で「桁数」を選択し，その右の数値を「0」にして，【OK】ボタンを押す（図 6-3）。

ここで，ArcGIS Pro のリボンタブ【フィールド】－【保存】を選ぶ。その後，属性テーブルのタブ【地価公示】を選び，テーブルを右にスクロールすると，新しいフィールド「地価」が追加されていることを確認できる。

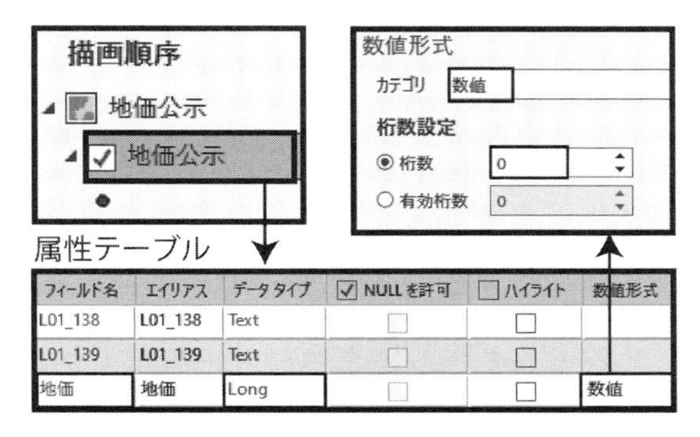

図 6-3　属性テーブルのフィールド追加

6-4-2　数値データへの変換

＜地価公示＞の属性テーブルが表示されている

状態で，フィールド名「地価」をクリックして選択し，テーブルの上にある【計算】を押すと，《フィールド演算》ウィンドウが表示される。

このウィンドウの「入力テーブル」では【地価公示】，「フィールド名」では【地価】，「条件式の種類」では【Python3】を選択する。さらに「公示価格＝」の下の入力欄には，「フィールド」の中の【L01_006】をダブルクリックして，「!L01_006!」と半角で入力する（図 22-2）。

ここで【OK】ボタンを押すと属性テーブルの「地価」に地価公示の価格が整数で入力される。

6-4-3　最高地価点データの作成

ここで，最高地価点のみを抽出する。<地価公示>の属性テーブルにおいて，「地価」のフィールド名をクリックしてから，右クリックでメニューを出して【降順で並べ替え】を選ぶと，地価の高い順番にデータが並べ替えられる。この並べ替えの結果，北海道では「北海道札幌市中央区北 4 条西 4 丁目 1 番 7 外」が最高地価点であることがわかる。

属性テーブルにおいて，1 行目（「北海道札幌市中央区北 4 条西 4 丁目 1 番 7 外」の行）の左端をクリックすると，その行全体が選択され，マップビューで該当するポイントの色が変わる。この状態で，《コンテンツ》ウィンドウのレイヤー<地価公示>を右クリックしてメニューを出し，【データ】－【フィーチャのエクスポート】を選択する（図 6-4）。

《フィーチャのエクスポート》ウィンドウが表示されたら，「入力フィーチャ」で【地価公示】を選び，「出力フィーチャクラス」では「最高地価点」と入力してから，【OK】ボタンを押す。そうすると，《コンテンツ》ウィンドウに 1 地点のみからなる<最高地価点>が追加される。

ここで出力されるのは選択した行に関するフィーチャのみであり，属性データにおいて何も選択せずに同様の操作を行った場合には，すべてのフィーチャが出力される。

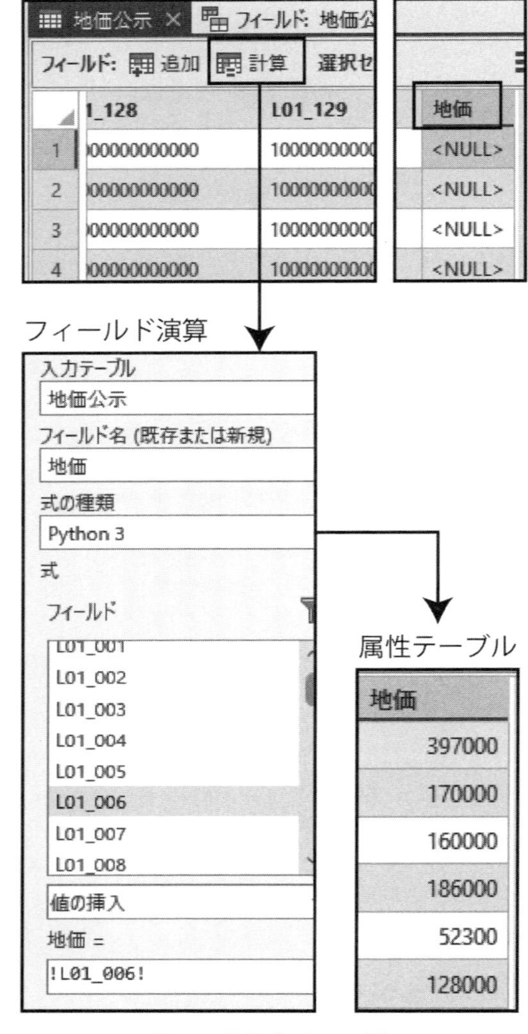

図 6-4　数値データへの変換

なお，属性テーブルの選択を途中で解除したい場合には，リボンタブ【マップ】－【選択】－【選択解除】をクリックする。

6-5　地価公示データの階級別表示

最後に，マップ上で最高地価点付近の地価を階級別に表示する。ここでは《コンテンツ》ウィンドウにおいてレイヤー<最高地価点>を最上位に，レイヤー<地価公示>を 2 番目に配置する。マップビューでは最高地価点付近を拡大する。

まず，《コンテンツ》ウィンドウのレイヤー<地価公示>を右クリックしてメニューを出し,【シンボル】を選択すると,マップビューの右側に《シンボル》ウィンドウが出る。ここでプライマリシンボルとしては【等級シンボル】を選び,「フィールド」では【地価】,「正規化」では【なし】,「方法」では【手動間隔】を選択する。また,「クラス」は【5】のままとしておく。

【クラス】タブでは，シンボルのクラス設定を行う。ここでは，「上限値」の数値をクリックして，クラス分けの上限値を，数値の大きい下側から「6000000」,「2000000」,「500000」,「100000」,「50000」と半角で入力する。そうするとレイヤー<地価公示>の価格分布図が描画される。

次に,《コンテンツ》ウィンドウのレイヤー<最高地価点>を右クリックしてメニューを出し,【シンボル】を選択し,マップビューの右側の《シンボル》ウィンドウを表示させる。プライマリシンボルでは【単一シンボル】を選ぶ。「シンボル」のアイコンをクリックすると「ポイントシンボルの書式設定」の「ギャラリー」が表示されるので，シンボルとして【四角形 3】(赤い四角形) を選ぶ。続いて，このページの「プロパティ」をクリックし，シンボルサイズを変更する。ここでは「サイズ」を「20pt」とし，【適用】ボタンを押す。そうするとマップビューの価格分布図の上に最高地価点が大きな四角形として描画される (図 6-6)。

最後に，これまでに作成したマップを保存するために，リボンタブ【プロジェクト】－【保存】を選択する。保存が終わったら，リボンタブ【プロジェクト】－【終了】で ArcGIS Pro を終了する。

（橋本雄一）

属性テーブル

L01_024	地価
北海道　札幌市中央区大通西２８丁目２０３番１０	397000
北海道　札幌市中央区南１３条西１３丁目９４０番１２	170000
北海道　札幌市中央区南１０条西９丁目１０４１番２５	160000
北海道　札幌市中央区南１８条西８丁目５９３番１８外	186000

降順で並べ替え

L01_024	地価
北海道　札幌市中央区北４条西４丁目１番７外	5570000
北海道　札幌市中央区南１条西４丁目１番１外	5550000
北海道　札幌市中央区北１条西３丁目３番２２	2880000
北海道　札幌市北区北７条西４丁目１番２外	2500000

マップビュー

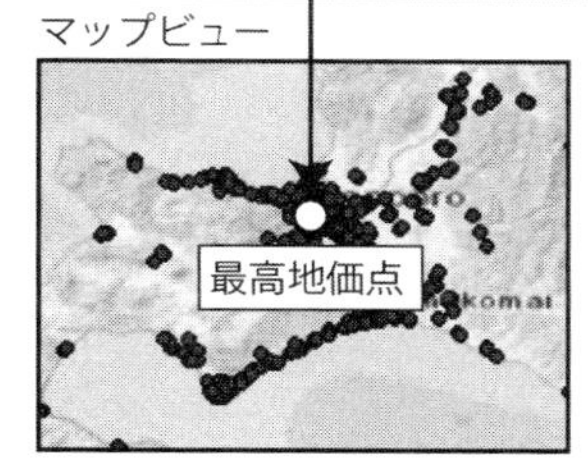

図 6-5　最高地価点の選択

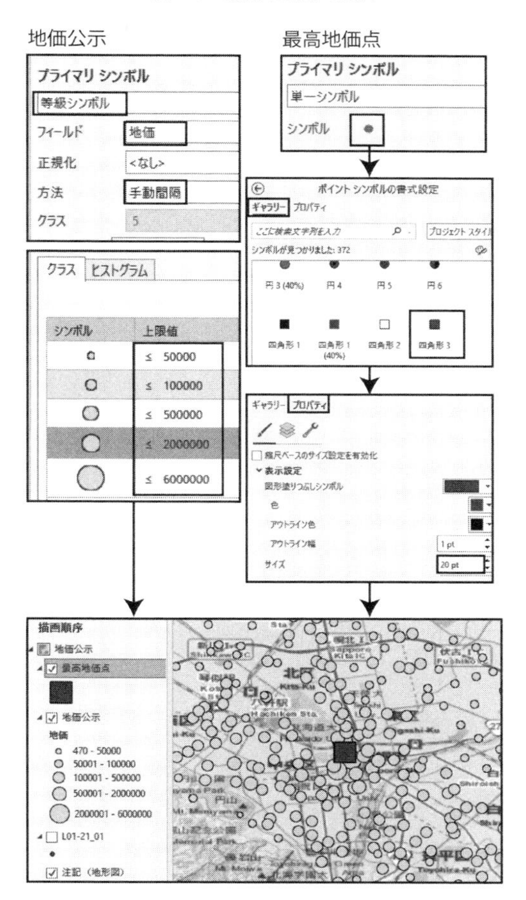

図 6-6　地価公示データの階級別表示

第 7 章　Web版タウンページを用いたコンビニの分布図作成

7-1　i タウンページによるデータベース作成

7-1-1　コンビニの検索

NTT タウンページの Web 版である『i タウンページ』は，業種と場所の条件を設定することにより，日本全国のタウンページ情報から企業や店舗を検索することができる。この『i タウンページ』を利用し，コンビニエンスストア（以下では「コンビニ」と記す）に関するデータベースを作成する。ここでの作業用フォルダーとして＜ C:¥Users¥（ユーザー名）¥Documents¥ArcGIS¥Projects¥ 地域分析＞の中に＜コンビニ＞というフォルダーを作成する。

まず，『i タウンページ』の Web サイト（https://itp.ne.jp/）を開き，「キーワードを入力」の欄に「コンビニエンスストア」，「エリア・駅」の欄に「北海道札幌市」と入力してから，サーチアイコンをクリックする。すると，札幌市にあるコンビニのリストが住所情報とともに表示される（図 7-1）。

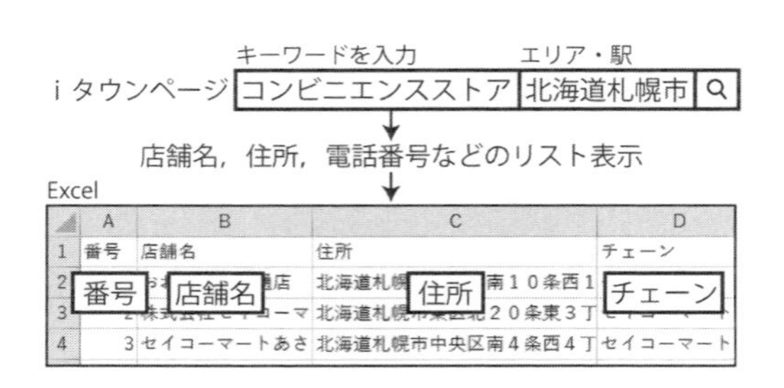

図 7-1　i タウンページにより作成したデータベース

7-1-2　データベースの作成

この i タウンページの検索結果を情報源として，Excel でデータベースを作成する。Excel では，1 列目（A 列）に「番号」，2 列目（B 列）に「店舗名」，3 列目（C 列）に「住所」，4 列目（D 列）に「チェーン」を入力し，これを CSV 形式で保存する。なお，チェーン名は「セイコーマート」，「セブンイレブン」，「ファミリーマート」，「ローソン」，「その他」の 5 種類とする。

Excel における CSV 形式での保存方法は次の通りである。まず，Excel のメインメニューで，【ファイル】－【名前を付けて保存】を選択する。ここで保存する場所として＜ C:¥...¥Documents¥ArcGIS¥Projects¥ 地域分析＞の中の＜コンビニ＞フォルダーを指定してから，「ファイルの種類」を【CSV（コンマ区切り）（*.csv)】とし，「ファイル名」に＜ convenience.csv ＞と入力してから【保存】ボタンを押す。なお，ここで作成される＜ convenience.csv ＞はカンマ区切りのテキストファイルであるため，ワードパットなどのテキストエディタで内容を確認できる。

7-2　アドレスマッチングによる経緯度情報の付加

7-2-1　住所情報の変換

＜ convenience.csv ＞に入力されているコンビニの住所データを，経緯度データに変換して GIS で扱えるようにする。そのために東京大学空間情報科学研究センターが提供する『CSV アドレスマッチングサービス』（https://geocode.csis.u-tokyo.ac.jp/geocode-cgi/geocode.cgi?action=start）を利用する。アドレスマッチングは，住所の文字情報を解析して地図描画のための座標値に変換することであり，ジオコーディングやアドレスジオコーディングと呼ぶ場合もある。

『CSV アドレスマッチングサービス』の Web サイトにおいて，「対象範囲」では【北海道 街区レベル（経緯度・世界測地系)】を選択し，「住所を含むカラム番号」には半角入力で「3」(住所を入力したのが Excel の 3 列目（C 列）という意味）と入力する（図 7-2)。さらに，「変換したいファイル名」では，「ファイルを選択」ボタンを押して《開く》ウィンドウを出し，＜コンビニ＞フォルダーの＜ convenience.csv ＞を選択してから【開く】ボタンを押す。

ここで【送信】ボタンを押すと，新しく＜ convenience.csv ＞(変換前と同一名称のファイル）がダウンロードされる。これを Excel で開き，メインメニューで，【ファイル】―【名前を付けて保存】を選択する。保存する場所として＜コンビニ＞フォルダーを指定してから，「ファイルの種類」を【Excel97-2003 ブック（*.xls)】とし，ファイル名に＜ convenience2.xls ＞と入力してから【保存】ボタンを押す。

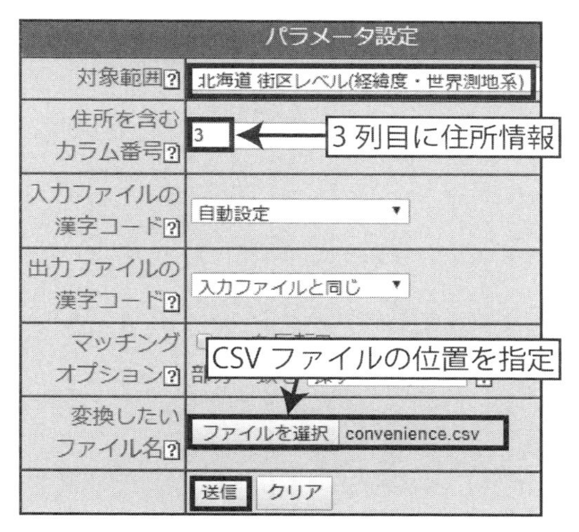

図 7-2　アドレスマッチングサービスにおける設定

7-2-2　信頼度および住所階層レベル確認

Excel で＜ convenience2.xls ＞の内容を確認すると（図 7-3)，5 列目（E 列）以降に新しいデータが付加されている。5 列目（E 列）の「LocName」はシステムが認識した住所，6 列目（F 列）の「fX」は経度（東経)，7 列目（G 列）の「fY」は緯度（北緯）である。

8 列目（H 列）の「iConf」は変換の信頼度を示しており，3 ～ 5 までの値を取る。この数値が 5 の場合には経緯度情報が高い信頼性をもつと考えられる。しかし，3 や 4 の場合には信頼性が低いため，変換結果の確認や住所の修正を行うべきである。

9 列目（I 列）の「iLvl」は変換された住所階層レベルを表し，1 は都道府県，2 は郡・支庁，3 は市町村･23 区，4 は政令指定都市の区，5 は大字，6 は丁目・小字，7 は街区・地番，8 は号・枝番に相当する。「iLvl」は，なるべく高い数字（詳細な位置情報）が望ましいので，この数値が低い場合には住所が古かったり，間違ってたりすることが考えられるので，後述するような方法で，住所を正確なものに修正する作業を行う必要がある。

ファイルの内容を確認して問題がなければ，ウィンドウの右上のボタンを押して Excel を終了させる。

既存のデータ部分　　新しいデータ部分

	A	B	C	D	E	F	G	H	I
1	整理番号	店舗名	住所	チェーン	LocName	fX	fY	iConf	iLvl
2	1	おおい西屯田通	北海道札幌市中央区南 1	その他	北海道/札幌市/中央区/	141.34035	43.04662	5	7
3	2	株式会社セイコ	北海道札幌市東区北２０	セイコーマート	[illegible]	[illegible]	[illegible]	[illegible]	[illegible]
4	3	セイコーマート	北海道札幌市中央区南 4	セイコーマート	[illegible]	[illegible]	[illegible]	[illegible]	[illegible]
5	4	ローソン／札幌	北海道札幌市清田区美し	ローソン	北海道/札幌市/清田区/	141.46616	42.97455	5	7
6	5	ローソン／札幌	北海道札幌市豊平区月寒	ローソン	北海道/札幌市/豊平区/	141.39572	43.03237	5	7

システムが認識した住所　経度　緯度　信頼度　階層レベル

図 7-3　経緯度座標が付加されたコンビニのデータベース

7-3　コンビニの分布図作成

7-3-1　ArcGIS Pro の起動

ここからは，ArcGIS Pro により作業を行う。＜C:¥...¥Documents¥ArcGIS¥Projects¥ 地域分析＞の中の＜地域分析 .aprx ＞をダブルクリックして，ArcGIS Pro を起動させる(あるいは，ArcGIS Pro を起動させ，初期画面において「最近使ったプロジェクト」の【地域分析】を選択する)。プロジェクトが表示されたら，リボンタブ【挿入】－【新しいマップ】－【新しいマップ】を選択して，新しいマップをプロジェクトに追加する。新しいマップでは，札幌市付近を拡大表示させる。なお，本章の操作は新しいプロジェクトを作成して作業を行っても良い。

7-3-2　マップの名称変更と座標系の設定

マップが追加されたら，それをマップビュー・タブで選択したまま，《コンテンツ》ウィンドウで新しく追加されたマップを右クリックし，表示されるメニューで【プロパティ】を選択する。《マッププロパティ》ウィンドウが表示されたら，左側のリストから【一般】を選び，「名前」の欄に「コンビニ」と入力する。

次に，座標系の設定を行う。前述したように『CSV アドレスマッチングサービス』の Web サイトで【北海道　街区レベル（経緯度・世界測地系)】を選択したように，＜ convenience2.xls ＞には経緯度（地理座標系）の情報が付加されている。そこで《マッププロパティ》ウィンドウの左側のリストで【座標系】を選択し，「使用可能な XY 座標系」のリストで＜地理座標系＞－＜アジア＞－＜日本測地系 2000（JGD2000）＞を選択する（＜お気に入り＞に＜日本測地系 2000（JGD2000）＞がある場合には，それを選択する)。

ここで，《マッププロパティ》ウィンドウの【OK】ボタンを押すと，《コンテンツ》ウィンドウのマップ名が＜コンビニ＞に変更される。

7-3-3　XY データの読み込み

リボンタブ【マップ】－【データの追加】－【XY ポイントデータ】を選択すると，マップビューの右の《ジオプロセシング》ウィンドウが「XY テーブル→ポイント（XY Table To Point)」となる。

ここで「入力テーブル」では右にあるフォルダーボタンを押して《入力テーブル》ウィンドウを出し，＜プロジェクト＞－＜フォルダー＞－＜地域分析＞－＜コンビニ＞を開いてから，＜ convenience2.xls ＞を選択し，【開く】ボタンを押す。そうすると Excel のシート＜ convenience$ ＞が表示されるので，それを選択して【OK】ボタンを押す。

「出力フィーチャクラス」では右にあるフォルダーボタンを押して《出力フィーチャクラス》ウィンドウを出し，＜プロジェクト＞－＜データベース＞－＜地域分析 .gdb ＞を開いてから，「名前」に＜コンビニ＞と入力して【保存】ボタンを押す。続いて「X フィールド」では【fX】，「Y フィールド」では【fY】を選択し，「Z フィールド」は空白にしておく。

さらに座標系では【現在のマップ［コンビニ]】を選択する（図 7-4)（あるいは右側のアイコン【座標系の選択】を押して《座標系》ウィンドウを出し，＜地理座標系＞－＜アジア＞－＜日本測地系 2000（JGD2000）＞を選択してから【OK】ボタンを押す)。ここで【実行】ボタンを押すと，《コンテンツ》ウィンドウに＜コンビニ＞が追加され，マップビューにはコンビニの分布図が描画される。

7-4　コンビニのチェーン別表示

フィーチャクラスを作成したら，コンビニのポイントデータをチェーンごとに色分けする。まず，《コンテンツ》ウィンドウのレイヤー＜コンビニ＞を右クリックしてメニューを出し，【シンボル】を選択すると，マップビューの右側に《シンボ

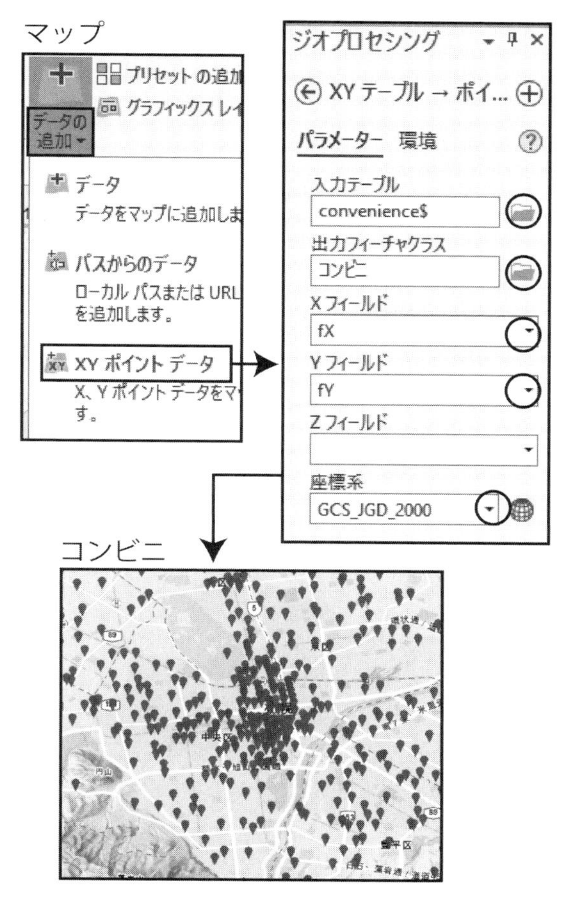

図 7-4　XY データの読み込み

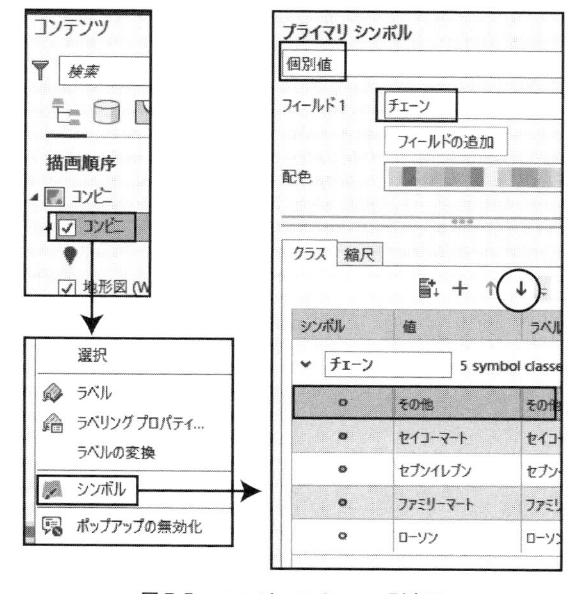

図 7-5　コンビニのチェーン別表示

ル》ウィンドウが出るので，プライマリシンボルの設定を行う。ここでプライマリシンボルとしては【個別値】を選び,「フィールド」では【チェーン】を選択する。

【クラス】タブでは，シンボルのクラス設定を行う。まず，凡例で「その他」が一番上になっているので，これを選択してから【↓】アイコンを4回クリックして，一番下に配置する（図 7-5）。

次にチェーンごとのシンボルを設定する。「セイコーマート」のシンボルをクリックすると,《シンボル》ウィンドウの「ポイントシンボルの書式設定」となるので，上側の【ギャラリー】を選択し「円 1」を選ぶ。続いてウィンドウ上側の【プロパティ】を選び，「表示設定」の「色」ではオレンジ色を，アウトライン色では「色なし」を選択する。「アウトライン幅」を「0」,「サイズ」を「10」としてから，【適用】ボタンを押すとシンボルが変更される（図 7-6）。

ウィンドウ上側の【←】アイコンを押すと，プライマリシンボルの設定に戻るので，他のチェーンの凡例も変更する。「セブンイレブン」のシンボルをクリックすると,《シンボル》ウィンドウの「ポイントシンボルの書式設定」となるので，上側の【ギャラリー】を選択し「四角形 1」を選ぶ。続いてウィンドウ上側の【プロパティ】を選び,「表示設定」の「色」では赤色を，アウトライン色では「色なし」を選択して，【適用】ボタンを押す。同様の方法で「ファミリーマート」のシンボルは【ギャラリー】で「三角形 1」を選んでから，【プロパティ】で緑色に変える。「ローソン」に関しては【ギャラリー】で「五角形 1」を選んでから,【プロパティ】で青色に設定する。「その他」は【ギャラリー】で「円 1」を選んでから，【プロパティ】で薄い灰色にする。なお，いずれも「アウトライン幅」を「0」としたまま,「サイズ」を「10」とする。これで，すべてのチェーンの凡例が変更される。

最後に，これまでに作成したマップを保存する

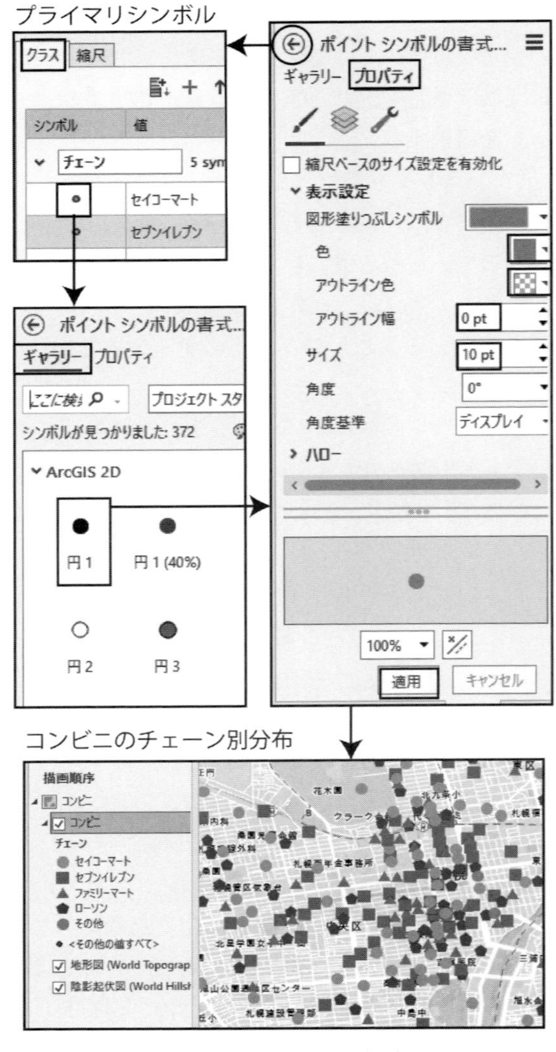

図 7-6　コンビニのシンボル変更

ために，リボンタブ【プロジェクト】－【保存】を選択する。保存が終わったら，リボンタブ【プロジェクト】－【終了】で ArcGIS Pro を終了する。

7-5　アドレスマッチングで正確な経緯度が付加されない場合の対処方法

『CSV アドレスマッチングサービス』で住所データから経緯度データへの変換を行うと，iConf（変換の信頼度）や iLvl（住所の階層レベル）で小さい値が付く場合がある。これは位置情報の信頼性が低いことを意味しており，このままだとコンビニを正確な位置に描画できない。iConf や iLvl が小さい原因として，住所の入力にミスがあったり，現在使われていない古い住所が入力されていたりする可能性があるため，最新の住所が正しく入力されているかを確認する必要がある。

このような場合，Google マップを使って経緯度を確認する方法がある。まず，Google マップの Web サイト（https://www.google.co.jp/maps/）に入り，住所の修正を行うコンビニ名を検索ボックスに入れて検索アイコンを押す。すると，該当するコンビニの場所にマーカーが示される。このマーカー上でマウスを右クリックし，表示されるメニューの最上段に，緯度と経度が十進法で表示される。これをクリックすると，数値がクリップボードにコピーされる（図 7-7）。

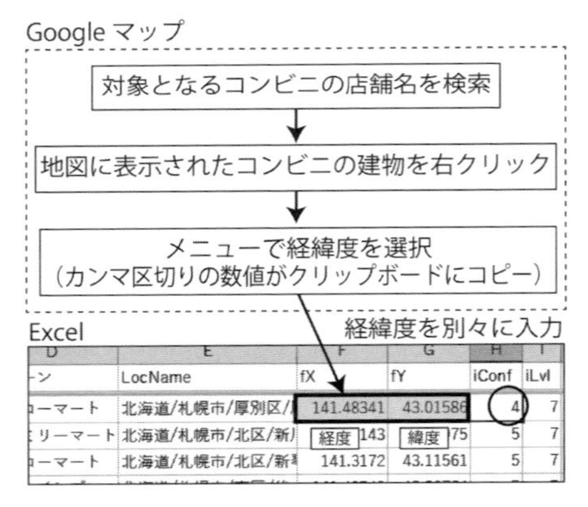

図 7-7　Google マップを使った経緯度座標の変更

次に，Excel ファイル＜ convenience2.xls ＞を開き，クリップボードに記録されている経度を 6 列目（F 列）の「fX」に，緯度を 7 列目（G 列）の「fY」に入力する。なお，クリップボードには緯度と経度がカンマを挟んでつながった状態で記録されているため，経度と緯度に分けて，それぞれのセルに貼り付ける。この作業を繰り返して，ファイル＜ convenience2.xls ＞を上書き保存すれば，コンビニの位置を正確なものに修正できる。

（橋本雄一）

第 8 章　座標変換

8-1　コンビニデータの座標変換

8-1-1　ArcGIS Pro の起動

これまでに様々な地図を作成してきたが，それらは経緯度による地理座標系であったり，平面直角座標系であったりと，統一された座標系で描画されていない。これは地図を重ね合わせて分析を行う上で，異なる座標系の地図が混在する状態は望ましくない。そこで，地図の座標を変換して，座標系を統一する必要がある。ここでは，第 7 章で i タウンページから作成したコンビニのデータを使用し，座標変換を行う方法を紹介する。ここでの作業では，＜ C:¥Users¥(ユーザー名) ¥Documents¥ArcGIS¥Projects¥ 地域分析＞の中の＜地域分析 .gdb ＞に蓄積されたデータを用いる。

ArcGIS Pro を起動させるため，＜ C:¥...¥ Documents¥ArcGIS¥Projects¥ 地域分析＞の中の＜地域分析 .aprx ＞をダブルクリックする（あるいは，ArcGIS Pro を起動させ，初期画面において「最近使ったプロジェクト」の【地域分析】を選択する)。プロジェクトが表示されたら，リボンタブ【挿入】－【新しいマップ】－【新しいマップ】を選択して，新しいマップをプロジェクトに追加する。新しいマップでは，札幌市付近を拡大表示させる。なお，本章の操作は新しいプロジェクトを作成して作業を行っても良い。

8-1-2　マップの名称変更と座標系の設定

マップが追加されたら，それをマップビュー・タブで選択したまま，《コンテンツ》ウィンドウで新しく追加されたマップを右クリックし，表示されるメニューで【プロパティ】を選択する。《マッププロパティ》ウィンドウが表示されたら，左側のリストから【一般】を選び,「名前」の欄に「空間分析」と入力する。

次に，《マッププロパティ》ウィンドウの左側のリストで【座標系】を選択し，「使用可能な XY 座標系」のリストで＜投影座標系＞－＜各国の座標系＞－＜日本＞－＜平面直角座標系第 12 系（JGD2011）＞を選択する。（＜お気に入り＞に＜平面直角座標系第 12 系（JGD2011）＞がある場合には，それを選択する。）

ここで,《マッププロパティ》ウィンドウの【OK】ボタンを押すと,《コンテンツ》ウィンドウのマップ名が＜空間分析＞に変更される。

8-1-3　コンビニデータの読み込み

リボンタブ【マップ】－【データの追加】－【データ】を選択して《データの追加》ウィンドウを出し，＜プロジェクト＞－＜フォルダー＞－＜地域分析＞－＜地域分析 .gdb ＞－＜コンビニ＞を選んで【OK】ボタンを押す。そうすると，＜コンビニ＞が《コンテンツ》ウィンドウに追加され，マップビューにコンビニの分布図が描画される。

8-1-4　コンビニデータの座標変換

この＜コンビニ＞の座標系を，経緯度による日本測地系 2000（JGD2000）から平面直角座標系第 12 系（JGD2011）に変換する（図 8-1）。

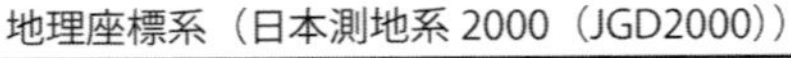

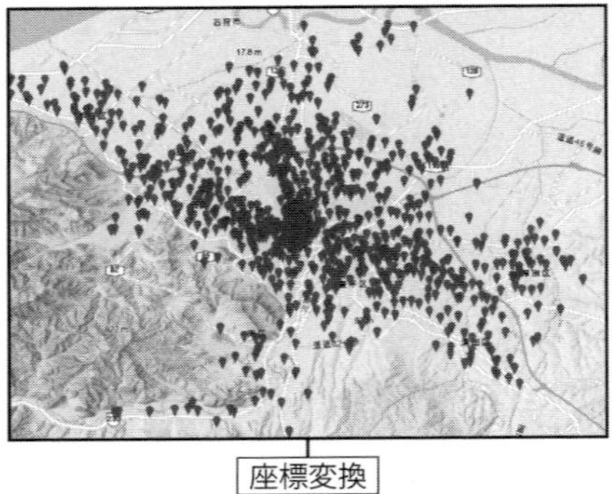

座標変換

投影座標系（平面直角座標系第 12 系（JGD2011））

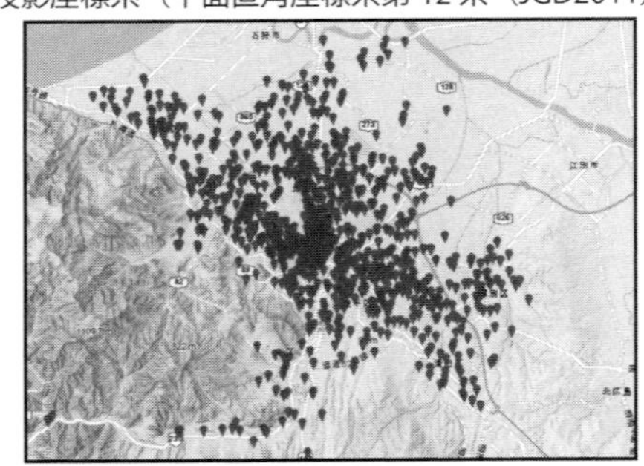

図 8-1　マップの座標変換

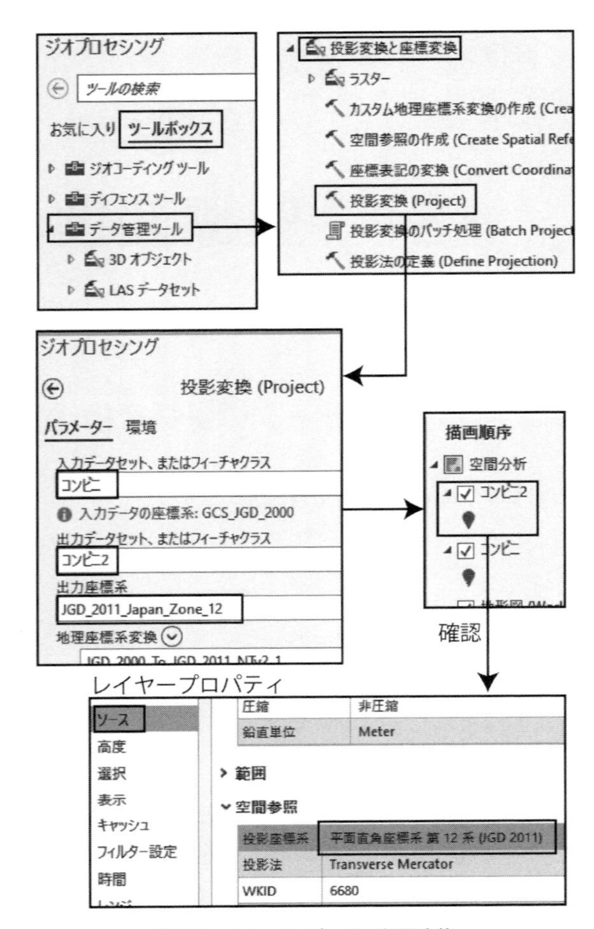

図 8-2　コンビニデータの投影変換

リボンタブ【解析】―【ツール】を選択すると，マップビューの右に《ジオプロセシング》ウィンドウが表示されるので，上側の【ツールボックス】をクリックし，メニューから【データ管理ツール】―【投影変換と座標変換】―【投影変換】を選択する。

そうすると「投影変換（Project）」のための《ジオプロセシング》ウィンドウの投影変換の設定画面となるので，「入力データセット，またはフィーチャクラス」では【コンビニ】を選び，「出力データセット，またはフィーチャクラス」では右のフォルダーアイコンをクリックして＜プロジェクト＞―＜データベース＞―＜地域分析 .gdb ＞を開いてから，「名前」に＜コンビニ 2 ＞と入力して【保存】ボタンを押す（図 8-2）。

「出力座標系」では右側のアイコン（座標系の選択）を押して《座標系》ウィンドウを出し，＜投影座標系＞―＜各国の座標系＞―＜日本＞―＜平面直角座標系第 12 系（JGD2011）＞を選択して【OK】ボタンを押す（もし《座標系》ウィンドウの＜お気に入り＞に＜平面直角座標系第 12 系（JGD2011）＞を登録している場合には，それを選択してから【OK】ボタンを押す）。

ここで《ジオプロセシング》ウィンドウ【実行】ボタンを押すと，座標変換が行われ，《コンテンツ》ウィンドウに＜コンビニ 2 ＞が追加される。なお，＜コンビニ＞のチェックを外して非表示にする。

新しく追加された＜コンビニ 2 ＞の座標系を確認するため，《コンテンツ》ウィンドウの＜コンビニ 2 ＞を右クリックし，メニューから【プロパティ】を選んで，《レイヤープロパティ》ウィンドウを出す。その左側のタブメニューで【ソース】を選ぶと，「空間参照」の「投影座標系」に「平面直角座標系 第 12 系（JGD2011）」と表示されるので，座標系が正しく変換されたことを確認できる。

8-2　最高地価点データの座標変換

8-2-1　最高地価点データの読み込み

本書における今後の分析のために，ここでは最高地価点のデータに関しても座標系の変換を行う。そのために，最高地価点のデータを ArcGIS Pro に読み込む。

ArcGIS Pro のメインメニュー【マップ】−【データの追加】−【データ】を選択して《データの追加》ウィンドウを出し，＜プロジェクト＞−＜フォルダー＞−＜地域分析＞−＜地域分析 .gdb ＞−＜最高地価点＞を選んで【OK】ボタンを押す。そうすると，＜最高地価点＞が《コンテンツ》ウィンドウに追加され，マップビューに最高地価点が表示される。

8-2-2　最高地価点データの座標変換

この＜最高地価点＞の座標系を，経緯度による日本測地系 2000（JGD2000）から平面直角座標系第 12 系（JGD2011）に変換する（図 8-1）。

リボンタブ【解析】−【ツール】を選択すると，マップビューの右に《ジオプロセシング》ウィンドウが表示されるので，上側の【ツールボックス】をクリックし，メニューから【データ管理ツール】−【投影変換と座標変換】−【投影変換】を選択する。

そうすると「投影変換（Project)」のための《ジオプロセシング》ウィンドウの投影変換の設定画面となるので，「入力データセット，またはフィーチャクラス」では【最高地価点】を選び，「出力データセット，またはフィーチャクラス」では右のフォルダーアイコンをクリックして＜プロジェクト＞−＜データベース＞−＜地域分析 .gdb ＞を開いてから，「名前」に＜最高地価点 2 ＞と入力して【保存】ボタンを押す（図 8-3）。

「出力座標系」では右側のアイコン（座標系の選択）を押して《座標系》ウィンドウを出し，＜投影座標系＞−＜各国の座標系＞−＜日本＞−＜平面直角座標系第 12 系（JGD2011）＞を選択して【OK】ボタンを押す。

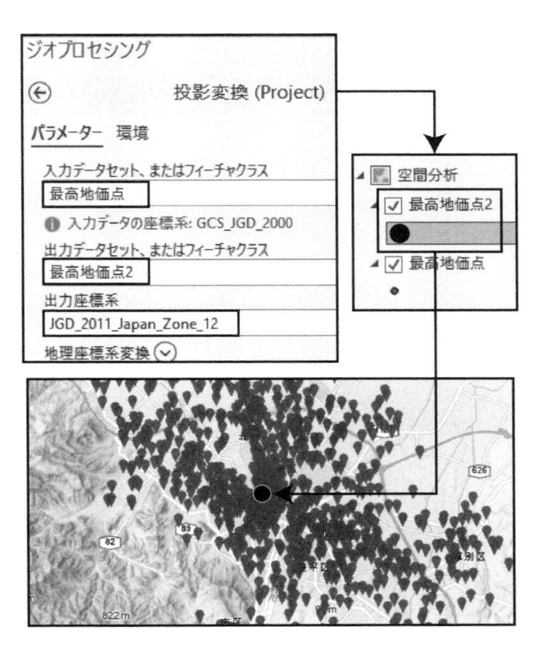

図 8-3　最高地価点データの投影変換

ここで《ジオプロセシング》ウィンドウ【実行】ボタンを押すと，座標変換が行われ，《コンテンツ》ウィンドウに＜最高地価点 2 ＞が追加される。なお，＜最高地価点＞のチェックを外して非表示にする。

座標系を確認するため，《コンテンツ》ウィンドウの＜最高地価点 2 ＞を右クリックし，メニューから【プロパティ】を選んで，《レイヤープロパティ》ウィンドウを出す。その左側のタブメニューで【ソース】を選ぶと，「空間参照」の「投影座標系」が「平面直角座標系 第 12 系（JGD2011)」であり，正しく変換されたことを確認できる。

最後に，これまでに作成したマップを保存するために，リボンタブ【プロジェクト】−【保存】を選択する。保存が終わったら，リボンタブ【プロジェクト】−【終了】で ArcGIS Pro を終了する。以上のようにマップの座標系と，各レイヤーの座標系とを統一して作業を進めることが重要である。

（橋本雄一）

第9章　空間データの結合

9-1　空間データ結合の種類

GISでは複数のレイヤーを1つにまとめたり，レイヤー内にある複数のポリゴンを1つにまとめたりする方が，作業の都合が良い場合がある。そこで，本章では複数の地図や地区を結合し，1つにまとめる方法を2つ紹介する。

1つは複数のレイヤーをまとめるマージ（Merge），もう1つは複数のポリゴンをまとめるディゾルブ（Dissolve）である（図9-1）。マージした地図では境界に関する情報がすべて残るため，任意の条件でポリゴンをまとめたい場合にはディゾルブを併用する。

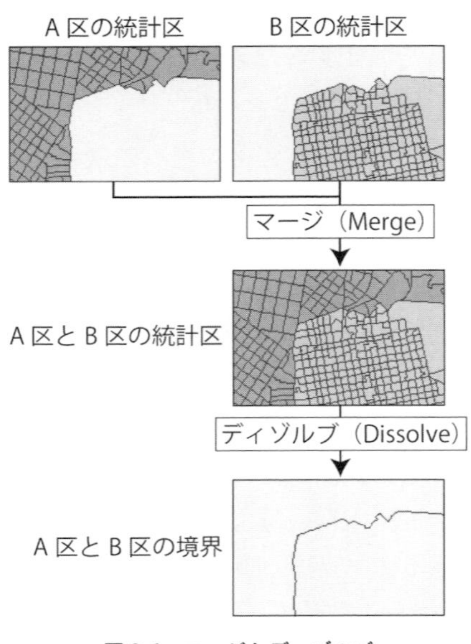

図9-1　マージとディゾルブ

9-2　マージによるレイヤー結合

9-2-1　データのダウンロード

第4章で用いたWebサイト『e-Stat政府統計の総合窓口』にある2015（平成27）年国勢調査（小地域）の境界データの中から，札幌市の10区すべてのデータをダウンロードし，それらをマージで結合して1つのレイヤーを作成するまでを説明する。なお，ここでダウンロードするデータは，第4章で作成した＜C:¥Users¥(ユーザー名)¥Documents¥ArcGIS¥Projects¥地域分析＞フォルダーの中の＜国勢調査（小地域）＞フォルダーに保存する。

まず，Webサイト『e-Stat政府統計の総合窓口』（https://www.e-stat.go.jp/）のトップページで【地図（統計GIS)】をクリックして「地図で見る統計(統計GIS)」のページに入る。ここで「境界データダウンロード」をクリックし，「境界一覧」から【小地域】－【国勢調査】－【2015年】－【小地域（町丁・字等別)】－【世界測地系平面直角座標系・Shapefile】－【01北海道】を選ぶと，市町村のリストが表示される（図4-1参照）。

「01101札幌市中央区」のデータは第4章でダウンロードしたので，ここでは「01102札幌市北区」～「01110札幌市清田区」の9区のデータをダウンロードする。それぞれの右にある【世界測地系平面直角座標系・Shapefile】ボタンをクリックすると，圧縮ファイル＜A002005212015XYSWC01102.zip＞～＜A002005212015XYSWC01110.zip＞がダウンロードされるので，これらを＜国勢調査（小地域）＞フォルダーの中に移動させる。なお，これらファイルを移動後に解凍すると，＜ A002005212015XYSWC01102 ＞～＜ A002005212015XYSWC01110 ＞という 9 個のフォルダーが作成され，それぞれの中にシェープファイルが保存されている（図 9-2)。「01101 札幌市中央区」の＜ A002005212015XYSWC01101 ＞フォルダーは第 4 章で＜国勢調査（小地域）＞フォルダーの中に作成されている。

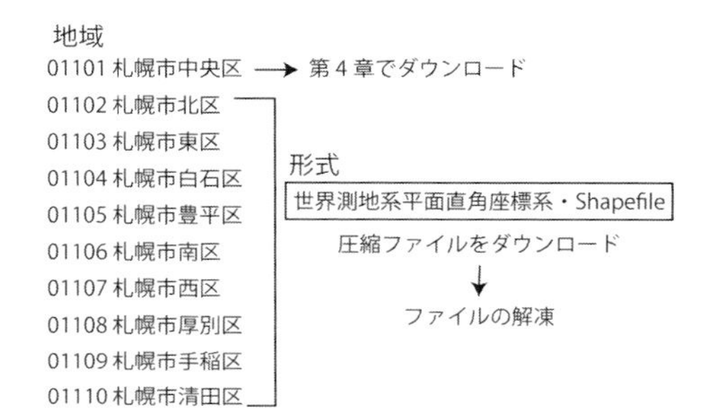

図 9-2　データのダウンロード

9-2-2　ArcGIS Pro の起動

次に，ArcGIS Pro により札幌市 10 区の国勢調査データを地図化する。ArcGIS Pro を起動させるため，＜ C:¥...¥Documents¥ArcGIS¥Projects¥ 地域分析＞の中の＜地域分析 .aprx ＞をダブルクリックする。あるいは，ArcGIS Pro を起動させ，初期画面において「最近使ったプロジェクト」の【地域分析】を選択する。プロジェクトが表示されたら，マップビュー・タブで【空間分析】が選択されていることを確認する。

このマップでは＜コンビニ 2 ＞と＜最高地価点 2 ＞をレイヤーにもつ，平面直角座標系第 12 系のマップが描画される。なお，ここでは＜コンビニ 2 ＞や＜最高地価点 2 ＞のレイヤーを使用しないため，《コンテンツ》ウィンドウで，この 2 つのレイヤーのチェックを外して非表示にする。

9-2-3　シェープファイルの読み込み

リボンタブ【マップ】－【データの追加】－【データ】を選択して《データの追加》ウィンドウを出し，＜プロジェクト＞－＜フォルダー＞－＜地域分析＞－＜国勢調査（小地域）＞を開いてから，＜ A002005212015XYSWC01101 ＞フォルダーの中の＜ h27ka01101.shp ＞を選択し【OK】ボタンを押す。

同様の操作を繰り返し，10 区すべての境界データ＜ h27ka01101.shp ＞～＜ h27ka01110.shp ＞をマップビューに表示させる。

9-2-4　マージによる結合

ここで，札幌市の区ごとの境界データをマージにより 1 つに結合する。リボンタブ【解析】を選択し，【解析ツールギャラリー】のメニューを展開して，「データの管理」の中の【マージ（Merge)】を選択する（図 9-3)。マップビューの横に，マージのための《ジオプロセシング》ウィンドウが表示されたら，マージの設定を行う。

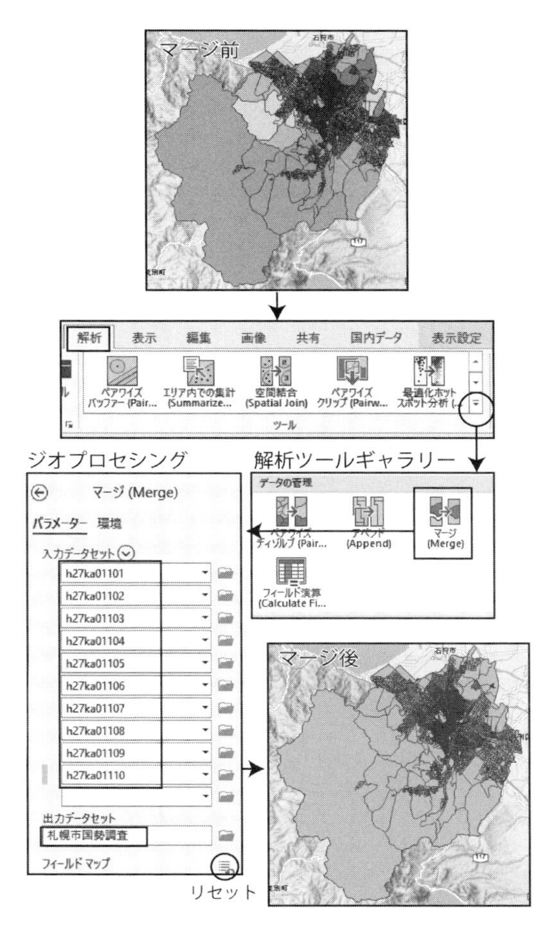

図 9-3　マージによる札幌市 10 区の結合

「入力データセット」で【h27ka01101】を選ぶと，新たに入力欄が追加されるので【h27ka01102】〜【h27ka01110】を順番に選択する。「出力データセット」では，横のフォルダーアイコンを押して《出力データセット》ウィンドウを出し，＜プロジェクト＞−＜データベース＞−＜地域分析 .gdb ＞を開いてから，＜札幌市国勢調査＞という名前を設定して【保存】ボタンを押す。

さらに，「フィールドマップ」の右にある【リセット】アイコンを押す。

他の設定を変えずに，《ジオプロセシング》ウィンドウの【実行】ボタンを押すと，《コンテンツ》ウィンドウに＜札幌市国勢調査＞が追加され，10区が結合したマップが表示される。

9-3　ディゾルブによるポリゴン結合

次の作業として，レイヤー＜札幌市国勢調査＞の統計区を，属性テーブルにある区の番号（CITY）を用いて，区ごとの境界ポリゴンとして統合する（図 9-4）。

リボンタブ【解析】を選択し，【解析ツールギャラリー】のメニューを展開して，「データの管理」の中の【ペアワイズ ディゾルブ（Pairwise Dissolve)】を選択する（図 9-5）。マップビューの横に，《ジオプロセシング》ウィンドウが表示されたら，ディゾルブの設定を行う。

「入力フィーチャ」では【札幌市国勢調査】を選択し，「出力フィーチャクラス」では横のフォルダーアイコンを押して＜地域分析 .gdb ＞に＜札幌市国勢調査 _Dssolve ＞という名前で保存するように設定する。結合のキー項目となる「ディゾルブフィールド」では【CITY】（ここでは区番号に相当）を選択する。「マルチパートフィーチャの作成」にチェックを入れてから【実行】ボタンを押すと，《コンテンツ》ウィンドウに＜札幌市国勢調査 _Dissolve ＞が追加され，区ごとの境界ポリゴンが表示される。

CITY 区の番号　　CITY_NAME 区の名称

CITY	S_AREA	PREF_NAME	CITY_NAME
101	020000	北海道	中央区
101	030000	北海道	中央区
101	040000	北海道	中央区
101	040000	北海道	中央区
101	100000	北海道	中央区

図 9-4　属性テーブルにおける区の番号と名称

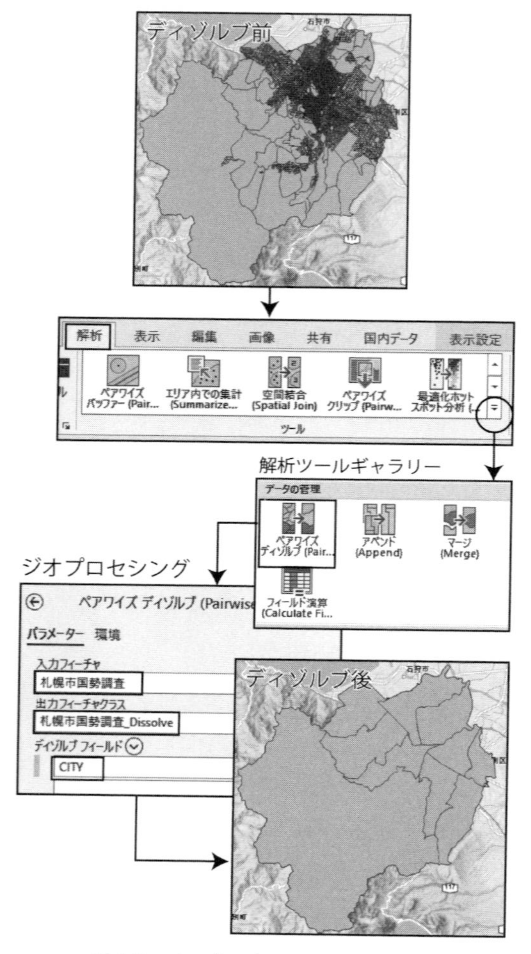

図 9-5　ディゾルブによる統計区の結合

最後に，これまでに作成したマップを保存するために，リボンタブ【プロジェクト】−【保存】を選択する。保存が終わったら，リボンタブ【プロジェクト】−【終了】で ArcGIS Pro を終了する。

（橋本雄一）

第10章　バッファー

10-1　バッファーの種類

任意のポイント，ライン，ポリゴンから等距離にある領域をバッファー(Buffer)という。例えば「店舗から 100 m の範囲」は点バッファー，「国道沿線 100 m の範囲」は線バッファー，「公園の敷地から 100 m の範囲」は面バッファーである（図 10-1）。

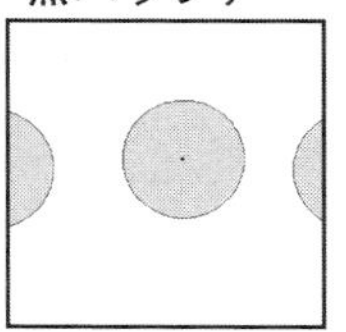

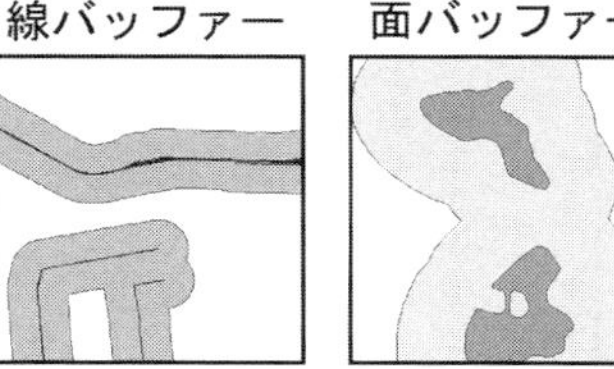

図 10-1　バッファーの種類

本章では，点データによるバッファー作成を解説する。作業では，まず ArcGIS Pro を起動させるため，＜ C:¥Users¥(ユーザー名)¥Documents¥ArcGIS¥Projects¥ 地域分析＞の中の＜地域分析 .aprx ＞をダブルクリックする（あるいは，ArcGIS Pro を起動させ，初期画面において「最近使ったプロジェクト」の【地域分析】を選択する)。プロジェクトが表示されたら，マップビュー・タブで【空間分析】が選択されていることを確認する。

ここでマップビューに表示するのは＜最高地価点 2 ＞，＜コンビニ 2 ＞，＜札幌市国勢調査 _Dissolve ＞である。レイヤー＜最高地価点＞，＜コンビニ＞，＜札幌市国勢調査＞，＜札幌市国勢調査 _Dissolve ＞，＜ h27ka01101 ＞～＜ h27ka01110 ＞は，《コンテンツ》ウィンドウでチェックを外して非表示にする。

このマップの座標系は平面直角座標系第 12 系（JGD2011）であり，これはバッファーの形状を正しく描画するためである。もし，真円として示されるべき点バッファーを作成した場合，経緯度による地理座標系では東西に引き伸ばされ横長の楕円形となる。しかし，平面直角座標系第 12 系（JGD2011）であれば，点バッファーは真円に近い形でマップビューに描画される。

10-2　コンビニを中心とするバッファーの作成

10-2-1　重複するバッファーの作成

一般に，コンビニの商圏は 350 m といわれるため（平下, 2008), この作業では 350 m のバッファーを作成する。ここで使用するデータは第 7 章で作成し，第 8 章で座標変換を行った＜コンビニ 2 ＞であり，＜ C:¥...¥Documents¥ArcGIS¥Projects¥ 地域分析＞の中の＜地域分析 .gdb ＞に保存されている。

まず，リボンタブ【解析】を選択し，【解析ツールギャラリー】のメニューを展開して，「デフォルト」の中の【ペアワイズ バッファー（Pairwise Buffer)】を選択する。マップビューの横に，《ジオプロセシング》ウィンドウが表示されたら，バッファーの設定を行う。

「入力フィーチャ」で【コンビニ 2】を選択する。「出力フィーチャクラス」では，フォルダーアイコンをクリックして《出力フィーチャクラス》ウィンドウを出してから，＜プロジェクト＞－＜

データベース＞－＜地域分析 .gdb ＞を開き，「名前」に＜コンビニ Buffer_N ＞と入力して【保存】ボタンを押す。

「バッファーの距離（値またはフィールドを指定)」では【距離単位】を選び，その下の欄に「350」と値を入力してから，単位として【メートル】を選択する。「方法」は【平面】とし，「ディゾルブタイプ」は【なし】を選ぶ（図 10-2）。

ここで【実行】ボタンを押すと，《コンテンツ》ウィンドウに＜コンビニ Buffer_N ＞が追加され，マップビューにコンビニごとの独立したバッファーが描画される。

10-2-2　重複しないバッファーの作成

ここまでに作成されたバッファーは，個々の店舗の周りに独立した領域が生成されたものである。しかし，札幌市全体をコンビニから 350 m の圏内と圏外に分ける場合など，バッファーが繋がった状態の方が都合の良い場合もある。そこで，重複せずに繋がった状態のバッファーの作成を行う。

まず，《コンテンツ》ウィンドウに＜コンビニ Buffer_N ＞のチェックを外して非表示にする。次に，リボンタブ【解析】を選択し，【解析ツールギャラリー】のメニューを展開して，「デフォルト」の中の【ペアワイズ バッファー（Pairwise

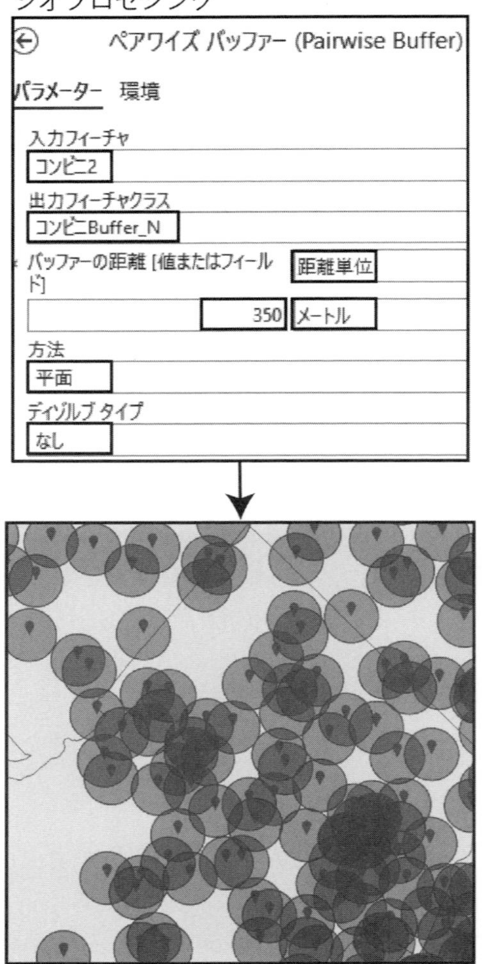

図 10-2　重複するバッファーの作成

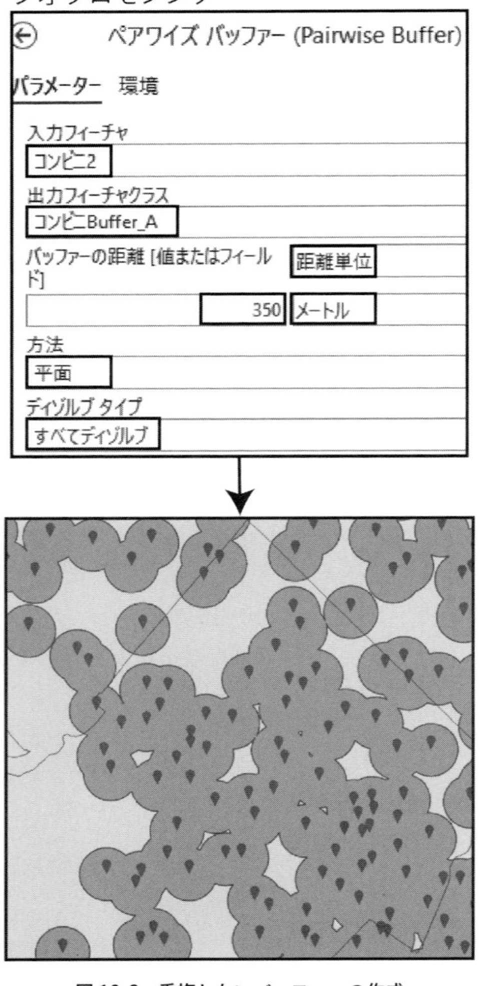

図 10-3　重複しないバッファーの作成

Buffer)】を選択する。マップビューの横に，《ジオプロセシング》ウィンドウが表示されたら，バッファーの設定を行う。

「入力フィーチャ」で【コンビニ2】を選択する。「出力フィーチャクラス」では，フォルダーアイコンをクリックして《出力フィーチャクラス》ウィンドウを出してから，＜プロジェクト＞－＜データベース＞－＜地域分析 .gdb ＞を開き，「名前」に＜コンビニ Buffer_A ＞と入力して【保存】ボタンを押す。

「バッファーの距離（値またはフィールドを指定)」では【距離単位】を選び，その下の欄に「350」と値を入力してから，単位として【メートル】を選択する。「方法」は【平面】とし，「ディゾルブタイプ」は【すべてディゾルブ】を選ぶ（図10-3)。

ここで【実行】ボタンを押すと，《コンテンツ》ウィンドウに＜コンビニ Buffer_A ＞が追加され，マップビューに重複せず全体が繋がったバッファーが描画される。

ここまでの操作を終えたら，これまでに作成したマップを保存するために，リボンタブ【プロジェクト】－【保存】を選択する。

10-3　最高地価点を中心とする多重リングバッファーの作成

10-3-1　重複しない多重リングバッファーの作成

最高地価点からの距離による土地利用の違いを分析する場合など，同じ地点から異なる距離のバッファーを複数生成したい場合がある。このようなときには，多重リングバッファー（Multiple Ring Buffer）を作成すると，何回もバッファーの作成作業を繰り返さなくて済む。この多重リングバッファーにはリング状の重複しないものと，ディスク状の重複するものがあり，ここでは重複しない多重リングバッファーの作成方法を説明する。

ここで使用するデータは，第6章で作成し，第8章で座標変換を行った＜最高地価点2＞であり，これも＜ C:¥...¥Documents¥ArcGIS¥Projects¥ 地域分析＞の中の＜地域分析 .gdb ＞に保存されている。なお，前述の作業で作成したレイヤー＜コンビニ Buffer_A ＞は，《コンテンツ》ウィンドウでチェックをはずして非表示にしておく。

リボンタブ【解析】－【ツール】を選択して《ジオプロセシング》ウィンドウを出し，【ツールボックス】を選ぶ。さらに，メニューから【解析ツール】－【近接】－【多重リングバッファー】を選ぶ。《ジオプロセシング》ウィンドウが出て，多重リングバッファーの設定画面になったら「入力フィーチャ」で【最高地価点2】を選択する。「出力フィーチャクラス」では右のフォルダーアイコンを押して《出力フィーチャクラス》ウィンドウを出し，＜プロジェクト＞－＜データベース＞－＜地域分析 .gdb ＞を開いてから，＜最高地価点_多重リング＞という名前で出力するように設定して【保存】ボタンを押す。

「距離」では，空欄に半角で「1」と入力してから，すぐ下にある【他を追加】をクリックする。そうすると新しい欄が出るので「2」，「3」，「4」，・・・，「15」と順番に15個の数字を入力する。

「距離単位」では【キロメートル】を選び，「フィールド名」を「distance」とする。さらに，「ディゾルブオプション」で【オーバラップなし（リング)】を選んでから【実行】ボタンを押す（図10-4)。

これで，距離帯ごとのリング状の多重リングバッファーが作成される。なお，このシェープファイルの属性には，「distance」というフィールド名で，中心点からリング外側の境界線までの距離（km）が入力される。

最後に，これまでに作成したマップを保存するために，リボンタブ【プロジェクト】－【保存】を選択する。保存が終わったら，リボンタブ【プロジェクト】－【終了】で ArcGIS Pro を終了する。

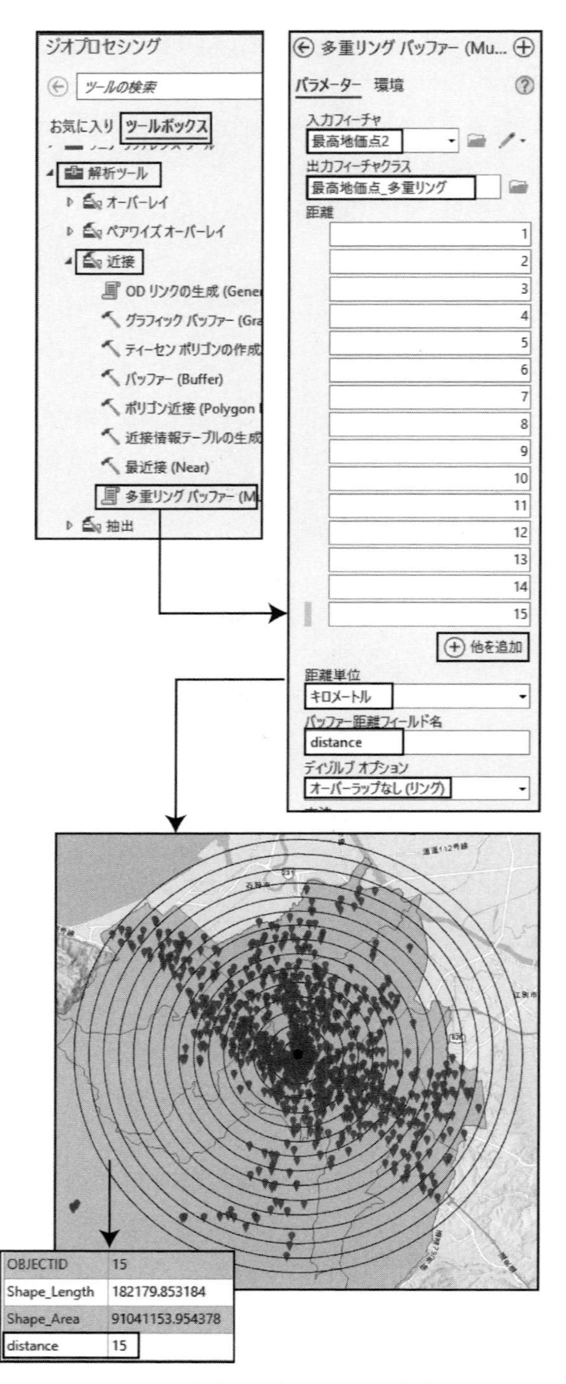

図 10-4　多重リングバッファーの作成

10-3-2　重複する多重リングバッファーの作成

前述の作業で作成した多重リングバッファーは，重複せずにリング状の領域が生成されたものである。しかし，すべての距離帯のバッファーが，最高地価点を中心とした円状の領域となるように，重複した多重リングバッファーを作成したい場合がある。例えば，「最高地価点を中心として1〜2 kmの範囲」というのではなく，「最高地価点から2 km以内」という条件で空間検索を行う場合は，この重複した多重リングバッファーの方が都合がよい。

この重複する多重リングバッファーは，《ジオプロセシング》ウィンドウでの設定における「ディゾルブオプション」で【オーバラップあり（ディスク)】を選ぶことにより作成できる。

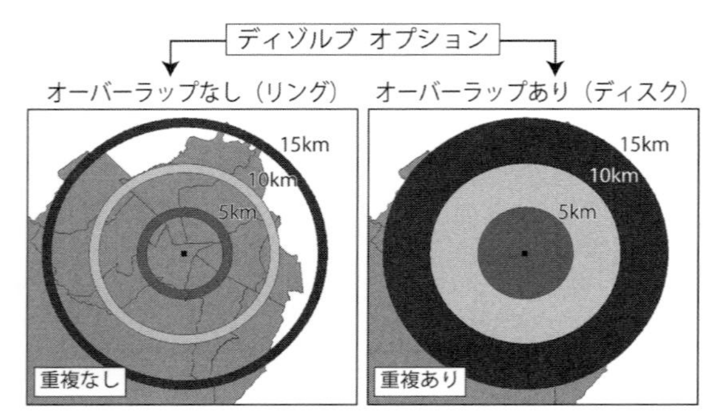

図 10-5　多重リングバッファーの重複の違い

最高地価点から15 kmまで1 km間隔で生成した多重リングバッファーを，重複するものと重複しないものとで比較したのが図10-5である。ここでは，5 km，10 km，15 kmの3つのバッファーのみを示している。このように「ディゾルブオプション」によって異なる多重リングバッファーを作成できるので，作業の目的に応じて使い分けてほしい。

（橋本雄一）

【参考文献】

平下　治（2008)：『お客さんはどこにいる？ 平下治のGISマーケティングセミナー21事例』日本加除出版株式会社.

第 11 章　地図データへの属性データの結合

11-1　ポリゴンデータへの属性結合

11-1-1　作業の準備

空間データに各種の統計データを結合させて主題図を描くことは GIS の基本的な機能である。この属性結合には，第 5 章で説明したキー項目を利用する結合の他に，空間的位置関係から結合する方法がある。本章では，空間的位置関係から任意のポリゴンデータの属性に，他のポリゴンデータの属性を結合する方法を紹介する。そのための事例として，第 5 章で作成した＜ MESH2 ＞（人口データを属性に持つ 500 m メッシュ）を，第 9 章で作成した＜札幌市国勢調査 _Dissolve ＞（札幌市の区境界ポリゴン）に結合する作業を行う。

まず ArcGIS Pro を起動させるため，＜ C:¥Users¥(ユーザー名)¥Documents¥ArcGIS¥Projects¥ 地域分析＞の中の＜地域分析 .aprx ＞をダブルクリックする（あるいは，ArcGIS Pro を起動させ，初期画面において「最近使ったプロジェクト」の【地域分析】を選択する）。プロジェクトが表示されたら，マップビュー・タブで【空間分析】が選択されていることを確認する。ここでマップビューに表示するのは＜札幌市国勢調査 _Dissolve ＞だけであり，他は《コンテンツ》ウィンドウでチェックを外して非表示にする。

次に，＜ MESH2 ＞を読み込む。ArcGIS Pro のメインメニュー【マップ】－【データの追加】－【データ】を選択して《データの追加》ウィンドウを出し，＜プロジェクト＞－＜フォルダー＞－＜地域分析＞－＜地域分析 .gdb ＞－＜ MESH2 ＞を選んで【OK】ボタンを押す。そうすると，《コンテンツ》ウィンドウに＜ MESH2 ＞が追加されるので，＜札幌市国勢調査 _Dissolve ＞よりも下に配置する。

11-1-2　属性の結合

ここからは，＜ MESH2 ＞と＜札幌市国勢調査 _Dissolve ＞が重なる範囲のメッシュを抽出し，そのメッシュもつ人口のデータを，空間的位置関係から集計する（図 11-1）。

作業では，《コンテンツ》ウィンドウの＜札幌市国勢調査 _Dissolve ＞を選択してから，リボンタブ【データ】－【空間結合の追加】を選択する（あるいは《コンテンツ》ウィンドウの＜札幌市国勢

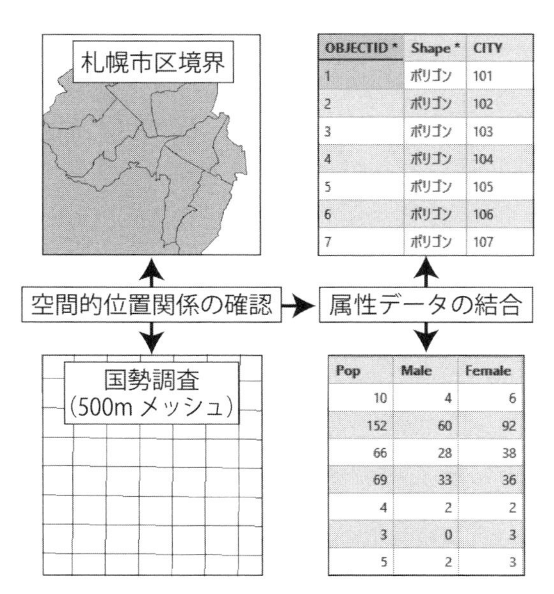

図 11-1　ポリゴンデータの属性結合

調査 _Dissolve ＞を右クリックしてメニューを出し，【テーブルの結合とリレート】－【空間結合の追加】を選択する）。

《空間結合の追加》ウィンドウが出たら「ターゲットフィーチャ」で【札幌市国勢調査 _Dissolve】を，「フィーチャの結合」で【MESH2】を選択する（図 11-2）。

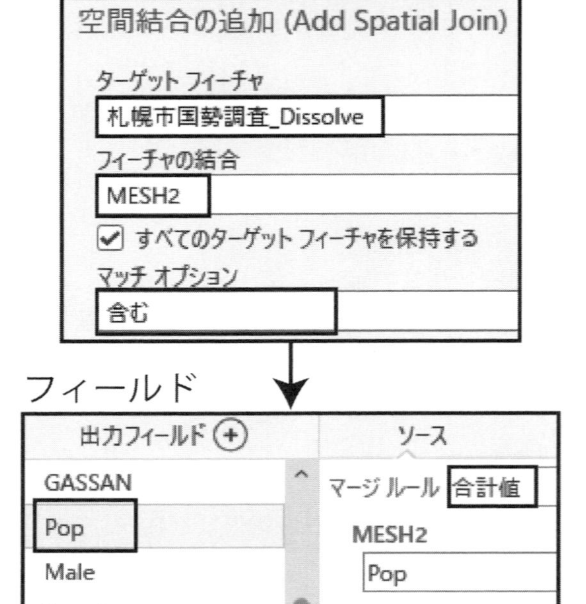

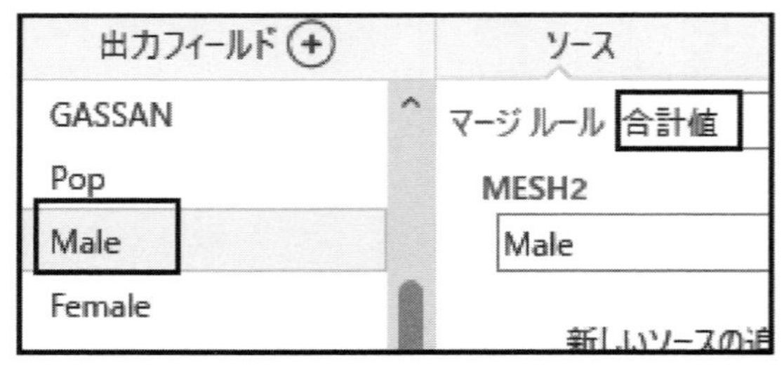

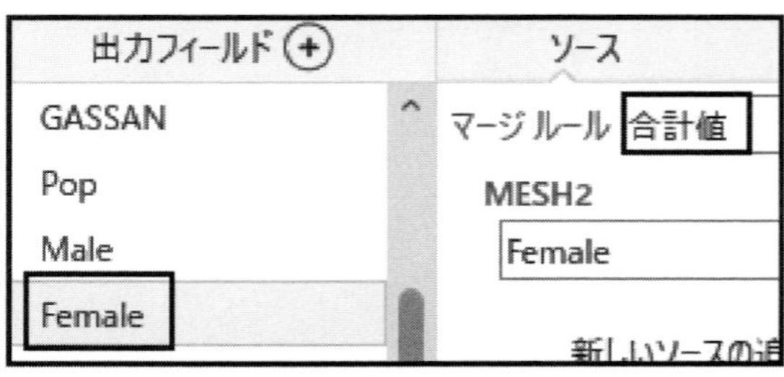

図 11-2　抽出したメッシュの人口集計

「マッチオプション」では【含む】を選ぶ。これは札幌市の各区が，その範囲に含むメッシュと属性データ結合を行うためである。なお，マッチオプションには【境界に接する】や【最も近い】など多くの選択肢があるため，必要性に応じて最適なものを選んでほしい。

「フィールド」では「出力フィールド」で【Pop】を選択する。そうすると，【ソース】の「MESH2」に【Pop】が自動的に選択されるので，「マージルール」を【合計値】にする。続いて「出力フィールド」で【Male】を選択し，【ソース】の「マージルール」で【合計値】を選ぶ。さらに，「出力フィールド」で【Female】を選択し，【ソース】の「マージルール」で【合計値】を選択する。

ここでウィンドウの【OK】ボタンを押すと，＜札幌市国勢調査 _Dissolve ＞の属性テーブルに「Pop」，「Male」，「Female」が追加され，それぞれにメッシュ人口の合計値が入力されていることを確認できる（図 11-3）。

ここまでの作業は，２つのデータを擬似的に結合させただけであるため，ここからフィーチャをエクスポートして一体化させる。まず，《コンテンツ》ウィンドウの＜札幌市国勢調査 _Dissolve ＞を右クリックしてメニューを出し，【データ】－【フィーチャのエクスポート】を選択する。《フィーチャのエクスポート》ウィンドウが表示されたら，「入力フィーチャ」で【札幌市国勢調査 _Dissolve】を選び，「出力フィーチャクラス」

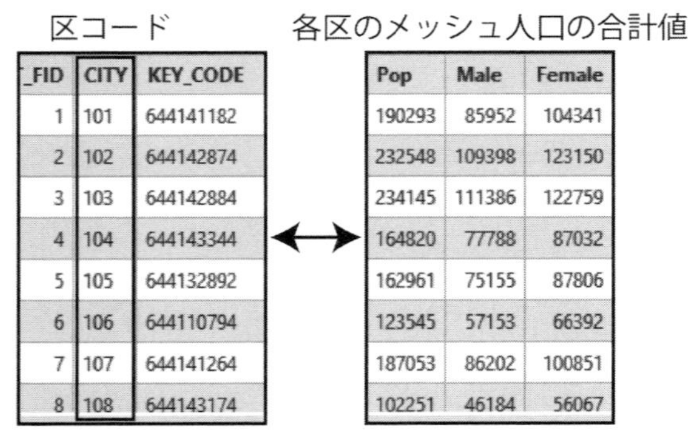
区コード

_FID	CITY	KEY_CODE
1	101	644141182
2	102	644142874
3	103	644142884
4	104	644143344
5	105	644132892
6	106	644110794
7	107	644141264
8	108	644143174

各区のメッシュ人口の合計値

Pop	Male	Female
190293	85952	104341
232548	109398	123150
234145	111386	122759
164820	77788	87032
162961	75155	87806
123545	57153	66392
187053	86202	100851
102251	46184	56067

図 11-3　行政区データへの人口の付加

には「札幌市メッシュ人口」と記入する。ここで，【OK】ボタンを押すと《コンテンツ》ウィンドウに＜札幌市メッシュ人口＞が追加される。

ここまでの作業を終了したら，マップを保存するために，リボンタブ【プロジェクト】－【保存】を選択する。

11-1-3　結合を行う上での注意

注意すべき点として，区の境界線付近ではメッシュの人口が二重に集計されていることがある。この属性結合では，少しでも重なり合う面があれば，その属性データが合計値に加えられる。図11-4に示すように，北区と東区の境界線が通るメッシュは，どちらの区にも組み込まれるため，各区の合計値は正確なものとはならない。もし，さらに正確な合計値を出したいのであれば，1つのメッシュを区の境界線で分割してから，その中の人口を面積按分などで求める必要がある。

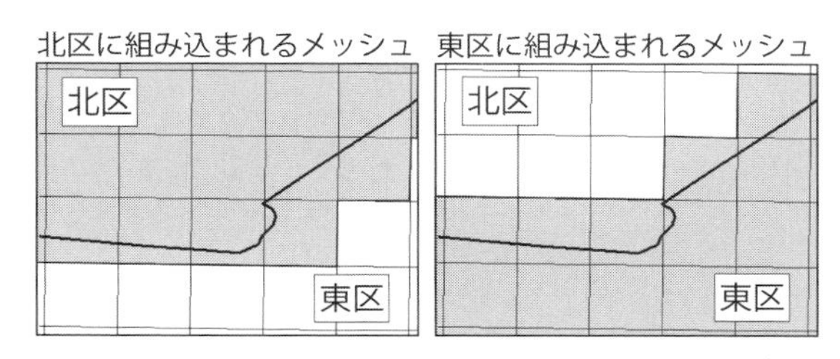

図11-4　区境界でのメッシュ人口の二重集計

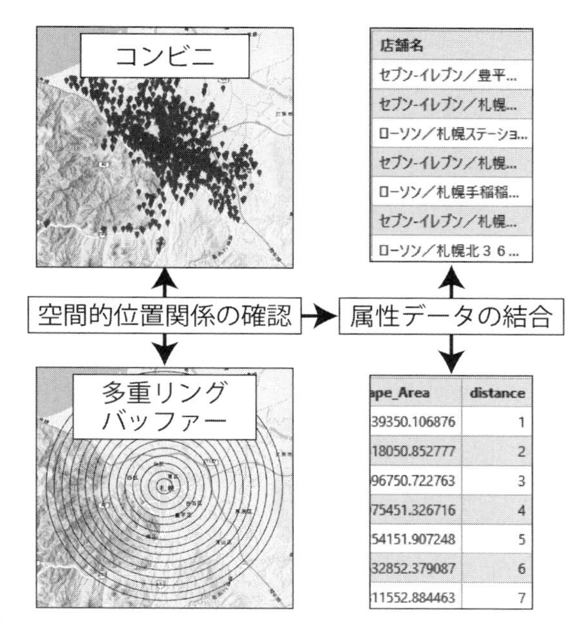

図11-5　ポイントデータの属性結合

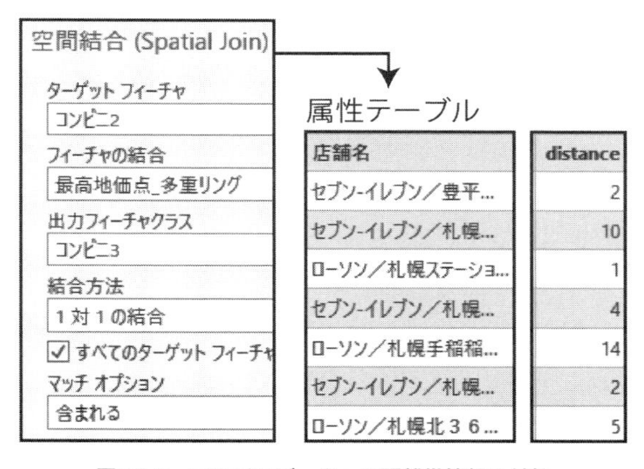

図11-6　コンビニデータへの距離帯情報の付加

11-2　ポイントデータへの属性結合

続いて任意のポイントデータの属性に，ポリゴンデータの属性を空間的位置関係から結合する方法を紹介する。事例としては，最高地価点を中心とする多重リングバッファーの距離帯に関する属性データを，コンビニの店舗データに結合する作業を行う（図11-5）。

ここでマップビューに表示するのは＜コンビニ2＞と＜最高地価点_多重リング＞だけであり，他は《コンテンツ》ウィンドウでチェックを外して非表示にする。

《コンテンツ》ウィンドウの＜コンビニ2＞を選択してから，リボンタブ【データ】－【空間結合の追加】を選択する。そうすると，《空間結合の追加》ウィンドウが出るので，「ターゲットフィーチャ」で【コンビニ2】を，「フィーチャの結合」で【最高地価点_多重リング】を選択する（図11-6）。

「マッチオプション」では【含まれる】を選ぶ。これは個々のコンビニが含まれる距離帯のポリゴンと属性データ結合を行うためである。

ここでウィンドウの【OK】ボタンを押すと，＜コンビニ 2 ＞の属性テーブルに「distance」が追加されていることを確認できる。

ここから，この＜コンビニ 2 ＞をエクスポートして＜コンビニ 3 ＞を作成する。まず，《コンテンツ》ウィンドウの＜コンビニ 2 ＞を右クリックしてメニューを出し，【データ】－【フィーチャのエクスポート】を選択する。《フィーチャのエクスポート》ウィンドウが表示されたら，「入力フィーチャ」で【コンビニ 2】を選び,「出力フィーチャクラス」には「コンビニ 3」と記入する。ここで，【OK】ボタンを押すと《コンテンツ》ウィンドウに＜コンビニ 3 ＞が追加される。

この＜コンビニ 3 ＞を選択し，リボンタブ【データ】－【属性テーブル】を選択すると，マップビューの下に属性テーブルが表示され，個々のコンビニの属性に最高地価点からの距離帯が「distance」というフィールド名で付加されたことが分かる。

最後に，これまでに作成したマップを保存するために，リボンタブ【プロジェクト】－【保存】を選択する。保存が終わったら，リボンタブ【プロジェクト】－【終了】で ArcGIS Pro を終了する。

（橋本雄一）

第12章　検索

12-1　属性検索

12-1-1　文字列による検索

(1) 地名による文字列検索

属性検索とは，属性テーブルから任意の条件に該当するレコードを抽出する機能である。ここでは，第９章で作成した＜札幌市国勢調査＞（札幌市における10区の境界データをマージで結合したもの）で属性検索について説明する。

まずArcGIS Proを起動させるため，＜C:¥Users¥(ユーザー名)¥Documents¥ArcGIS¥Projects¥地域分析＞の中の＜地域分析.aprx＞をダブルクリックする（あるいは，ArcGIS Proを起動させ，初期画面において「最近使ったプロジェクト」の【地域分析】を選択する）。プロジェクトが表示されたら，マップビュー・タブで【空間分析】が選択されていることを確認する。ここでマップビューに表示するのは＜札幌市国勢調査＞だけであり，他は《コンテンツ》ウィンドウでチェックを外して非表示にする。

例として，＜札幌市国勢調査＞の属性テーブルにおいて，項目「MOJI」に「中島公園」と入力されたレコードを検索する。

リボンタブ【マップ】－【属性条件で選択】を選択し,《属性条件で選択》ウィンドウが出たら「入力テーブル」で【札幌市国勢調査】,「選択タイプ」で【新規選択】を選択する（図12-1）。

「式」の「Where 句」では，属性テーブルの項目名がリスト表示されるので，その中から【MOJI】を選ぶ。そうすると，検索のための入力欄が現れ

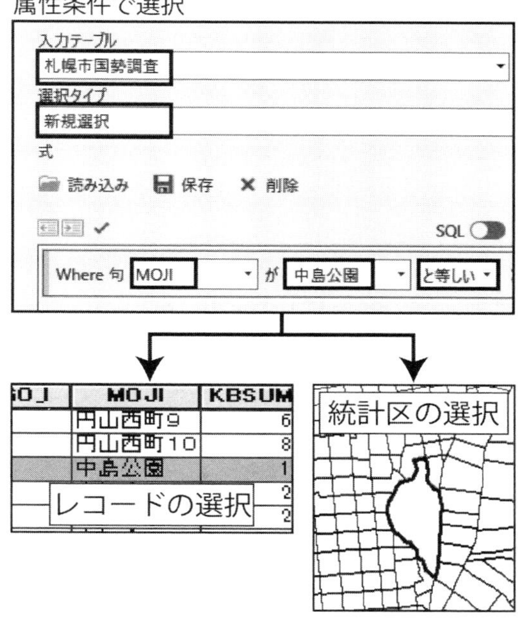

図12-1　文字列による属性検索

るのでリストから【中島公園】を選択する。(もしくは直接「中島公園」と入力する。) その右を【と等しい】として【OK】ボタンを押すと，マップビュー上で該当地区の色が変わる。

ここで,《コンテンツ》ウィンドウの＜札幌市国勢調査＞を選択し,リボンタブ【データ】－【属性テーブル】を選択し(あるいは《コンテンツ》ウィンドウの＜札幌市国勢調査＞を右クリックしてメニューを出し【属性テーブル】を選択し)，リボンタブ【データ】－【選択セットテーブル】をクリックすると，該当レコードのみが表示される。

この選択を解除するには,リボンタブ【マップ】－【選択解除】を選ぶ。

(2) 曖昧な文字列検索

次の事例として，曖昧な文字列検索を紹介する。中島公園の検索では，「‘中島公園’という文字列と正確に一致するもの」という条件であったが，ここでは「文字列のどこかに‘大通’という文字列が入っているもの」という条件で検索を行う。

リボンタブ【マップ】－【属性条件で選択】を選択し，《属性条件で選択》ウィンドウが出たら「入力テーブル」で【札幌市国勢調査】,「選択タイプ」で【新規選択】を選択する。

「式」の「Where 句」では【MOJI】を選ぶ。その右の欄には「大通」と入力し，その右では【テキストを含む】を選んで【OK】ボタンを押す。そうすると，属性テーブルのフィールド項目「MOJI」において「大通」という文字列が入っている統計区が，地図上で選択される（図 12-2）。

ここで，《コンテンツ》ウィンドウの＜札幌市国勢調査＞を選択し，リボンタブ【データ】－【属性テーブル】を選択してから，リボンタブ【データ】－【選択セットテーブル】をクリックすると，該当レコードのみが表示される。

検索を終了したら，リボンタブ【マップ】－【選択解除】で，選択を解除する。

図 12-2　曖昧な文字列による属性検索

12-1-2　数値による検索

(1) フィールドの追加

ここからは数値に関する条件を用いた属性検索を行う。そのために，＜札幌市国勢調査＞の属性データである人口と統計区面積から人口密度（人 / km^2）を算出する。

《コンテンツ》ウィンドウの＜札幌市国勢調査＞を選択し，リボンタブ【データ】－【属性テーブル】を選択してから，属性テーブルの上側にある【追加】アイコンをクリックすると，通常のレコード表示から，《フィールド：札幌市国勢調査（空間分析）》というフィールドビューになり，最下段に新たなフィールドが追加される。

新しいフィールドでは，「フィールド名」の欄をダブルクリックして「人口密度」と入力するまた，「データタイプ」では【Double】を選択する。さらに，「数値形式」の欄を選んでから 1 回クリックするとブラウザボタンが表示されるので，それを押して《数値形式》ウィンドウを出し，「カテゴリ」で【数値】を選ぶ。そうすると数値形式の詳細を設定できるようになるので，「桁数設定」の「桁数」が選択された状態で，その右の数値を「6」にして，【OK】ボタンを押す。

続いて，リボンタブ【フィールド】－【保存】を選ぶ。属性テーブルのタブ【札幌市国勢調査】をクリックし，テーブルを右にスクロールすると，新しいフィールド「人口密度」が追加されたことを確認できる。

(2) 人口密度の算出

次に，小地域ごとの人口密度（人 / km^2）を求める。属性テーブルのタブ【札幌市国勢調査】を選択し，フィールド名「人口密度」をクリックして選択し，テーブルの上にある【計算】を押すと，《フィールド演算》ウィンドウが表示される。

このウィンドウの「入力テーブル」では【札幌市国勢調査】,「フィールド名」では【人口密度】,「条件式の種類」では【Python3】を選択する。

属性テーブルにおいて，人口総数は「JINKO」（単

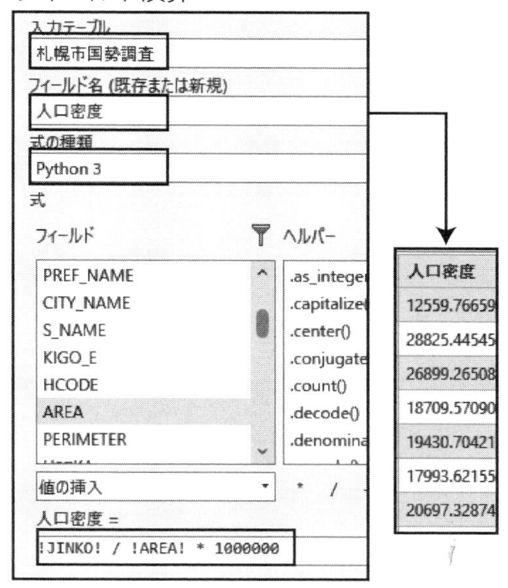

図 12-3　属性テーブルにおける人口密度の算出

図 12-4　数値による属性検索

位：人)，面積は「AREA」（単位：m^2）というフィールド名で入力されている。そこで，ウィンドウの「人口密度 =」の下側の入力欄に「!JINKO! / !AREA! *1000000」と半角で入力する（図 12-3）。これは「人口を面積で割った値に 1,000,000 を乗じる」という意味である。この時，「JINKO」や「AREA」は，その上側の「フィールド」にある項目をダブルクリックして選び，計算記号は【/】や【*】のボタンを押す。また，「1000000」という半角の数値はキーボードから直接入力する。

ここで《フィールド演算》ウィンドウの【OK】ボタンを押すと，「人口密度」に計算結果が入力される。数値の入力を確認したら，属性テーブル《札幌市国勢調査》と《フィールド：札幌市国勢調査（空間分析)》のタブの【閉じる】ボタン（×印）を押して，属性テーブルを閉じる。

(3) 単純な検索

人口密度のデータを作成したら，そのフィールドを利用して「1 km^2 あたりの人口密度が 20,000 人以上のレコード」を検索する。

リボンタブ【マップ】－【属性条件で選択】を選択し,《属性条件で選択》ウィンドウが出たら「入力テーブル」で【札幌市国勢調査】,「選択タイプ」で【新規選択】を選択する。「式」の「Where 句」で【人口密度】を選ぶと，検索のための欄が現れるので「20000」と半角で入力する。その右を【以上】として【OK】ボタンを押すと，属性テーブルのフィールド項目「人口密度」で 20,000 人以上の統計区がマップ上で選択される（図 12-4)。

検索を終了したら, リボンタブ【マップ】－【選択解除】で，選択を解除する。

(4) 複合的な検索

さらに，複合的な属性検索を行うため，「1 km^2 あたりの人口密度が 20,000 人以上」という条件に加えて，この条件に「人口総数が 1,000 人以上」という条件を追加する。人口密度は単位面積あたりの人口であるため統計区の面積が小さいと高い値になりやすい。そこで，人口密度と人口総数に関する条件を組み合わせ，多くの人口が高密度に居住している統計区を抽出する。

リボンタブ【マップ】－【属性条件で選択】を選択し,《属性条件で選択》ウィンドウが出たら「入力テーブル」で【札幌市国勢調査】,「選択タイプ」で【新規選択】を選択する。「式」の「Where 句」

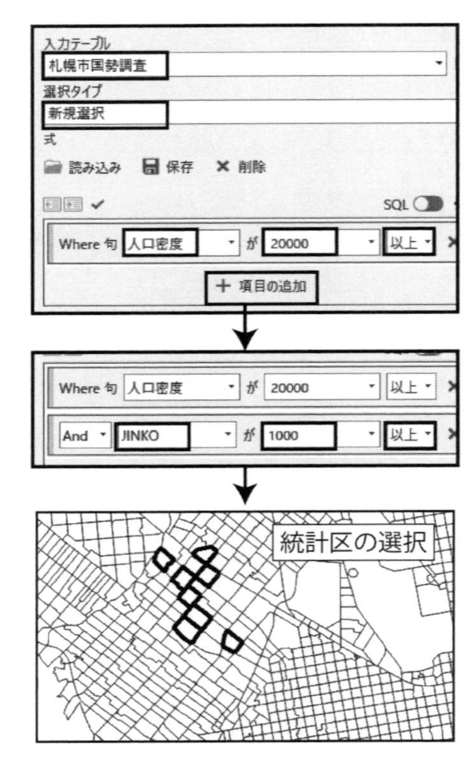

図 12-5　数値による複合的な属性検索

で【人口密度】，検索のための欄には「20000」と半角で入力し，その右を【以上】とする。

ここで【項目の追加】を選び，追加条件を設定する。「And」で【JINKO】を選び，検索のための欄では「1000」と半角で入力する。その右を【以上】として【OK】ボタンを押すと，「1 km^2 あたりの人口密度 20,000 人以上，かつ人口総数 1,000 人以上」という条件に該当する統計区がマップ上で選択される（図 12-5）。

検索を終了したら，リボンタブ【マップ】－【選択解除】で，選択を解除する。

12-2　空間検索

12-2-1　空間検索

空間検索は，複数の地図の空間的位置関係によって情報の抽出を行う検索方法である。この空間検索では 2 つのレイヤーが，どの部分で重なり，どの部分で重ならないかが判定される。

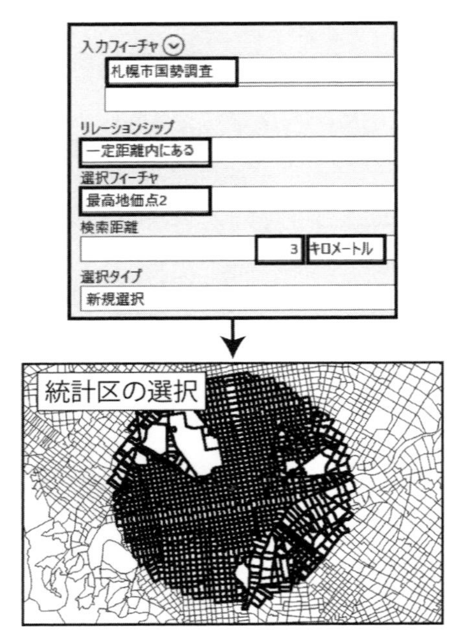

図 12-6　最高地価点からの距離による空間検索

ここでは事例として，「最高地価点から 3 km 以内にある国勢調査の統計区」を空間検索する。そのために，《コンテンツ》ウィンドウの＜最高地価点 2 ＞にチェックを入れ，マップビューに表示させる。

リボンタブ【マップ】－【空間条件で選択】を選択し，《空間条件で選択》ウィンドウが出たら「入力フィーチャ」で【札幌市国勢調査】を，「リレーションシップ」で【一定距離内にある】を，「選択フィーチャ」で【最高地価点 2】を選ぶ。「検索距離」には「3」と半角で入力し，単位として【キロメートル】を選択する。「選択タイプ」では【新規選択】を選び，【OK】ボタン押すと，「最高地価点から 3 km 以内にある国勢調査の統計区」が選択される（図 12-6）。

12-2-2　空間検索と属性検索の複合

空間検索と属性検索を複合させることにより，さらに高度な検索を行うことができる。ここでは例として「最高地価点から 3 km 以内にあり，1 km^2 あたりの人口密度が 20,000 人以上」の統計区を抽出する。

「最高地価点から 3 km 以内にある国勢調査の統計区」が選択されている状態で，リボンタブ【マップ】－【属性条件で選択】を選択し，《属性条件で選択》ウィンドウが出たら「入力テーブル」で【札幌市国勢調査】，「選択タイプ」で【現在の選択から削除】を選択する。「式」の「Where 句」で【人口密度】選び，検索のための欄には「20000」と半角で入力する。その右で【より小さい】を選んでから【OK】ボタンをクリックすると，「最高地価点から 3 km 以内にあり，1 km² あたりの人口密度が 20,000 人以上」の統計区が選択された状態となる（図 12-7）。

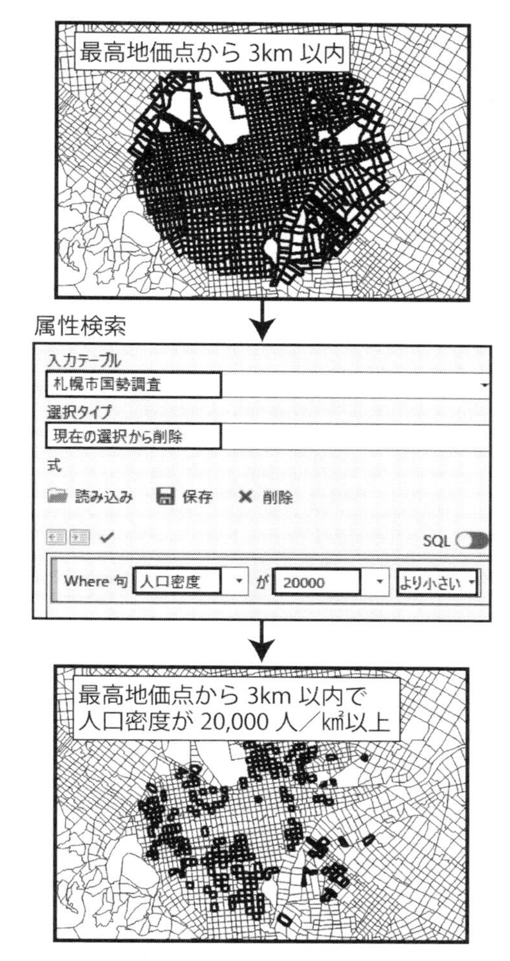

図 12-7　属性検索と空間検索の複合

12-2-3　選択された統計区の保存

検索を終了したら，選択された統計区のフィーチャを保存する。《コンテンツ》ウィンドウの<札幌市国勢調査>を選択し，リボンタブ【データ】－【フィーチャのエクスポート】を選択して，【フィーチャのエクスポート】ウィンドウを出す。そこで「入力フィーチャ」で【札幌市国勢調査】を選び，「出力フィーチャクラス」に「選択統計区」と入力して【OK】ボタンを押すと，《コンテンツ》ウィンドウに<選択統計区>が追加され，マップビューに選択された統計区のみからなるフィーチャが表示される（図 12-8）。

最後に，リボンタブ【マップ】－【選択解除】で選択を解除したら，リボンタブ【プロジェクト】－【保存】でこのマップを保存する。保存が終わったら，リボンタブ【プロジェクト】－【終了】で ArcGIS Pro を終了する。（橋本雄一）

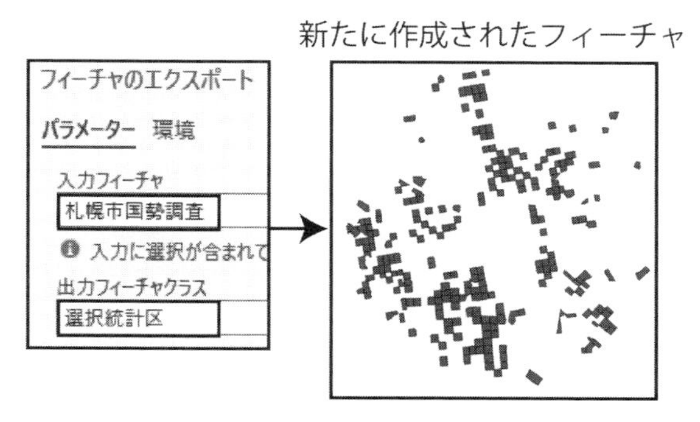

図 12-8　選択された統計区の保存

第13章　オーバーレイ

13-1　オーバーレイの種類

オーバーレイは，点，線，面を要素とする複数のレイヤーを重ね合わせて，新しい空間データおよび属性データを作成する手法であり，GIS による空間解析で頻繁に使用される技術である。

これらの手法は，出力する結果に応じて選択される。例えば，任意の空間データの範囲のみを抽出して他の範囲を消去するにはクリップ（Clip），逆に任意の空間データの範囲のみを消去して他の範囲を抽出するにはイレース（Erase），任意の空間データの範囲のみを抽出して 2 つの地図データの情報を複合するにはインターセクト（Intersect），2 つの地図データの範囲すべてを残して両者の情報を複合するにはユニオン（Union）が選択される。（図 13-1）。本章では，この 4 つの手法を解説する。

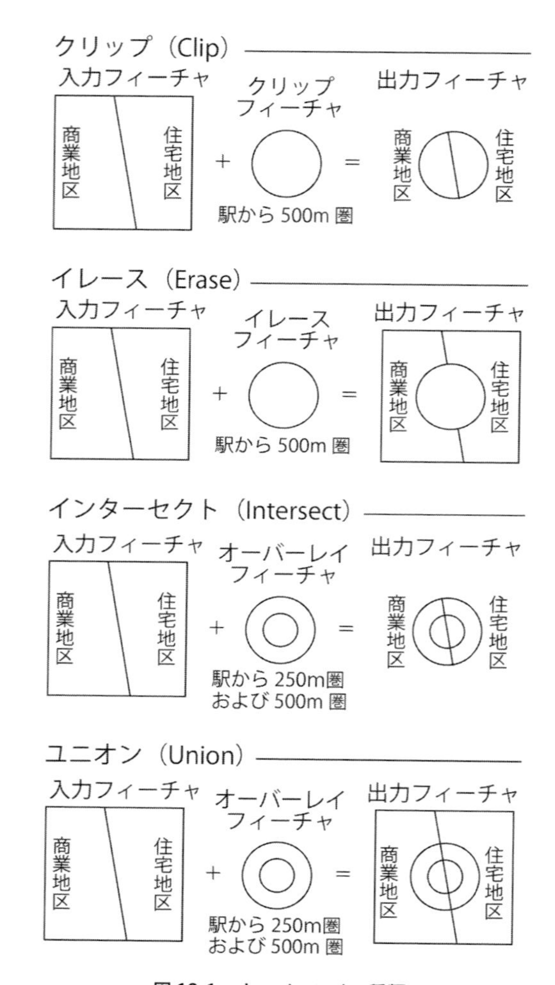

図 13-1　オーバーレイの種類

13-2　作業の準備

ArcGIS Pro を起動させるため，< C:¥Users¥（ユーザー名）¥Documents¥ArcGIS¥Projects¥ 地域分析>の中の<地域分析 .aprx >をダブルクリックする（あるいは，ArcGIS Pro を起動させ，初期画面において「最近使ったプロジェクト」の【地域分析】を選択する）。プロジェクトが表示されたら，マップビュー・タブで【空間分析】が選択されていることを確認する。

ここでマップビューに表示するのは，第 9 章で作成した<札幌市国勢調査>と，第 10 章で作成した<コンビニ Buffer_N >（重複するバッファー）のみである。なお，《コンテンツ》ウィンドウで，<コンビニ Buffer_N >を<札幌市国勢調査>より上に配置する。その他は《コンテンツ》ウィンドウでチェックを外して非表示にする。

13-3　クリップ（Clip）

最初にクリップ（Clip）により，コンビニの 350 m バッファーで，国勢調査（小地域）データをくり抜く作業を行う。

コンビニの 350 m バッファーで，札幌市の国勢調査統計区>をくり抜く作業を行う。リボンタブ【解析】を選択し，【解析ツールギャラリー】のメニューを展開して，「デフォルト」の中の【ペアワイズ クリップ（Pairwise Clip)】を選ぶ（図 13-2)。マップビューの右に,《ジオプロセシング》ウィンドウが表示されたら，クリップの設定を行う。

このウィンドウの「入力フィーチャ」で【札幌市国勢調査】を,「クリップフィーチャ」で【コンビニ Buffer_N】を選択する（図 13-3)。「出力フィーチャクラス」では，横のフォルダーアイコンを押して《出力フィーチャクラス》ウィンドウを出し，<プロジェクト>－<データベース>－<地域分析 .gdb >を開いてから，<札幌市国勢調査 _Clip >という名前で保存するように設定して【保存】ボタンを押す。その後，ウィンドウの【実行】ボタンを押すと，コンビニの 350 m バッファーの範囲のみの国勢調査（小地域）データが作成される。

なお，ここでのクリップフィーチャは個々の店舗の周りに独立した領域を持つ重複したバッファー（コンビニ Buffer_N）であったが，重複せずに繋がった領域のバッファー（コンビニ Buffer_A）でクリップしても同じ結果になる。

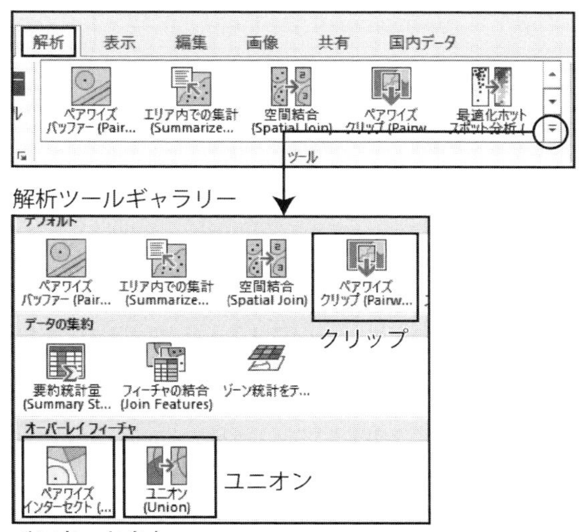

図 13-2　解析ツールギャラリー

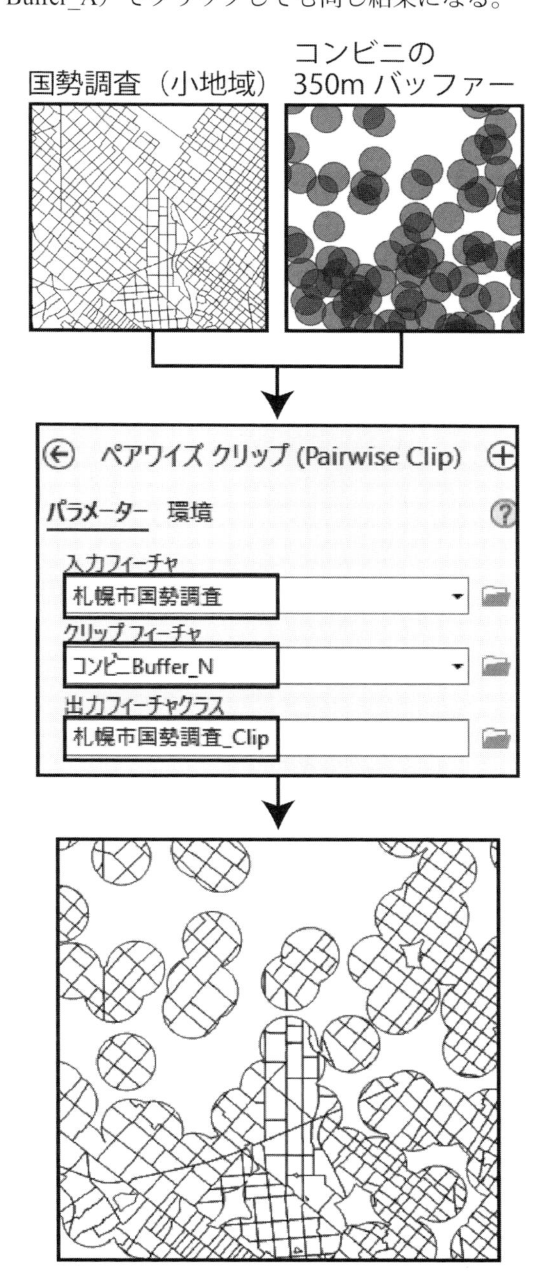

図 13-3　クリップ

13-4　イレース（Erase）

イレース（Erase）を用いると，クリップ（Clip）とは逆に，国勢調査（小地域）データからコンビニの 350 m バッファーの範囲のみを消去することができる。

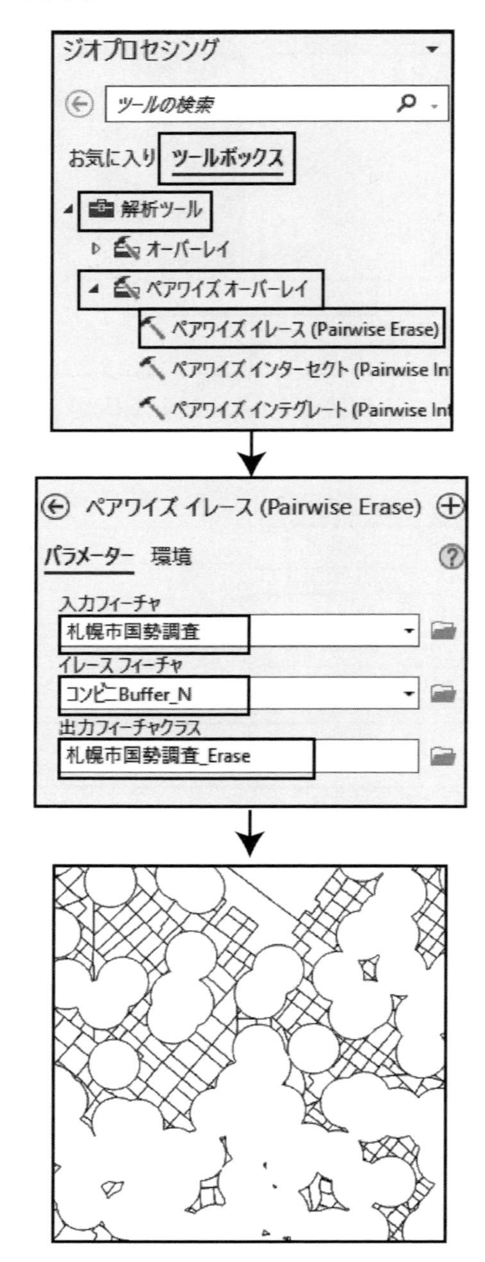

図 13-4　イレース

リボンタブ【解析】－【ツール】を選択し,《ジオプロセシング》ウィンドウで【ツールボックス】を選択する。ここで【解析ツール】－【ペアワイズ オーバーレイ】－【ペアワイズ イレース（Pairwise Erase)】を選択する。

《ジオプロセシング》ウィンドウでイレースの設定画面が表示されたら,「入力フィーチャ」で【札幌市国勢調査】を,「イレースフィーチャ」で【コンビニ Buffer_N】を選択する（図 13-4)。「出力フィーチャクラス」では，横のフォルダーアイコンを押して《出力フィーチャクラス》ウィンドウを出し，＜プロジェクト＞－＜データベース＞－＜地域分析 .gdb ＞を開いてから，＜札幌市国勢調査 _Erase ＞という名前で保存するように設定して【保存】ボタンを押す。その後，ウィンドウの【実行】ボタンを押すと，コンビニの 350 m バッファーの範囲が消去された国勢調査(小地域)データが作成される。

13-5　インターセクト（Intersect）

インターセクト(Intersect)は,入力した空間データの共通範囲を抽出し，その部分をすべての空間データの境界線で分割したマップを作成する方法である。

リボンタブ【解析】を選択し,【解析ツールギャラリー】のメニューを展開して,「オーバーレイフィーチャ」の中の【ペアワイズ インターセクト（Pairwise Intersect)】を選択する。マップビューの横に,《ジオプロセシング》ウィンドウが表示されたら，インターセクトの設定を行う。

このウィンドウの「入力フィーチャ」で【札幌市国勢調査】と【コンビニ Buffer_N】を選択する（図 13-5)。「出力フィーチャクラス」では，横のフォルダーアイコンを押して《出力フィーチャクラス》ウィンドウを出し，＜プロジェクト＞－＜データベース＞－＜地域分析 .gdb ＞を開いてから，＜札幌市国勢調査 _Intersect ＞という名前で保存す

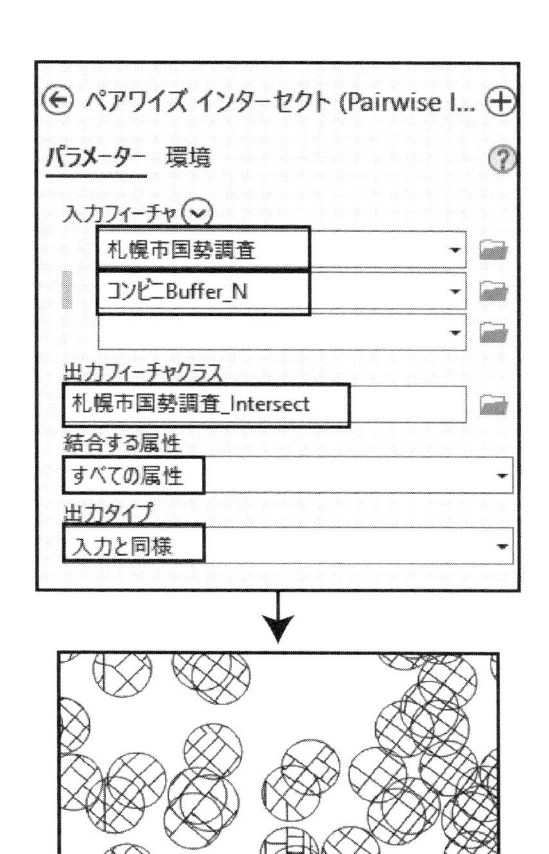

図 13-5　インターセクト

るように設定する。「結合する属性」では【すべての属性】，「出力タイプ」では【入力と同様】を選んでからウィンドウの【実行】ボタンを押すと，コンビニの 350 m バッファーでクリップされた範囲で，バッファーの境界線と国勢調査統計区の境界線を併せたデータが作成される。なお，この境界線で区分された各地区は，2 つのレイヤーの属性データを併せ持つ。

13-6　ユニオン（Union）

ユニオン（Union）は，入力した空間データの全範囲を，すべての空間データの境界線で分割したマップを作成する方法である。

リボンタブ【解析】を選択し，【解析ツールギャラリー】のメニューを展開して，「オーバーレイフィーチャ」の中の【ユニオン（Union）】を選択する。マップビューの横に，《ジオプロセシング》ウィンドウが表示されたら，ユニオンの設定を行う。

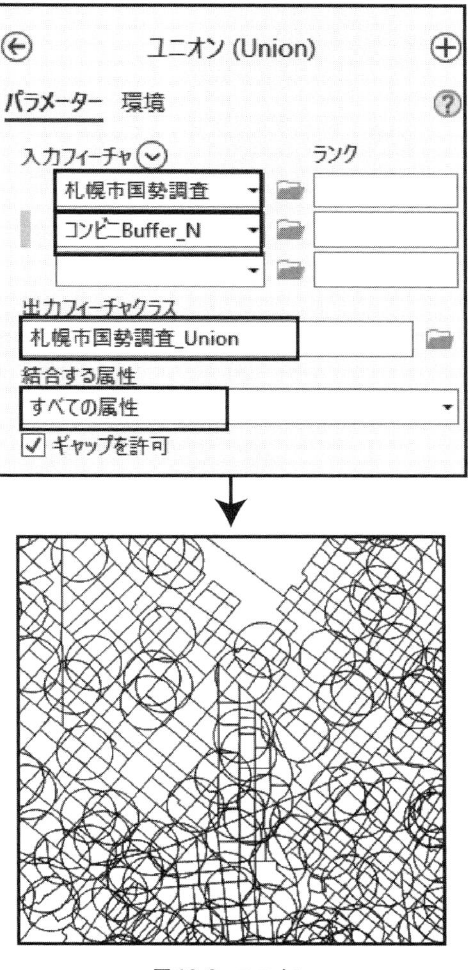

図 13-6　ユニオン

このウィンドウの「入力フィーチャ」で【札幌市国勢調査】を選ぶと，その下に新しい入力欄が出るので【コンビニ Buffer_N】を選択する（図13-6)。「出力フィーチャクラス」では，横のフォルダーアイコンを押して《出力フィーチャクラス》ウィンドウを出し，＜プロジェクト＞－＜データベース＞－＜地域分析 .gdb ＞を開いてから，＜札幌市国勢調査 _Union ＞という名前で保存するように設定する。「結合する属性」で【すべての属性】を選んでから，ウィンドウの【実行】ボタンを押すと，コンビニの 350 m バッファーでクリップされた範囲で，バッファーの境界線と国勢調査統計区の境界線を併せたデータが作成される。なお，この境界線で区分された各地区は，2 つのレイヤーの属性データを併せ持つ。

最後に，これまでに作成したマップを保存するために，リボンタブ【プロジェクト】－【保存】を選択する。保存が終わったら，リボンタブ【プロジェクト】－【終了】で ArcGIS Pro を終了する。

（橋本雄一）

第14章　面積按分と統計情報

14-1　作業の準備

面積按分とは，面積の比率によってデータを配分する方法である（図14-1）。ここでは350 mバッファーを各コンビニの商圏と考え，商圏内の人口を国勢調査（小地域）の人口データを面積按分することで推定する。この作業のため，第11章で作った＜コンビニ3＞（最高地価点からの距離帯を属性データに持つコンビニのポイントデータ）の350 mバッファー（重複あり）を作成する。

まず，ArcGIS Proを起動させるため，＜C:¥Users¥(ユーザー名)¥Documents¥ArcGIS¥Projects¥地域分析＞の中の＜地域分析.aprx＞をダブルクリックする（あるいは，ArcGIS Proを起動させ，初期画面において「最近使ったプロジェクト」の【地域分析】を選択する）。プロジェクトが表示されたら，マップビュー・タブで【空間分析】が選択されていることを確認する。

ここでマップビューに表示するのは＜札幌市国勢調査＞と＜コンビニ3＞のみであり，《コンテンツ》ウィンドウで，＜コンビニ3＞を＜札幌市国勢調査＞より上に配置する。その他は《コンテンツ》ウィンドウでチェックを外す。

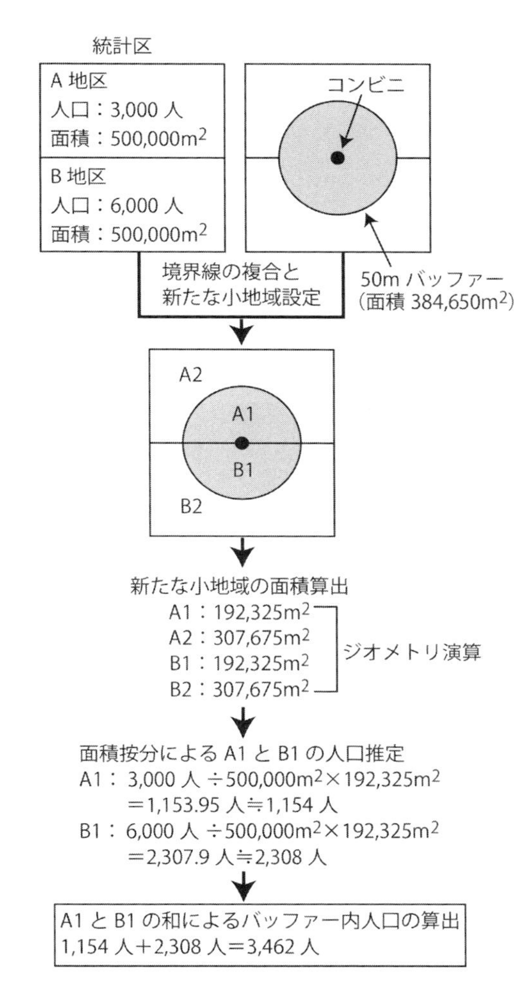

図14-1　面積按分によるバッファー内人口の算出

14-2　バッファーの作成

リボンタブ【解析】を選択し，【解析ツールギャラリー】のメニューを展開して，「デフォルト」の中の【ペアワイズ バッファー（Pairwise Buffer)】を選択する。マップビューの横に，《ジオプロセシング》ウィンドウが表示されたら，バッファーの設定を行う。

「入力フィーチャ」では【コンビニ3】を選択する。「出力フィーチャクラス」では，フォルダーアイコンをクリックして《出力フィーチャクラス》ウィンドウを出してから，＜プロジェクト＞－＜データベース＞－＜地域分析 .gdb ＞を開き，「名前」に＜コンビニ 3_Buffer ＞と入力して【保存】ボタンを押す。

「バッファーの距離（値またはフィールド）」では【距離単位】を選び，その下の欄に「350」と値を入力してから，単位として【メートル】を選択する。「方法」は【平面】とし，「ディゾルブタイプ」は【なし】を選ぶ（図 14-2）。

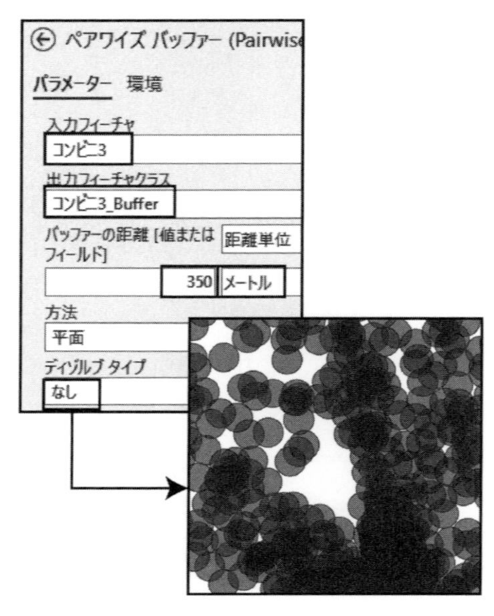

図 14-2　バッファーの作成

ここで【実行】ボタンを押すと，《コンテンツ》ウィンドウに＜コンビニ 3_Buffer ＞が追加され，マップビューにコンビニごとの独立したバッファーが描画される。

14-3　面積按分による商圏人口の算出

14-3-1　面積按分

各コンビニの商圏人口として，国勢調査（小地域）の人口データを面積按分することで，350 m バッファー内の人口を求める。

リボンタブ【解析】－【ツール】を選択し，《ジオプロセシング》ウィンドウで【ツールボックス】を選ぶ。ここで【解析ツール】－【オーバーレイ】－【ポリゴンの按分（Apportion Polygons）】を選択する。

《ジオプロセシング》ウィンドウでポリゴンの按分の設定画面が表示されたら，「入力ポリゴン」で【札幌市国勢調査】，「按分フィールド」で【JINKO】，「ターゲットポリゴン」で【コンビニ 3_Buffer】を選ぶ（図 14-3）。「出力フィーチャクラス」では，横のフォルダーアイコンを押して《出力フィーチャクラス》ウィンドウを出し，＜プロジェクト＞－＜データベース＞－＜地域分析 .gdb

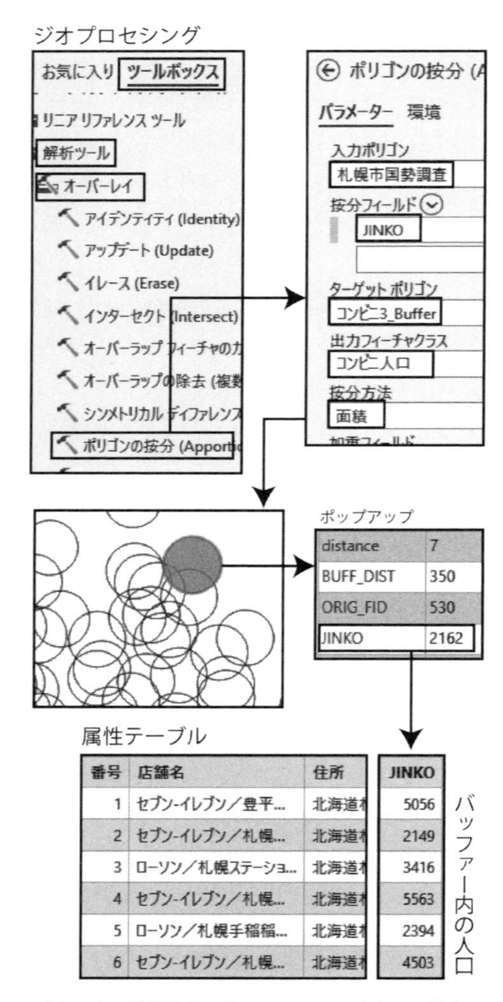

番号	店舗名	住所	JINKO
1	セブン-イレブン／豊平...	北海道札	5056
2	セブン-イレブン／札幌...	北海道札	2149
3	ローソン／札幌ステーショ...	北海道札	3416
4	セブン-イレブン／札幌...	北海道札	5563
5	ローソン／札幌手稲稲...	北海道札	2394
6	セブン-イレブン／札幌...	北海道札	4503

図 14-3　面積按分によるバッファー内人口の算出

＞を開いてから，＜コンビニ人口＞という名前を設定して【保存】ボタンを押す。「按分方法」で【面積】を選んでから，ウィンドウの【実行】ボタンを押すと，《コンテンツ》ウィンドウに＜コンビニ人口＞が追加される。

マップビューに描画された＜コンビニ人口＞のバッファーの 1 つをクリックすると《ポップアップ》ウィンドウが表示され，属性に各コンビニの商圏人口である「JINKO」が追加されたことを確認できる。

14-3-2　商圏人口分布図の作成

＜コンビニ人口＞におけるバッファーごとの商圏人口に応じた等級色で塗り分けることによりコロプレスマップの作成を行う。

ここから，算出された「JINKO」の値を使ってコロプレスマップを作成する。《コンテンツ》ウィンドウの＜コンビニ人口＞を右クリックしてメニューを出し，【シンボル】を選択する。そうすると，マップビューの右に《シンボル》ウィンドウが表示されるので，一番上のメニューで【等級色】を選ぶ。さらに「フィールド」では【JINKO】を選び，「配色」では任意のカラーバーを選択する。なお，ここでは「クラス」を 5 段階とする。

続いて，ウィンドウ下側の【クラス】タブをクリックし，シンボルのクラス設定を行う。「上限値」の数値をクリックして，上から「1000」，「2000」，「3000」，「5000」，「10000」と半角で入力する。そうすると，人口密度を示すコロプレスマップが描画される（図 14-4）。

《コンテンツ》ウィンドウの＜最高地価点 _ 多重リング＞にチェックを入れて，＜コンビニ人口＞より上位に配置すると，最高地価点から 6 km 以内のコンビニの商圏人口が多いことがわかる。

なお，コンビニのバッファーが重なっていると小地域の人口が二重三重にカウントされるため，ここで示す結果は参考程度のものである。

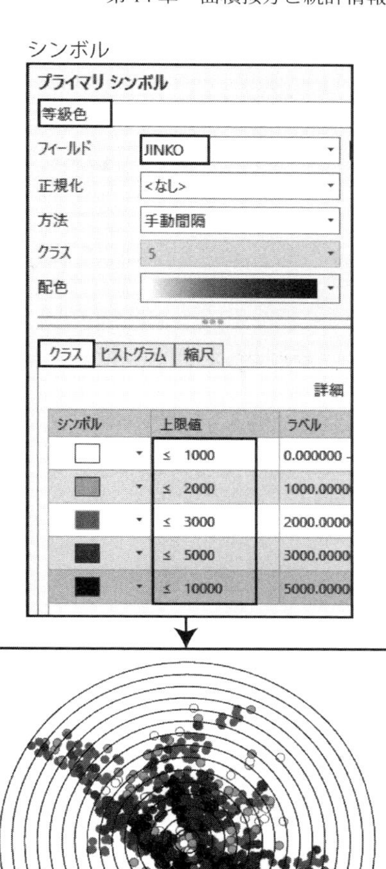

図 14-4　商圏人口分布図の表示設定

14-4　コンビニの統計情報

14-4-1　距離帯別店舗数と商圏人口の合計値の算出

ここまでの操作でコンビニごとの商圏人口を属性情報として付与できた。ここからは最高地価点からの距離帯別の店舗数と商圏人口の合計値を求める。

リボンタブ【解析】－【ツール】を選択し，《ジオプロセシング》ウィンドウで【ツールボックス】を選択する。ここで【解析ツール】－【統計情報】－【頻度（Frequency）】を選択する。

《ジオプロセシング》ウィンドウで頻度の設定画面が表示されたら，「入力テーブル」で【コンビニ人口】を選択する（図 14-5）。「出力テーブル」では，横のフォルダーアイコンを押して《出力テーブル》ウィンドウを出し，＜プロジェクト＞－＜データベース＞－＜地域分析 .gdb ＞を開いてから，＜コンビニ人口統計＞という名前で保存するように設定して【保存】ボタンを押す。「頻度フィールド」では【distance】（最高地価点からの距離帯），「サマリーフィールド」では【JINKO】（各コンビニの商圏人口）を選んでから，ウィンドウの【実行】ボタンを押すと，《コンテンツ》ウィンドウにスタンドアロンテーブル（図形データを持たないテーブル）として＜コンビニ人口統計＞が追加される。

《コンテンツ》ウィンドウで＜コンビニ人口統計＞を選んでからリボンタブ【スタンドアロンテーブル】－【属性テーブル】を選択すると，距離帯ごとの店舗数（FREQUENCY）と商圏人口の合計値（JINKO）を含むテーブルが表示される。

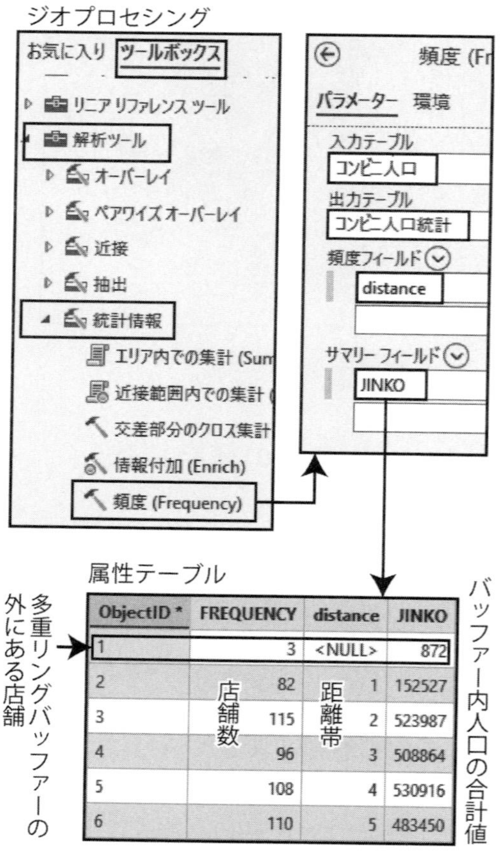

ObjectID *	FREQUENCY	distance	JINKO
1	3	<NULL>	872
2	82	1	152527
3	115	2	523987
4	96	3	508864
5	108	4	530916
6	110	5	483450

図 14-5　距離帯別の店舗数と人口の算出

14-4-2　距離帯別店舗数のグラフ化

距離帯別の店舗数（FREQUENCY）に関するグラフの作成を行う。

《コンテンツ》ウィンドウでスタンドアロンテーブルの＜コンビニ人口統計＞を選択してから，リボンタブ【スタンドアロンテーブル】－【チャートの作成】－【散布図】を選択すると，マップビューの右に《チャートプロパティ》ウィンドウが表示される。このウィンドウの上にある【データ】を選択し，「変数」の「X 軸数値」では【distance】,「Y 軸数値」では【FREQUENCY】を選ぶ。なお,「分割(オプション)」では何も選択しない。「統計情報」の「リニアトレンドの表示」にチェックを入れ,「シンボル」の「サイズ」を「10」とする。この時点で，マップビューの下に距離帯別店舗数のグラフが表示されている（図 14-6）。

もし，シンボルの色を変えたい場合には《チャートプロパティ》ウィンドウの上にある【シリーズ】を選択し，「シンボル」の色設定をクリックして任意の色に変更する。

続いて軸の設定を行う。《チャートプロパティ》ウィンドウの上にある【軸】を選択し，「X 軸」では最小値を「1」，最大値を「15」とする。「Y 軸」では最小値を「0」，最大値を「120」（データの最大値より上で区切りやすい数値）とする。

さらに，《チャートプロパティ》ウィンドウの上にある【一般】を選択する。「チャートのタイトル」にチェックを入れ，「距離帯別店舗数」と入力する。「X 軸のタイトル」と「Y 軸のタイトル」にもチェックを入れ，それぞれ「距離帯」，「店舗数」とする。

作成したグラフを見ると，札幌市におけるコンビニは 2 ～ 6 km 圏で多く，最多は 2 km 圏であることがわかる。

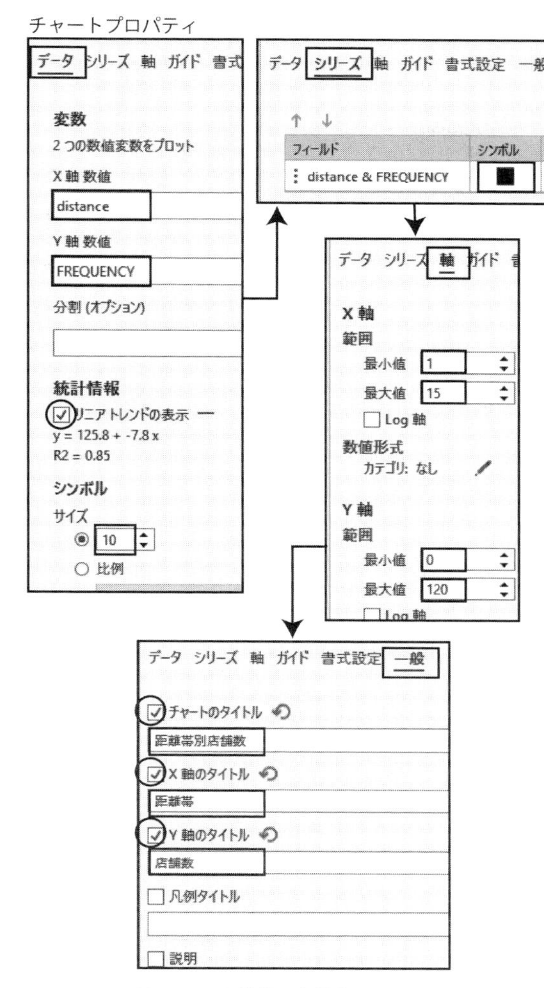

図 14-6　距離帯別店舗数のグラフ化

14-4-3　グラフのエクスポート

グラフを画像ファイルとしてエクスポートする。表示されているグラフの上のアイコンで【エクスポート】–【グラフィックとしてエクスポート】を選択する。《エクスポート》ウィンドウが出たら，＜ C:¥...¥Documents¥ArcGIS¥Projects¥ 地域分析＞の中の＜コンビニ＞フォルダーに＜距離帯別店舗数＞という名前で保存するように設定する。

ファイル形式では SVG 形式，PNG 形式，JPEG 形式が選択できるので，いずれかを選択する（ここでは【Scalable Vector Graphic（*.svg)】（SVG 形式）を選択する。この形式だと拡大縮小でデータが劣化することがない）。幅や高さの調整が必要

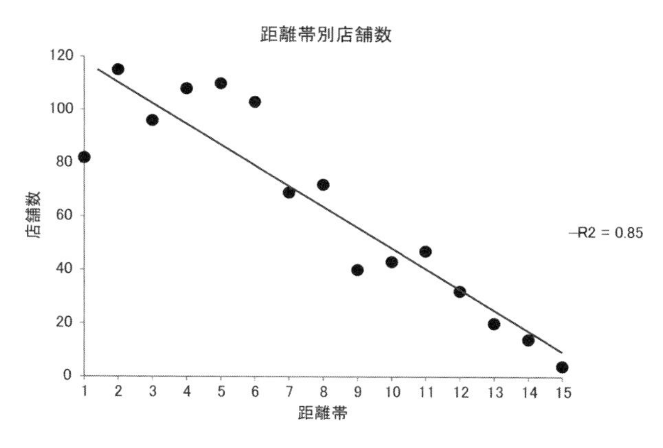

図 14-7　出力された距離帯別店舗数のグラフ

なら任意の数値を入力する（ここでは幅を「600」ピクセル，高さを「400」ピクセルとする）。

ここでウィンドウの【保存】ボタンを押すと，＜コンビニ＞フォルダーの中に＜距離帯別店舗数 .svg ＞が作成される（図 14-7）。

14-5　コンビニのチェーン別統計情報

14-5-1　距離帯別店舗数と商圏人口の合計値の算出

ここからは，コンビニチェーンごとに距離帯別の店舗数と商圏人口の合計値を求める。リボンタブ【解析】–【ツール】を選択し，《ジオプロセシング》ウィンドウで【ツールボックス】を選択する。ここで【解析ツール】–【統計情報】–【頻度（Frequency)】を選択する。

《ジオプロセシング》ウィンドウで頻度の設定画面が表示されたら，「入力テーブル」で【コンビニ人口】を選択する（図 14-8）。「出力テーブル」では，横のフォルダーアイコンを押して《出力テーブル》ウィンドウを出し，＜プロジェクト＞–＜データベース＞–＜地域分析 .gdb ＞を開いてから，＜チェーン別人口統計＞という名前で保存するように設定して【保存】ボタンを押す。「頻度フィールド」では【distance】を選び，その下に新しい入力欄が表示されたら【チェーン】を選択

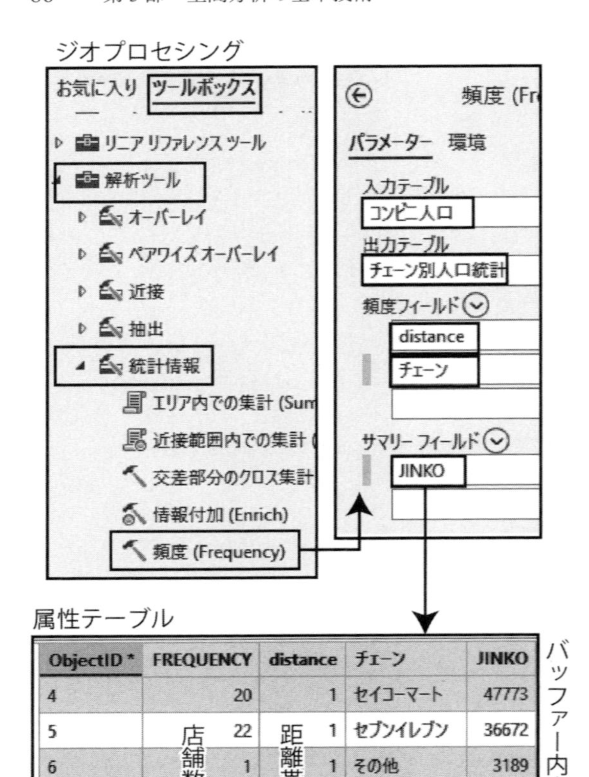

ObjectID *	FREQUENCY	distance	チェーン	JINKO
4	20	1	セイコーマート	47773
5	22	1	セブンイレブン	36672
6	1	1	その他	3189
7	19	1	ファミリーマート	35806
8	20	1	ローソン	29087
9	26	2	セイコーマート	129059

図 14-8　チェーン別・距離帯別の店舗数と人口の算出

する。「サマリーフィールド」で【JINKO】（各コンビニの商圏人口）を選んでから，ウィンドウの【実行】ボタンを押すと，《コンテンツ》ウィンドウにスタンドアロンテーブルとして＜チェーン別人口統計＞が追加される。

この＜チェーン別人口統計＞を選んでからリボンタブ【スタンドアロンテーブル】－【属性テーブル】を選択すると，チェーン別・距離帯別の店舗数（FREQUENCY）と商圏人口の合計値（JINKO）を含むテーブルが表示される。

14-5-2　距離帯別店舗数のグラフ化

(1)　グラフの作成

距離帯別店舗数のグラフの作成を行うため，《コンテンツ》ウィンドウでスタンドアロンテーブルの＜チェーン別人口統計＞を選択してから，リボンタブ【スタンドアロンテーブル】－【チャートの作成】－【散布図】を選択すると，マップビューの右に《チャートプロパティ》ウィンドウが表示される。このウィンドウの上にある【データ】を選択し，「変数」の「X 軸数値」では【distance】,「Y 軸数値」では【FREQUENCY】を選ぶ。なお,「分割（オプション）」では【チェーン】を選択する。「統計情報」の「リニアトレンドの表示」にチェックを入れ,「シンボル」の「サイズ」を「10」とする（図 14-9）。この時点で，マップビューの下にチェーン別および距離帯別店舗数が 1 つのグラフに表示されている。

チェーンごとにグラフを分けるため，《チャートプロパティ》ウィンドウの上にある【シリーズ】を選択し，「複数のシリーズを表示」で【格子線】を選ぶ。「行ごとのミニチャート」では 1 行に並べるグラフ数を設定する（ここでは横一列にグラフを並べるため「5」とする）。「シンボル」の色は，すべて黒色にする。なお，「フィールド」の左端をクリックしたまま，上下に動かすとグラフの順番を変更できる。

続いて軸の設定を行う。《チャートプロパティ》ウィンドウの上にある【軸】を選択し，「X 軸」では最小値を「1」, 最大値を「15」とする。「Y 軸」では最小値を「0」，最大値を「50」（データの最大値より上で区切りやすい数値）とする。

さらに，《チャートプロパティ》ウィンドウの上にある【一般】を選択する。「チャートのタイトル」にチェックを入れ，「チェーン別距離帯別店舗数」と入力する。「X 軸のタイトル」と「Y 軸のタイトル」にもチェックを入れ, それぞれ「距離帯」,「店舗数」とする。

(2)　グラフのエクスポート

作成したグラフを画像ファイルとしてエクスポートする。グラフの順番を変更した後にエクスポートしても，入れ替えが反映されないことがある。その場合には, 一度《チェーン別人口統計》ウィンドウを閉じてから，《コンテンツ》ウィンドウの

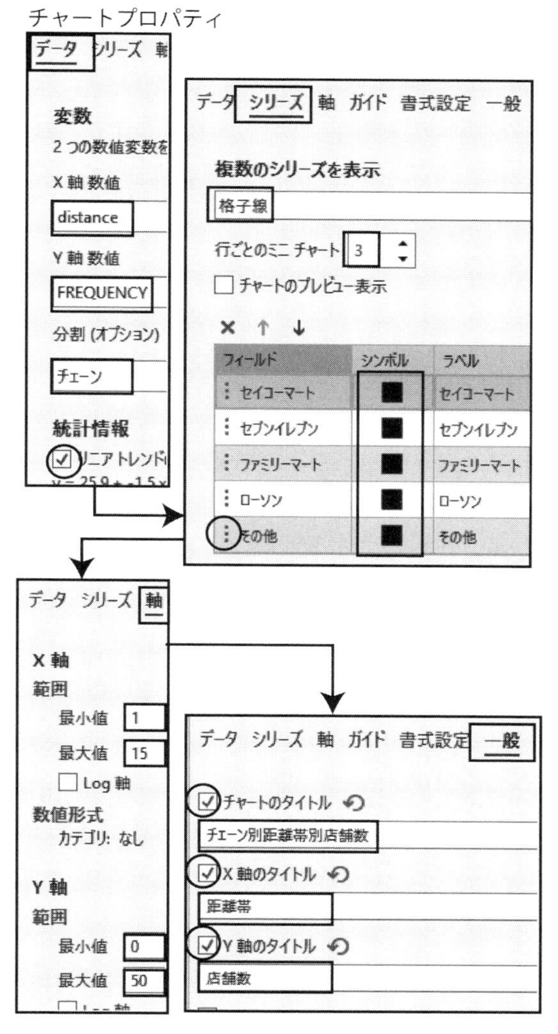

図 14-9　チェーン別・距離帯別店舗数のグラフ化

＜スタンドアロンテーブル＞にある＜チェーン別人口統計＞のチャート＜チェーンにおける distance および FREQENCY 間のリレーションシップ＞をクリックし，再度ウィンドウを開いてからエクスポートの作業を行うと上手くいく場合がある。

表示されているグラフの上のアイコンで【エクスポート】−【グラフィックとしてエクスポート】を選択する。《エクスポート》ウィンドウが出たら，＜ C:¥...¥Documents¥ArcGIS¥Projects¥ 地域分析＞の中の＜コンビニ＞フォルダーに＜チェーン別距離帯別店舗数＞という名前で保存するように設定する。

ファイル形式を選択し（ここでは【Scalable Vector Graphic（*.svg)】)，幅や高さの調整が必要なら任意の数値（ここでは幅「1200」ピクセル，高さ「400」ピクセル）を入力する。

《エクスポート》ウィンドウの【保存】ボタンを押すと，＜コンビニ＞フォルダーの中に＜距離帯別店舗数 .svg ＞が作成される（図 14-10)。

グラフを見ると，チェーンごとの分布の違いがわかる。例えば，ファミリーマートやローソンは都心部に，セイコーマートやセブンイレブンは比較的周辺部に多く立地している。

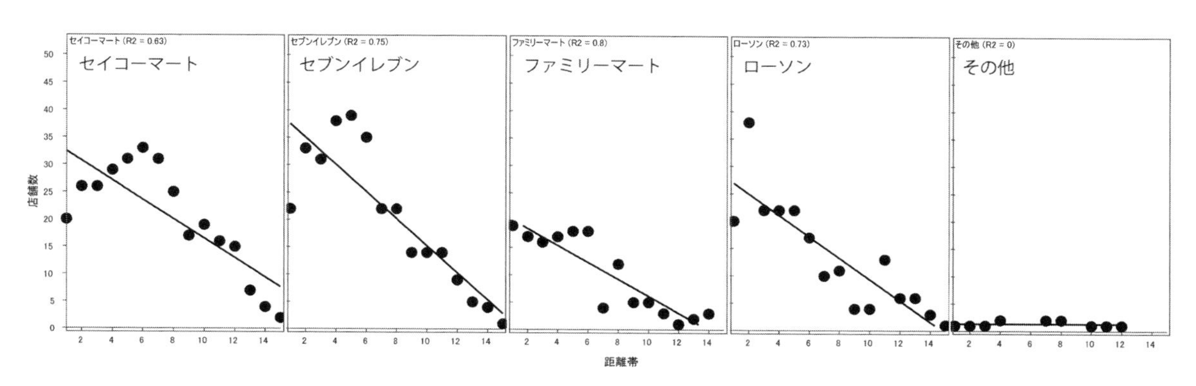

図 14-10　出力されたチェーン別・距離帯別店舗数のグラフ

14-5-3　距離帯別の商圏人口合計値のグラフ化

(1) グラフの作成

距離帯別の商圏人口合計値についてグラフ作成を行うため,《コンテンツ》ウィンドウでスタンドアロンテーブルの<チェーン別人口統計>を選択してから，リボンタブ【スタンドアロンテーブル】－【チャートの作成】－【散布図】を選択すると,マップビューの右に《チャートプロパティ》ウィンドウが表示される。このウィンドウの上にある【データ】を選択し,「変数」の「X 軸数値」では【distance】,「Y 軸数値」では【JINKO】を選ぶ。なお,「分割（オプション）」では【チェーン】を選択する。「統計情報」の「リニアトレンドの表示」にチェックを入れ,「シンボル」の「サイズ」を「10」とする（図 14-11）。この時点で,マップビューの下にチェーン別および距離帯別店舗数が 1 つのグラフに表示されている。

チェーンごとにグラフを分けるため,《チャートプロパティ》ウィンドウの上にある【シリーズ】を選択し,「複数のシリーズを表示」で【格子線】を選ぶ。「行ごとのミニチャート」では横一列にグラフを並べるため「5」とする。「シンボル」の色は，すべて黒色にする。なお,「フィールド」の左端をクリックしたまま，上下に動かすとグラフの順番を変更できる。

続いて軸の設定を行う。《チャートプロパティ》ウィンドウの上にある【軸】を選択し,「X 軸」では最小値を「1」,最大値を「15」とする。「Y 軸」では最小値を「0」，最大値を「200000」（データの最大値より上で区切りやすい数値）とする。

さらに,《チャートプロパティ》ウィンドウの上にある【一般】を選択する。「チャートのタイ

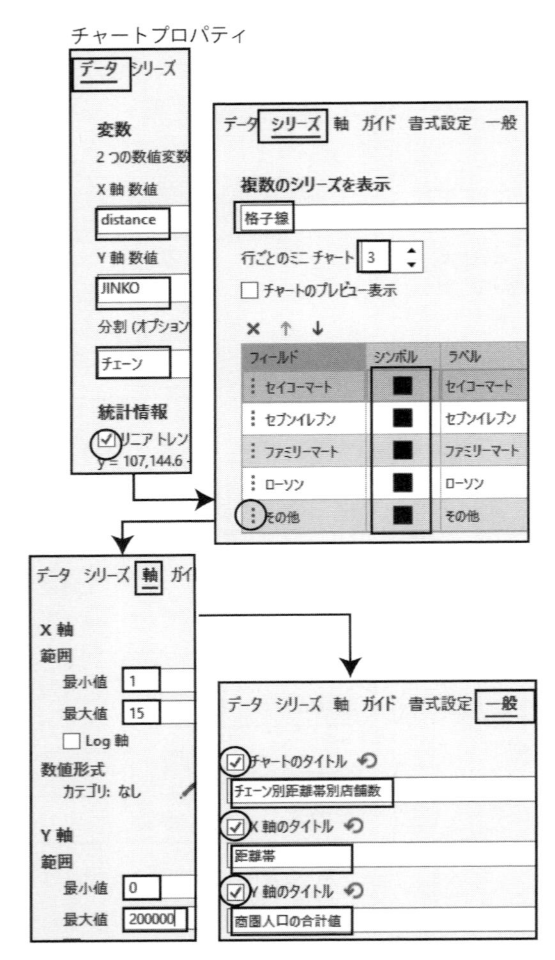

図 14-11　チェーン別・距離帯別商圏人口合計値のグラフ化

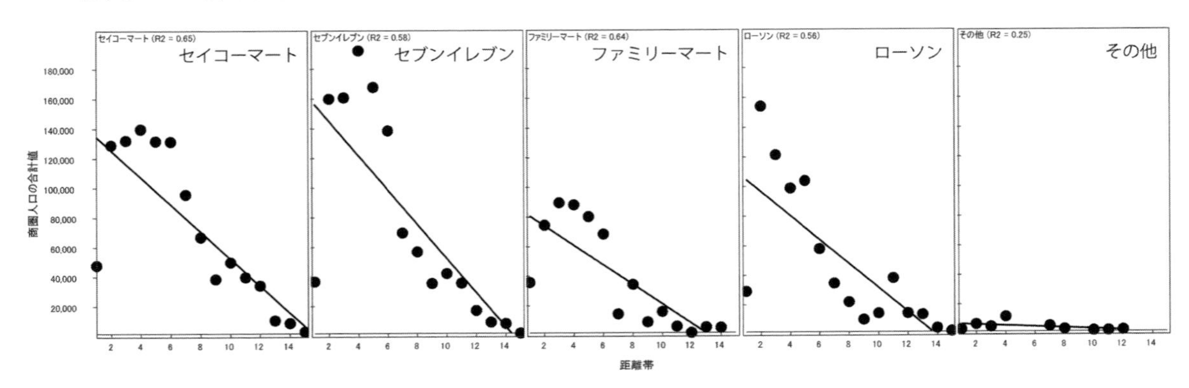

図 14-12　出力されたチェーン別・距離帯別商圏人口合計値のグラフ

トル」にチェックを入れ，「チェーン別距離帯別店舗数」と入力する。「X 軸のタイトル」と「Y 軸のタイトル」にもチェックを入れ，それぞれ「距離帯」，「商圏人口の合計値」とする。

(2) グラフのエクスポート

作成したグラフを画像ファイルとしてエクスポートする。グラフの順番を変更した後にエクスポートしても，入れ替えが反映されない場合には，一度《チェーン別人口統計》ウィンドウを閉じてから，《コンテンツ》ウィンドウの＜スタンドアロンテーブル＞にある＜チェーン別人口統計＞のチャート＜チェーンにおける distance および JINKO 間のリレーションシップ＞をクリックし，再度ウィンドウを開いてからエクスポートの作業を行うと上手くいく場合がある。

表示されているグラフの上で【エクスポート】−【グラフィックとしてエクスポート】を選択する。《エクスポート》ウィンドウが出たら，＜ C:¥...¥Documents¥ArcGIS¥Projects¥ 地域分析＞の中の＜コンビニ＞フォルダーに＜チェーン別距離帯別商圏人口＞という名前で保存するように設定する。

ファイル形式を選択し（ここでは【Scalable Vector Graphic (*.svg)】），幅や高さの調整が必要なら任意の数値（ここでは幅「1200」ピクセル，高さ「400」ピクセル）を入力する。

《エクスポート》ウィンドウの【保存】ボタンを押すと，＜コンビニ＞フォルダーの中に＜距離帯別商圏人口 .svg ＞が作成される（図 14-12）。

14-6　属性テーブルの Excel ファイルへの変換

属性テーブルのデータは，Excel ファイルにした方が使いやすい場合がある。リボンタブ【解析】−【ツール】を選択し，《ジオプロセシング》ウィンドウで【ツールボックス】を選択する。ここで【変換ツール】−【Excel】−【テーブル→ Excel（Table To Excel)】を選択する。

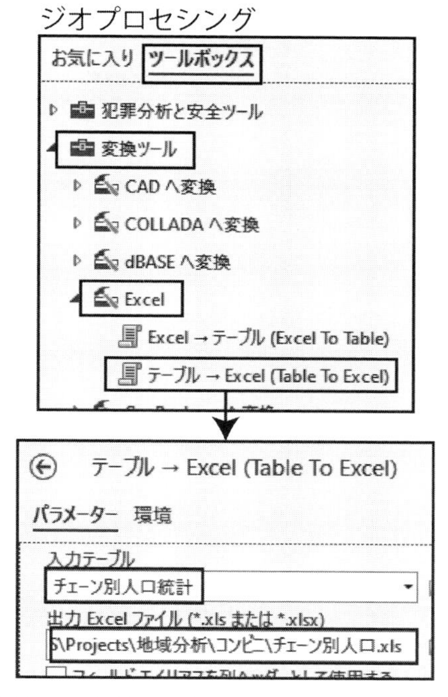

図 14-13　属性テーブルの Excel ファイルへの変換

《ジオプロセシング》ウィンドウで変換の設定画面が表示されたら，「入力テーブル」で【チェーン別人口統計】を選択する。「出力 Excel ファイル」では，横のフォルダーアイコンを押して《出力 Excel ファイル》ウィンドウを出し，＜ C:¥...¥Documents¥ArcGIS¥Projects¥ 地域分析＞の中の＜コンビニ＞フォルダーに＜チェーン別人口 .xls ＞という名前で保存するように設定して【保存】ボタンを押す。ここでウィンドウの【実行】ボタンを押すと，＜コンビニ＞フォルダーの中に＜距離帯別人口 .xls ＞が作成される。これを用いて Excel でグラフを作成したり，追加の分析をしたりすることができる。

最後に，これまでに作成したマップを保存するために，リボンタブ【プロジェクト】−【保存】を選択する。保存が終わったら，リボンタブ【プロジェクト】−【終了】で ArcGIS Pro を終了する。

（橋本雄一）

第15章　距離バンドとボロノイ分割

15-1　距離バンドによる近接店舗数

15-1-1　作業の準備

本章ではコンビニの地域的分布特性を見るため，近傍要約統計量ツールの中の距離バンドおよびボロノイ分割の利用について解説する。

距離バンドは各コンビニの指定距離内にある他のコンビニについての統計量を算出するためのものである（図 15-1）。これを用いて，各コンビニから 350 m 圏内にある近接店舗数を求める。

作業では，まず ArcGIS Pro を起動させるため，＜ C:¥Users¥（ユーザー名）¥Documents¥ArcGIS¥Projects¥ 地域分析＞の中の＜地域分析 .aprx ＞をダブルクリックする（あるいは，ArcGIS Pro を起動させ，初期画面において「最近使ったプロジェクト」の【地域分析】を選択する）。プロジェクトが表示されたら，マップビュー・タブで【空間分析】が選択されていることを確認する。

ここでマップビューに表示するのは第 11 章で作成した＜コンビニ 3 ＞のみであり，他は《コンテンツ》ウィンドウでチェックを外して非表示にする（＜コンビニ 3 ＞がない場合には，＜コンビニ＞や＜コンビニ 2 ＞でも作業を行うことができる）。

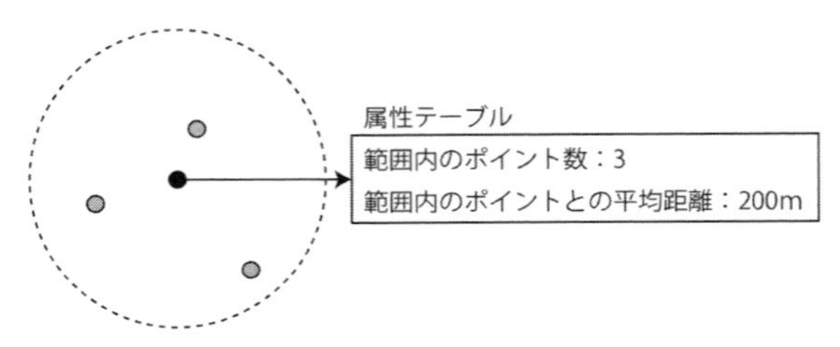

図 15-1　距離バンド

15-1-2　距離バンドの設定

リボンタブ【解析】－【ツール】を選択すると，マップビューの右に《ジオプロセシング》ウィンドウが表示される。ここで上にある【ツールボックス】を選び，【空間統計ツール】－【地理的分布特性の算出】－【近傍統計サマリー】をクリックすると，近傍統計サマリーの設定画面となる（図 15-2）。

ここで「入力フィーチャ」で【コンビニ 3】を選択する。なお，「分析フィールド」では，いずれにもチェックを入れない。「出力フィーチャ」では，フォルダーアイコンをクリックして《出力

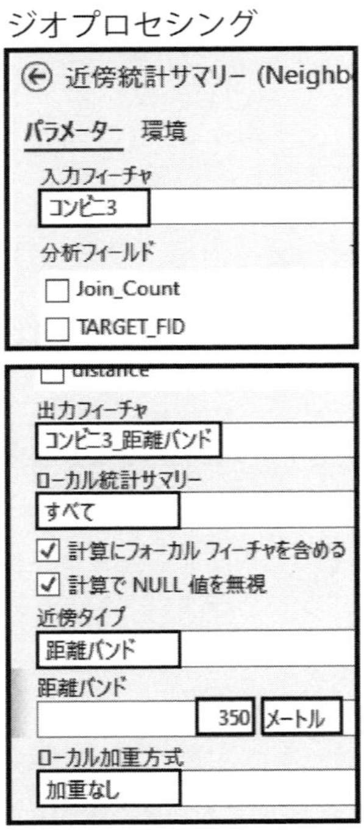

ジオプロセシング
近傍統計サマリー (Neighb
パラメーター　環境
入力フィーチャ
コンビニ3
分析フィールド
Join_Count
TARGET_FID
distance
出力フィーチャ
コンビニ3_距離バンド
ローカル統計サマリー
すべて
計算にフォーカル フィーチャを含める
計算で NULL 値を無視
近傍タイプ
距離バンド
距離バンド
350　メートル
ローカル加重方式
加重なし

図 15-2　距離バンドの設定

フィーチャ》ウィンドウを出してから，＜プロジェクト＞－＜データベース＞－＜地域分析 .gdb ＞を開き，「名前」に＜コンビニ 3_ 距離バンド＞と入力して【保存】ボタンを押す。

「ローカル統計サマリー」を【すべて】とし，その下の 2 つの項目にチェックを入れる。「近傍タイプ」で【距離バンド】を選ぶと下に新しい欄が出るので，「距離バンド」には半角で「350」と入力し，距離単位を【メートル】とする。「ローカル加重方式」では【加重なし】を選ぶ。

【実行】ボタンを押すと，《コンテンツ》ウィンドウに＜コンビニ 3_ 距離バンド＞が追加されるので，これを選択してリボンタブ【データ】－【属性テーブル】をクリックする。

表示された属性テーブルを見ると，各コンビニの 350 m 圏内に含まれる他の店舗数（Number of neighbors for Distance to Neighbors）や，それらへの平均距離（Mean for Distance to Neighbors）が記録されている（図 15-3）。

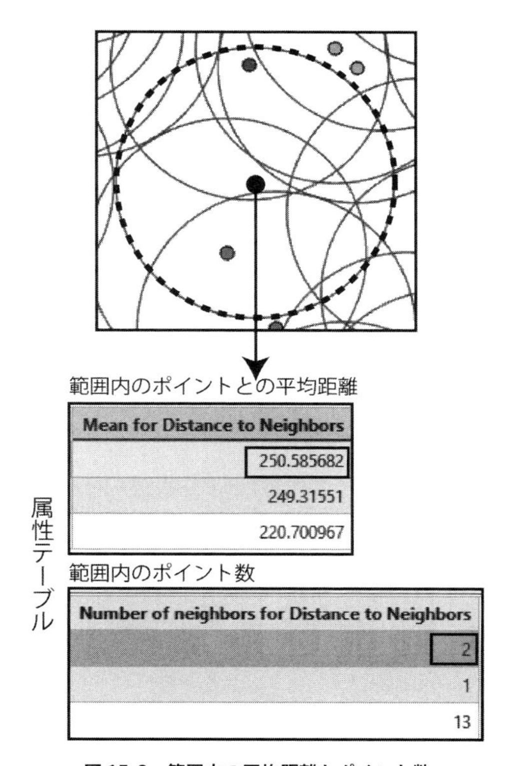

図 15-3　範囲内の平均距離とポイント数

15-1-3　近接店舗数の表示

ここからは各コンビニから 350 m 圏内にある近接店舗数を地図化する。《コンテンツ》ウィンドウに＜コンビニ 3_ 距離バンド＞を右クリックしてメニューを出し，【シンボル】を選択する。

《シンボル》ウィンドウがマップビューの右に表示されたら，「プライマリシンボル」を【等級シンボル】，「フィールド」を【Number of neighbors for Distance to Neighbors】，「クラス」を【5】とする（図 15-4）。

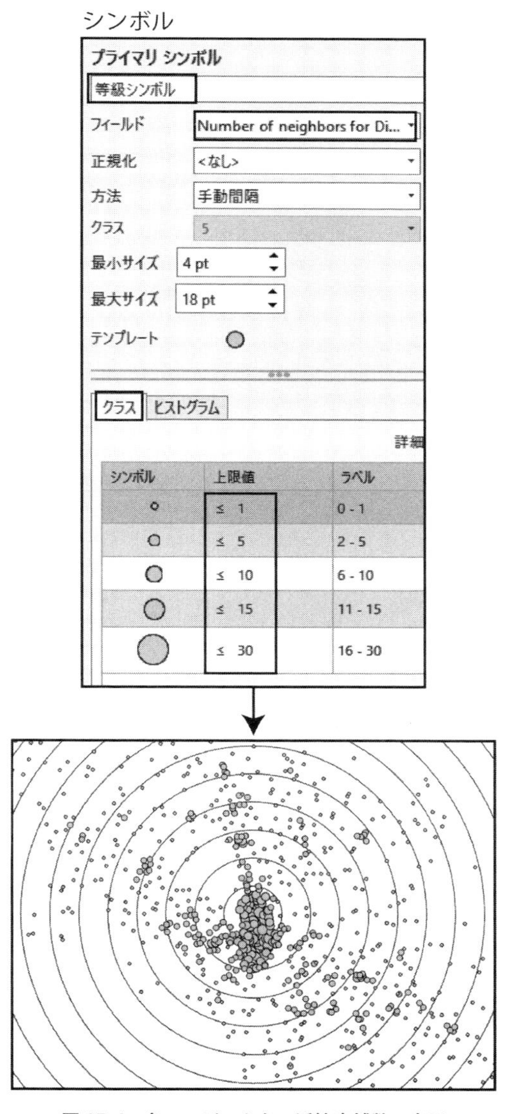

図 15-4　各コンビニからの近接店舗数の表示

続いて凡例の上限値を変えるため，《シンボル》ウィンドウしたの【クラス】タブを選び,「上限値」を上から「1」,「5」,「10」,「15」,「30」とする。

もしシンボルを変更したい場合には，凡例をクリックして「ポイントシンボルの書式設定」の画面を表示させる。この画面の上側にある【ギャラリー】を選んで任意のシンボルを選んだら，【プロパティ】をクリックして色やサイズの調整を行う。

ここまでの操作で，札幌市内でコンビニが稠密である範囲を確認できる。《コンテンツ》ウィンドウで＜最高地価点 _ 多重リング＞にチェックを入れると，都心部から南にかけてコンビニが密に分布していることがわかる。

15-2　ボロノイ分割

15-2-1　ボロノイ分割の設定

ボロノイ分割（Voronoi Tessellation）は，ドロネー三角形分割とも呼ばれ，複数のオブジェクト間の影響を考慮して勢力圏を設定する手法の1つである。これによって作られる図はボロノイ図（Voronoi diagram）やティーセン多角形（Thiessen Polygon）と呼ばれる。このボロノイ図は，複数の施設が存在する領域の中で，隣接する2つの母点を結ぶ線分を想定し，その垂直二等分線で構成される多角形で領域全体を分割することにより作成される（図 15-5）。

ここではコンビニを母点としてボロノイ分割を行うことで，各コンビニの勢力圏を求める。ArcGIS Pro で＜コンビニ 3 ＞のみを表示させ，他は《コンテンツ》ウィンドウでチェックを外して非表示にする。

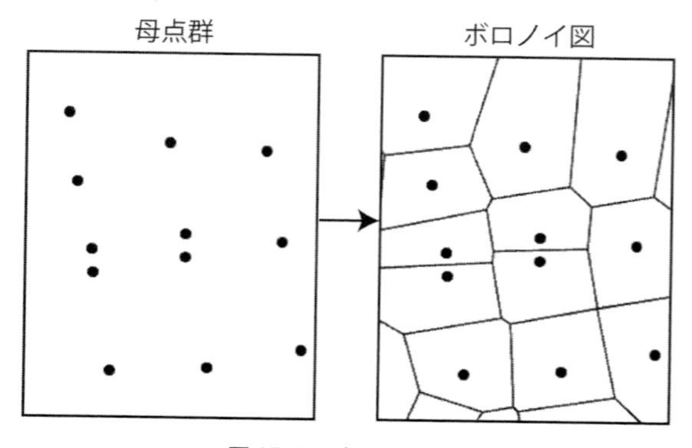

図 15-5　ボロノイ分割

リボンタブ【解析】－【ツール】を選択すると，マップビューの右に《ジオプロセシング》ウィンドウが表示される。ここで上にある【ツールボックス】を選び，【空間統計ツール】－【地理的分布特性の算出】－【近傍統計サマリー】をクリックすると，近傍統計サマリーの設定画面となる。

ここで「入力フィーチャ」で【コンビニ 3】を選択する。なお,「分析フィールド」では，いずれにもチェックを入れない。「出力フィーチャ」では，フォルダーアイコンをクリックして《出力フィーチャ》ウィンドウを出してから,＜プロジェクト＞－＜データベース＞－＜地域分析 .gdb ＞を開き,「名前」に＜コンビニ 3_ ボロノイ＞と入力して【保存】ボタンを押す。「ローカル統計サマリー」を【すべて】とし，その下の2つの項目はチェックを入れる。「近傍タイプ」では【ドロネー三角形分割】を選ぶ（図 15-6）。

【実行】ボタンを押すと,《コンテンツ》ウィンドウに＜コンビニ 3_ ボロノイ＞が追加され,マップビューにボロノイ図が描画される。《コンテンツ》ウィンドウで＜最高地価点 _ 多重リング＞にチェックを入れると，都心部ではコンビニ1店舗当たりの勢力圏が狭く，郊外に行くほど広くなっていることがわかる。

勢力圏の面積は，＜コンビニ 3_ ボロノイ＞の属性テーブルに「Shape_Area」（単位は m^2）として入力されている。また,「Number of neighbors for Distance to Neighbors」の数値は，各コンビニの勢力圏が接する他の勢力圏の数である。

15-2-2　チェーン別の勢力圏

(1) チェーン別フィーチャの作成

チェーンごとの勢力圏を分析することで，立地戦略の違いを見ることができる。そのために,チェー

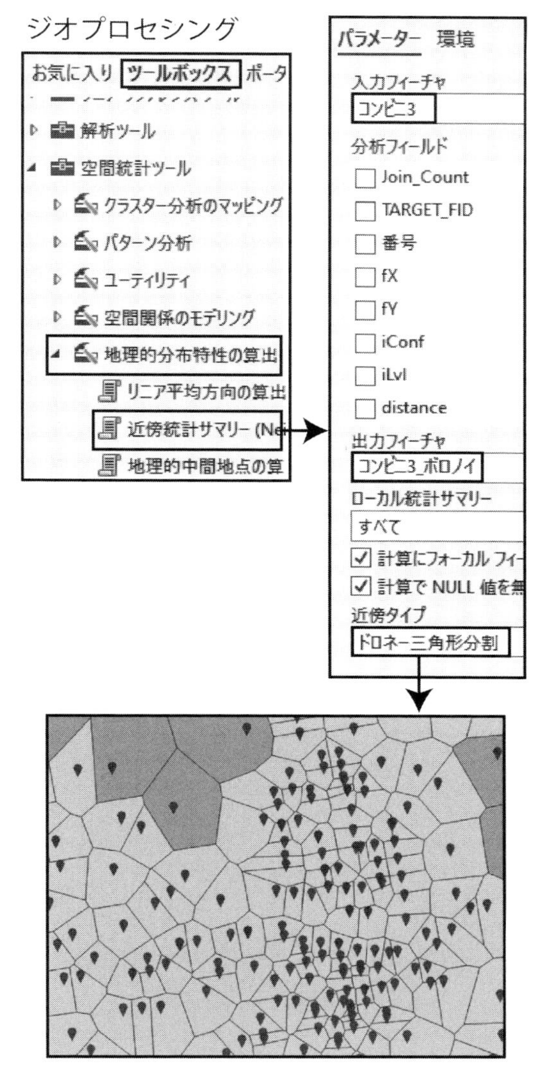

図 15-6　ボロノイ分割の設定

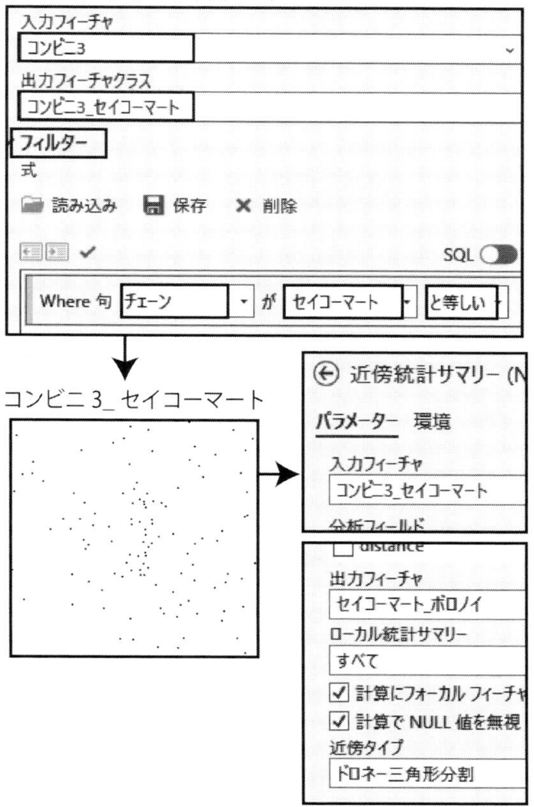

図 15-7　チェーン別フィーチャの作成

ンごとにボロノイ分割を行う。ArcGIS Pro では＜コンビニ 3 ＞のみを表示させ，他は《コンテンツ》ウィンドウでチェックを外して非表示にする。

まず，＜コンビニ 3 ＞からセイコーマートのみを抽出する。《コンテンツ》ウィンドウの＜コンビニ 3 ＞を選択し，リボンタブ【データ】―【フィーチャのエクスポート】を選ぶ。

《フィーチャのエクスポート》ウィンドウでは，「入力テーブル」を【コンビニ 3】,「出力フィーチャクラス」を＜コンビニ 3_ セイコーマート＞と設定する。さらに「フィルター」を展開し,「Where　句」では【チェーン】を選択し，その後の欄を【セイコーマート】,【と等しい】として【OK】ボタンを押す(図 15-7)。

《コンテンツ》ウィンドウで＜コンビニ 3 ＞のチェックを外して非表示にして，セイコーマートのみをマップビューに表示する。

(2) チェーン別フィーチャのボロノイ分割

次に，セイコーマートのみによりボロノイ分割を行う。リボンタブ【解析】―【ツール】を選択し，マップビューの右にある《ジオプロセシング》で【ツールボックス】を選んでから，【空間統計ツール】―【地理的分布特性の算出】―【近傍統計サマリー】をクリックする。

近傍統計サマリーの設定画面では,「入力フィーチャ」で【コンビニ 3_ セイコーマート】を選択する。なお,「分析フィールド」では，いずれにもチェックを入れない。「出力フィーチャ」では，フォルダーアイコンをクリックして《出力フィーチャクラス》ウィンドウを出してから，＜プロジェクト＞－＜データベース＞－＜地域分析 .gdb ＞を開き，「名前」に＜セイコーマート _ ボロノイ＞と入力して【保存】ボタンを押す。「ローカル統計サマリー」を【すべて】とし，その下の2つの項目はチェックを入れる。「近傍タイプ」では【ドロネー三角形分割】を選ぶ。

【実行】ボタンを押すと，《コンテンツ》ウィンドウに＜セイコーマート _ ボロノイ＞が追加され，マップビューにセイコーマートの勢力圏が描画される。

ここまでの作業を終えたら，他のチェーンのフィーチャを作成して，ボロノイ分割を行う。

チェーンごとにボロノイ分割を行った結果に，＜最高地価点 _ 多重リング＞を重ね合わせると（図15-8），都心部に店舗を集中させているローソンおよびファミリーマートと，周辺部の住宅地にも多くの店舗を配置しているセブンイレブンおよびセイコーマートの勢力圏の形状の違いがわかる。

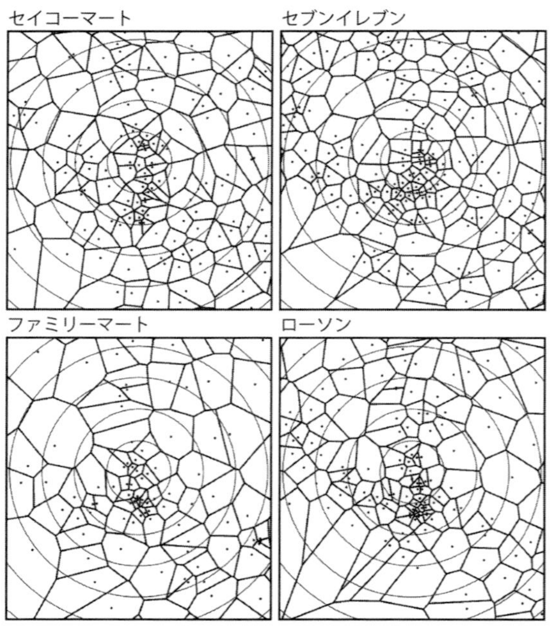

図 15-8　チェーン別店舗によるボロノイ分割

（3）勢力圏へのコンビニ情報の付加

チェーン別のボロノイ分割を行ったら，距離帯別に各店舗の平均的な勢力圏面積を求める。そのために，＜セイコーマート _ ボロノイ＞の属性テーブルに，＜コンビニ3_ セイコーマート＞の属性テーブルを結合させる。

属性テーブルでは，＜コンビニ3_ セイコーマート＞の「OBJECTID」（作業の進め方によっては「OBJECTID-1」などとなっている場合もある）が，＜セイコーマート _ ボロノイ＞の「Input_FID」に対応するため，これらをキー項目とする。なお，マップビューでは＜セイコーマート _ ボロノイ＞と＜コンビニ3_ セイコーマート＞のみを表示させ，他は《コンテンツ》ウィンドウのチェックを外す。

《コンテンツ》ウィンドウの＜セイコーマート _ ボロノイ＞を選択してからリボンタブ【データ】－【結合】－【結合】を選択する（あるいは＜セイコーマート _ ボロノイ＞を右クリックしてメニューを出し【テーブルのリレートと結合】－【結合】を選択する）と，《テーブルの結合》ウィンドウが表示される。

このウィンドウの「入力テーブル」で【セイコーマート _ ボロノイ】，「レイヤー，テーブル

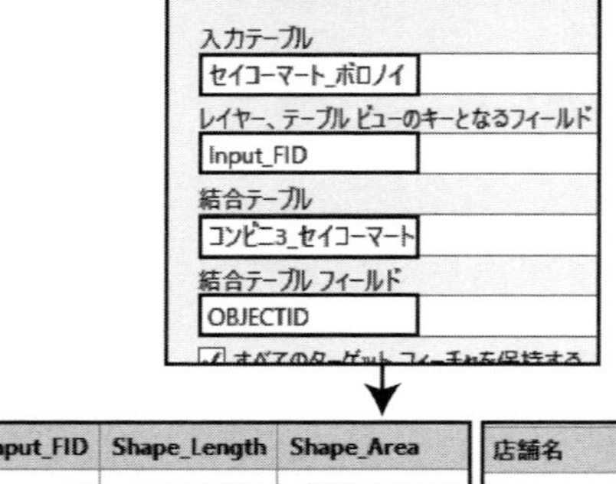

Input_FID	Shape_Length	Shape_Area	店舗名	distance
17	12475.716603	9037340.232503	セイコーマート藤野	13
287	10952.325701	6283174.454591	セイコーマート藤野	12
5	7624.768044	3411982.016578	セイコーマート石山	12
257	5374.331435	1752983.502191	セイコーマート南の	10
44	9526.310401	3572856.569681	セイコーマート藤野	13
89	21246.380074	12855753.51993	セイコーマートしばは	15

図 15-9　コンビニ情報の付加

ビューのキーとなるフィールド」で【Input_FID】を選択する。「結合テーブル」では【コンビニ 3_セイコーマート】,「結合テーブルフィールド」では【OBJECTID】(あるいは「OBJECTID-1」のような店舗番号を示すフィールド名）を選び,【OK】ボタンを押す（図 15-9)。

テーブルの結合が終了したら,《コンテンツ》ウィンドウの<セイコーマート _ ボロノイ>を選び，リボンタブ【データ】－【属性テーブル】を選択する。そうすると，マップビューの下に結合後の属性テーブルが表示され，<セイコーマート _ ボロノイ>の属性テーブルに店舗名や距離帯が付加されたことがわかる。

(4) チェーンごとの距離帯別勢力圏面積

ここからは，コンビニチェーンごとに距離帯別の勢力圏面積の平均値を求める。リボンタブ【解析】－【ツール】を選択し,《ジオプロセシング》ウィンドウで【ツールボックス】を選択する。ここで【解析ツール】－【統計情報】－【統計サマリー（Summary Statistics)】を選択する。

《ジオプロセシング》ウィンドウで統計サマリーの設定画面が表示されたら,「入力テーブル」で【セイコーマート _ ボロノイ】を選択する。「出力テーブル」では, 横のフォルダーアイコンを押して《出力テーブル》ウィンドウを出し，<プロジェクト>－<データベース>－<地域分析 .gdb >を開いてから，<セイコーマート _ ボロノイ面積>という名前に設定して【保存】ボタンを押す。

「統計情報フィールド」の「フィールド」では【セイコーマート _ ボロノイ .Shape_Area】を,「統計タイプ」では【[平均]】を選ぶ（図 15-10)。「ケースフィールド」では【コンビニ 3_ セイコーマート .distance】を選択し，ウィンドウの【実行】ボタンを押すと,《コンテンツ》ウィンドウにスタンドアロンテーブルとして<セイコーマート _ ボロノイ面積>が追加される。

《コンテンツ》ウィンドウで<セイコーマート _ ボロノイ面積>を選んでからリボンタブ【スタンドアロンテーブル】－【属性テーブル】を選択

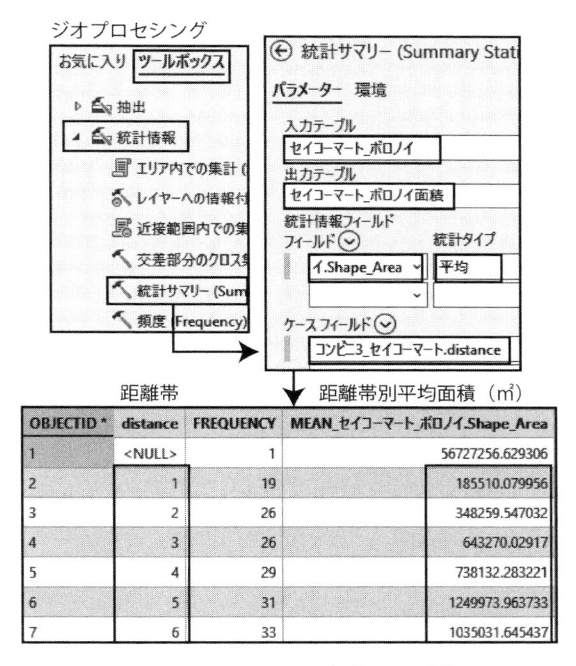

OBJECTID *	distance	FREQUENCY	MEAN_セイコーマート_ボロノイ.Shape_Area
1	<NULL>	1	56727256.629306
2	1	19	185510.079956
3	2	26	348259.547032
4	3	26	643270.02917
5	4	29	738132.283221
6	5	31	1249973.963733
7	6	33	1035031.645437

図 15-10　チェーン別・距離帯別の面積算出

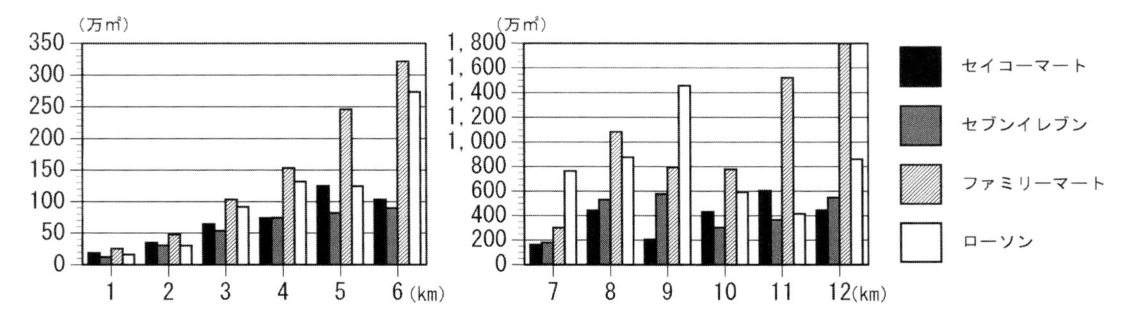

図 15-11　チェーン別・距離帯別の勢力圏面積

面積が小さくなるほど店舗立地は稠密になる。

して属性テーブルを確認すると，「MEAN_セイコーマート_ボロノイ.Shape_Area」に勢力圏の距離帯別平均面積（m^2）が入力されている。

各チェーンの勢力圏について距離帯別平均面積を求めてグラフ化すると（図15-11），最高地価点の近隣では各チェーンとも面積が狭く，密に店舗を立地させている。離れた場所ではファミリーマートとローソンの面積が大きくなるが，セイコーマートとセブンイレブンは比較的面積が狭く，両チェーンが周辺部でも密な店舗網を展開していることがわかる。なお，セブンイレブンは1～3 km圏，5～6 km圏，10～11 km圏での面積が4チェーン中で最も小さく，広い範囲で密な店舗網を築いている。またセイコーマートは，4 km圏，7～9 km圏，12 km圏での面積が最も小さく，セブンイレブンとは異なる範囲で店舗を密にしており差別化を図っている。このように，ボロノイ分割による勢力圏の分析からチェーンごとの立地戦略を検討することができる。

最後に，これまでに作成したマップを保存するために，リボンタブ【プロジェクト】－【保存】を選択する。保存が終わったら，リボンタブ【プロジェクト】－【終了】でArcGIS Proを終了する。

（橋本雄一）

第16章　カーネル密度推定を用いたコンビニの空間分析

16-1　カーネル密度推定とは

密度推定（density estimation）とは，観測値から確率密度関数を導き出す統計学的手法である。GIS におけるカーネル密度推定は，この手法の 1 つであり，店舗などの離散的データを，確率密度関数による連続的データに変換することで，分布傾向を視覚的に把握しやすくできる。

本章では，第 11 章で作成した＜コンビニ 3 ＞を用いて，コンビニの店舗立地をカーネル密度推定で可視化する方法を説明する。

作業では，まず ArcGIS Pro を起動させるため，＜ C:¥Users¥(ユーザー名)¥Documents¥ArcGIS¥Projects¥地域分析＞の中の＜地域分析 .aprx ＞をダブルクリックする。プロジェクトが表示されたら，マップビュー・タブで【空間分析】が選択されていることを確認する。

ここでマップビューに表示するのは＜コンビニ 3 ＞のみであり，他のレイヤーは《コンテンツ》ウィンドウでチェックを外す（＜コンビニ＞や＜コンビニ 2 ＞でも作業を行うことができる）。

16-2　カーネル密度の表示

16-2-1　カーネル密度の計算

リボンタブ【解析】を選択し,【解析ツールギャラリー】のメニューを展開して,「パターン分析」の中の【カーネル密度（Kernel Density)】を選ぶ。マップビューの右に,《ジオプロセシング》ウィンドウが表示されたら，カーネル密度の設定を行う（図 16-1）。

「入力ポイント, またはラインフィーチャ」で【コンビニ 3】,「Population フィールド」で【NONE】を選ぶ。「出力ラスター」では，横のフォルダー

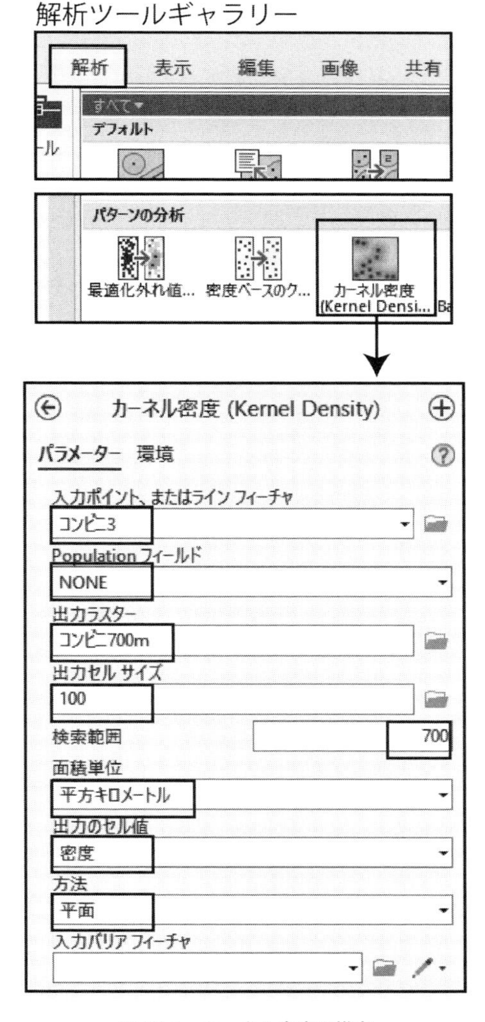

図 16-1　カーネル密度の推定

アイコンを押して《出力ラスター》ウィンドウを出し，<プロジェクト>－<データベース>－<地域分析 .gdb >を開いてから，<コンビニ 700 m >という名前で保存するように設定して【保存】ボタンを押す。

「出力セルサイズ」は，出力されるラスターのセルサイズで，数値を大きくすればセルは粗くなり，小さくすれば細かくなる。ここでは「出力セルサイズ」に「100」と入力する。

「検索範囲」はバンド幅のことであり，ここに「700」と入力する。前述したように，コンビニの商圏は半径 350 m といわれ，隣接するコンビニとの間隔はその倍である 700 m となる。このコンビニを中心とする 700 m の範囲をカーネル密度の検索範囲とすれば，その範囲に他の店舗がどの程度含まれるのかを検討できる。「面積単位」では【平方キロメートル】，「出力のセル値」では【密度】，「方法」では【平面】を選択し，「入力バリアフィーチャ」では何も選択しない。

ここまでの設定をしてから【実行】ボタンを押すと，マップビューにカーネル密度が表示される。

16-2-2　表示の設定

続いて表示の設定を行う。まず，《コンテンツ》ウィンドウの<コンビニ 700 m >を右クリックして，出てきたメニューから【シンボル】を選ぶと，マップビューの右に《シンボル》ウィンドウが表示され，シンボルの設定画面になる（図 16-2）。

ここで「プライマリシンボル」を【分類】にした後，密度値を 9 段階に分けるため「クラス」を【9】とする。「配色」では任意のカラーバーを選ぶ。

次に，【クラス】タブを選び，「上限値」を上から「0」，「5」，「10」，「15」，「20」，「25」，「30」，「35」，「100」というように入力する。なお，見やすさを考慮し，最低値である「0」のシンボルをクリックして「色なし」にする。これで段階分けされたカーネル密度図が描画される。

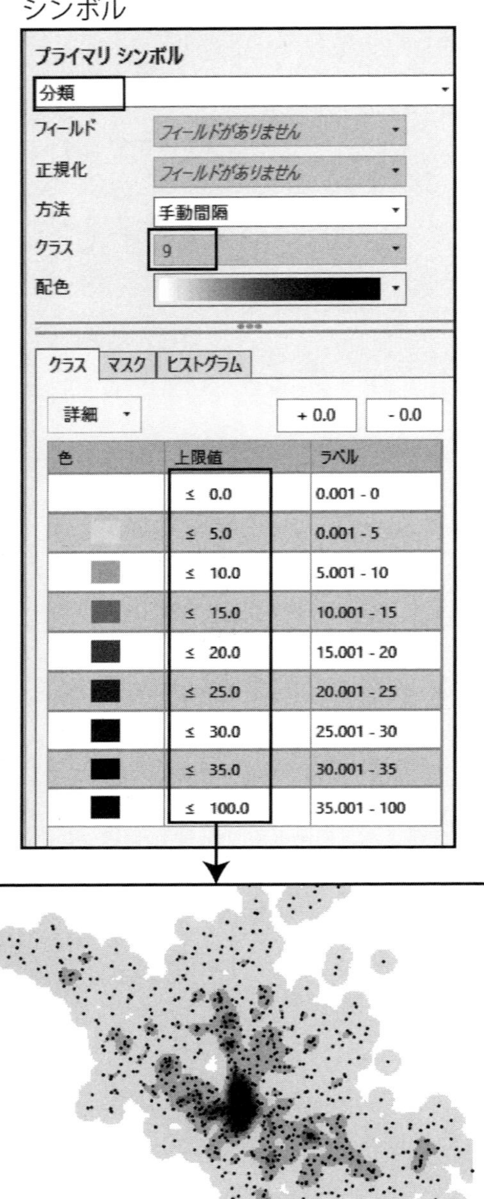

図 16-2　検索範囲 700 m のカーネル密度

16-3　コンターの描画

カーネル密度図を，さらに見やすくするためにコンター（等高線）を作成する。

リボンタブ【解析】を選択し,【解析ツールギャラリー】のメニューを展開して,「テレインの分析」の中の【コンター(Contour)】を選ぶ。マップビューの右に,《ジオプロセシング》ウィンドウが表示されたら，コンターの設定を行う。

「入力ラスター」で【コンビニ 700 m】を選ぶ（図 16-3)。「出力フィーチャクラス」では，横のフォルダーアイコンを押して《出力フィーチャクラス》ウィンドウを出し，＜プロジェクト＞－＜データベース＞－＜地域分析 .gdb ＞を開いてから，＜コンビニ 700 m コンター＞という名前で保存するように設定して【保存】ボタンを押す。

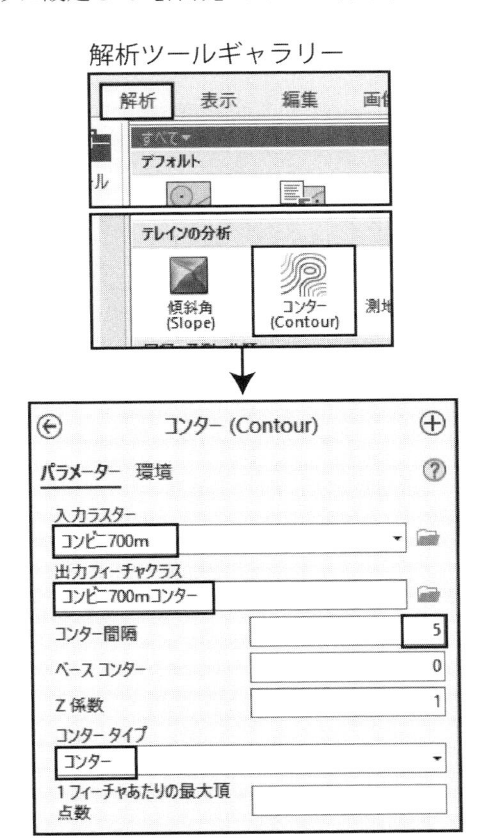

図 16-3　コンターの設定

「コンター間隔」を「5」,「ベースコンター」を「0」(デフォルト値),「Z 係数」を「1」(デフォルト値)とし,「コンタータイプ」では【コンター】を選ぶ。ここまでの設定をしてから【実行】ボタンを押すと，カーネル密度のコンターが表示される。

続いて，検索範囲を 1,400 m にしてカーネル密度推定を行う。これを検索範囲 700 m の結果と比較すると（図 16-4)，検索範囲 1,400 m の地図の方が全体的に平坦な密度分布となっている。700 m の地図では複数に分かれるなどの違いがみられる。

最後に，マップを保存するためリボンタブ【プロジェクト】－【保存】を選択し，リボンタブ【プロジェクト】－【終了】で ArcGIS Pro を終了する。

（奥野祐介，橋本雄一）

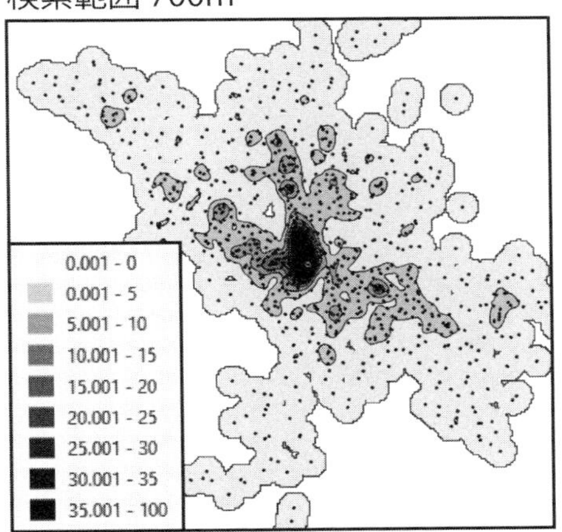

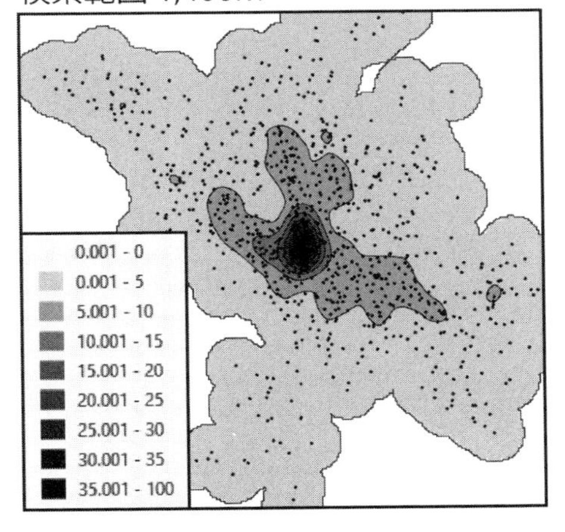

図 16-4　カーネル密度のコンター

第17章　フィールド演算の応用

17-1　フィールドの追加

本章ではArcGIS Proとファイルジオデータベースでのフィールド演算について説明する。フィールド演算は，属性の値に対して処理を行う機能である。単純な四則演算だけでなく，Python言語を利用した複雑な処理なども実行することができるため，様々な属性データの処理が可能となる。

作業では，まずArcGIS Proを起動させるため，＜C:¥Users¥(ユーザー名)¥Documents¥ArcGIS¥Projects¥地域分析＞の中の＜地域分析.aprx＞をダブルクリックする。

本章では第5章で作成した＜MESH2＞を用いる。プロジェクトが表示されたら，マップビュー・タブで【国勢調査（メッシュ)】を選択する。

国勢調査の標準地域メッシュ統計（500 m メッシュ）の地図が描画されたら，《コンテンツ》ウィンドウで＜MESH2＞のみにチェックを入れる。

フィールド演算を行うためには，フィーチャに対し新たなフィールドを作成する必要がある。《コンテンツ》ウィンドウの＜MESH2＞を選択して，リボンタブ【データ】－【属性テーブル】を選ぶ（あるいは＜MESH2＞を右クリックし，出てくるメニューで【属性テーブル】を選ぶ）と，マップビューの下に属性テーブルが表示される。

この属性テーブルの上側にある【追加】アイコンをクリックすると，通常のレコード表示から，《フィールド：MESH2（国勢調査（メッシュ)）》というフィールドビューになり，最下段に新たなフィールドが追加される。

新しいフィールドでは,「フィールド名」に「整数値」,「エイリアス」に「整数値」を入力し,「データタイプ」では【Long】を選ぶ（図17-1)。

さらに，フィールドビューの最下段にある「ここをクリックして，新しいフィールドを追加します。」をクリックして，新しいフィールドを追加し，「フィールド名」に「文字列」,「エイリアス」に「文字列」を入力し,「データタイプ」では【Text】を選ぶ。続けて，リボンタブ【フィールド】－【保存】をクリックする。

属性テーブルのタブ【MESH2】をクリックし，テーブルの一番右に新しいフィールド「整数値」と「文字列」が追加されていることを確認する。

なお，「フィールド名」はデータベースの計算に使う文字列であり，64文字以内で付けることができる。「エイリアス」はフィールドの説明的

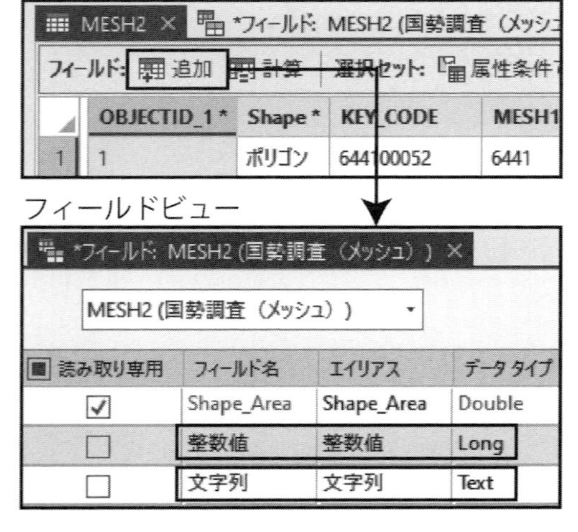

図17-1　フィールドの追加

な名前であり，フィールド名では使用できない文字も使うことができる。

「データタイプ」はプルダウンメニューから様々なタイプを選択できる。本書では「Long」(長整数型)「double」(倍精度浮動小数点型)と「Text」(文字列型)を用いる。なお，小数値の無いデータでは「Long」を，小数値のあるデータでは「double」を選択すると良い。また，文字を入力する場合には「Text」を選択する。

17-2　フィールド値のコピー

最初の例として，別のフィールドからの「文字列」へのコピーを行う。

属性テーブルのタブ【MESH2】を選び，「文字列」というフィールド名の上で右クリックして，メニューから【フィールド演算】を選択する。《フィールド演算》ウィンドウが表示されたら，入力テーブルを【MESH2】，フィールド名を【文字列】，「条件の種類」を【Python 3】とし，「フィールド」の中の【KEY_CODE】をダブルクリックする。

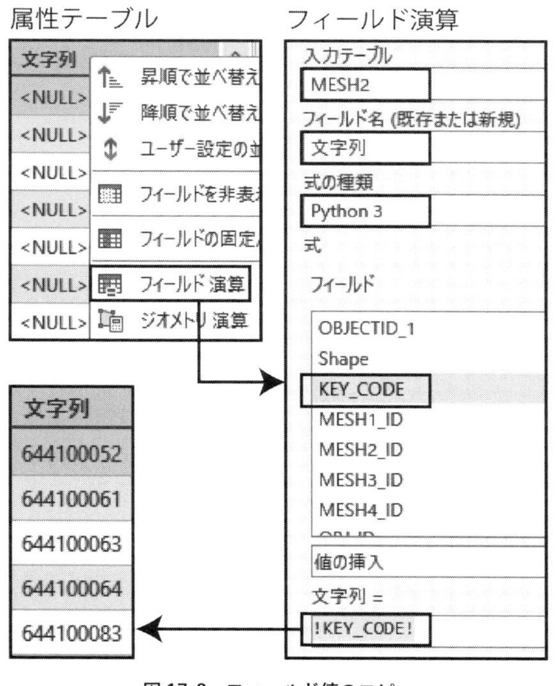

図 17-2　フィールド値のコピー

「文字列 =」の下の入力欄に「!KEY_CODE!」と入力されてから，【OK】ボタンを押すと演算が始まり，「KEY_CODE」の内容が「文字列」フィールドにコピーされる（図 17-2)。

17-3　フィールドの文字列の結合

続いて，フィールドに格納されている文字列の結合を行う。ここでは，「MESH1_ID」，「MESH2_ID」，「MESH3_ID」，「MESH4_ID」の 4 フィールドを結合し，1 つのメッシュコードを生成する。

属性テーブルの「文字列」というフィールド名の上で右クリックし，出てくるメニューで【フィールド演算】を選択する。《フィールド演算》ウィンドウが表示されたら，入力テーブルを【MESH2】，フィールド名を【文字列】，「条件の種類」を【Python 3】とする（図 17-3)。

「文字列 =」の下の入力欄には，何も入力されていない状態で「フィールド」の「MESH1_ID」をダブルクリックして入力し，その後に【+】ボタン，「MESH2_ID」，【+】ボタン，「MESH3_ID」，【+】ボタン，「MESH4_ID」という順番で入力する。欄内に「!MESH1_ID! + !MESH2_ID! + !MESH3_ID! + !MESH4_ID!」と表示されていることを確認して【OK】ボタンを押すと，4 つのフィールドの文字列が連結されて「文字列」に出力される。

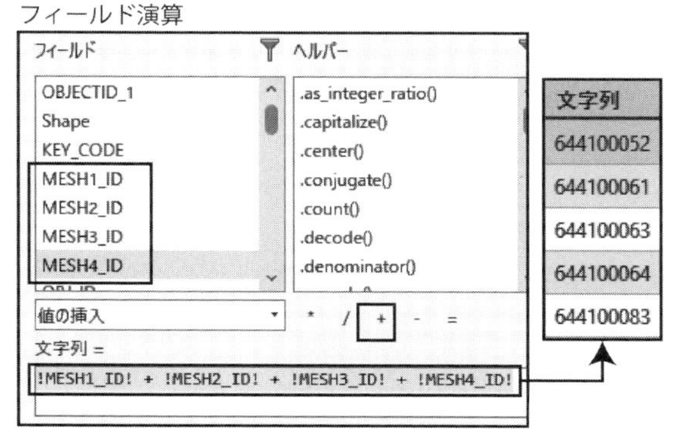

図 17-3　フィールドの文字列の結合

17-4　固定値の入力

指定したフィールドに特定の同じ値を入れる。属性テーブルの「整数値」というフィールド名の上で右クリックし，出てくるメニューで【フィールド演算】を選択する。《フィールド演算》ウィンドウが表示されたら，入力テーブルを【MESH2】，フィールド名を【整数値】，「条件の種類」を【Python 3】とする。

「整数値 =」の下の入力欄に「100」と半角数字で直接入力する（図 17-4）。入力後に【OK】ボタンを押すと全レコードに「100」と入力される。

もし，属性テーブルにおける「文字列」のフィールドに任意の文字を入れたい場合には，《フィールド演算》ウィンドウのテキストボックスに，「' 文字列 '」というように，文字列をシングルクォーテーション（'）で挟んで記述する。

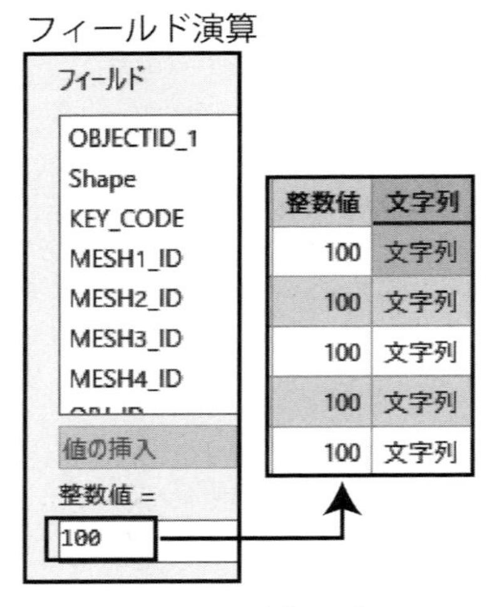

図 17-4　固定値の入力

17-5　文字列の抽出

「左から 4 文字」というような条件でフィールドの文字列を抽出する。属性テーブルの「文字列」のフィールドの上で右クリックし，出てくるメニューで【フィールド演算】を選択する。《フィールド演算》ウィンドウが表示されたら，入力テーブルを【MESH2】，フィールド名を【文字列】，「条件の種類」を【Python 3】とする。

「文字列 =」の下には，「フィールド」で【KEY_CODE】をダブルクリックし，続いて下部テキストボックスに「[:4]」と入力する。「!KEY_CODE! [:4]」と入力されていることを確認して【OK】ボタンを押すと，「KEY_CODE」の左から 4 文字だけが入力される（図 17-5）。

もし，逆に「KYE_CODE」の右から 4 文字を抽出したい場合は，「!KEY_CODE! [-4:]」，左から 7 文字目のみを抽出したい場合は「!KEY_CODE! [6]」，左から 5 ～ 8 文字目を抽出した場合は「!KEY_CODE! [4：8]」と入力する。

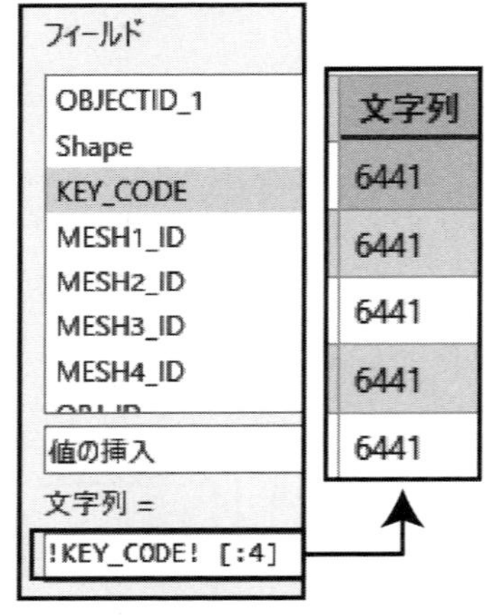

図 17-5　文字列の抽出

17-6　文字列の置換（replace 関数の利用）

フィールド演算では，多くの関数を利用できる。ここでは，Python 言語で提供されている replace 関数を利用して文字列を置換する。

属性テーブルの「文字列」のフィールドの上で右クリックし，出てくるメニューで【フィールド演算】を選択する。《フィールド演算》ウィンドウが表示されたら，入力テーブルを【MESH2】，フィールド名を【文字列】，「条件の種類」を【Python 3】とする。

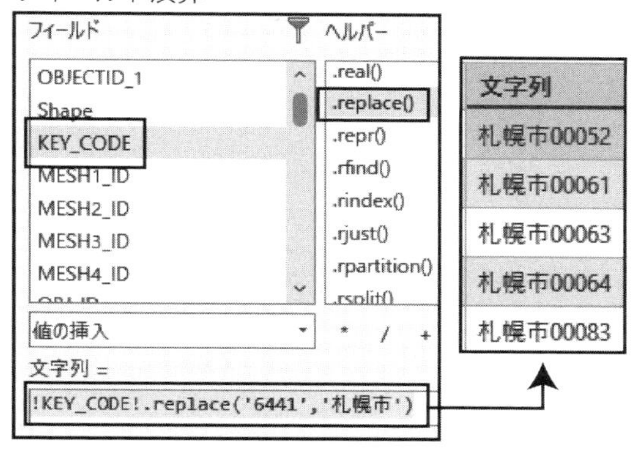

図 17-6　文字列の置換

「文字列 =」に何も入力されていない状態で「フィールド」の【KEY_CODE】をダブルクリックした後,「ヘルパー」の中にある「.replace ()」をダブルクリックする。ここで「.replace」の後にある括弧の中に「'6441',' 札幌市 '」と記述する（図 17-6）。

「!KEY_CODE!.replace（'6441',' 札幌市 '）」と入力されたら【OK】ボタン押す。そうすると,「文字列」のフィールドに「KEY_CODE」の「6441」部分が「札幌市」に変換されて入力される。

17-7　条件による入力値の変更（if の利用）

ここでは，条件文を用いて複数フィールドを比較し，その結果に応じて任意の値をフィールドに入力する処理を行う。その例として,「Male」（男性人口）と「Female」（女性人口）のフィールドの数値を比較し,男性が多ければ「文字列」フィールドに「男性が多いメッシュ」,女性が多ければ「女性が多いメッシュ」，同数（上記以外の判定）であれば,「同数のメッシュ」と入力する。

属性テーブルにおける「文字列」のフィールド名で右クリックし，出てくるメニューで

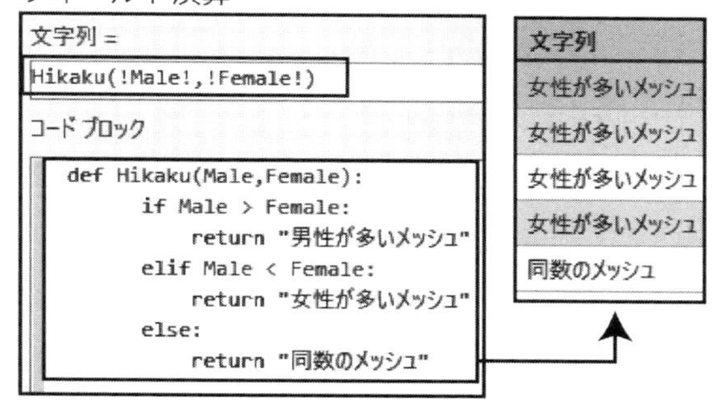

図 17-7　条件による入力値の変更

【フィールド演算】を選択する。《フィールド演算》ウィンドウが表示されたら，入力テーブルを【MESH2】，フィールド名を【文字列】,「条件の種類」を【Python 3】とする。

「文字列 =」の下には,「Hikaku（!Male!,!Female!）」と入力する。続いて「コードブロック」には下記の Python コードを入力する。Python 言語は，半角スペースにより文字下げをすることで論理構造を表現するため，スペースの個数を間違えないように注意する。

```
def Hikaku (Male,Female) :
   if Male > Female:
      return " 男性が多いメッシュ "
   elif Male < Female:
      return " 女性が多いメッシュ "
   else:
      return " 同数のメッシュ "
```

入力後に【OK】ボタンを押すと,「文字列」フィールドに判定結果が入力される（図 17-7）。

最後に，マップを保存するためリボンタブ【プロジェクト】－【保存】を選択し, リボンタブ【プロジェクト】－【終了】で ArcGIS Pro を終了する。

（三好達也，橋本雄一）

第18章　モデルビルダー

18-1　作業の準備

18-1-1　ArcGIS Pro の起動

本章では，モデルビルダー（ModelBuilder）の使い方について解説する。モデルビルダーは，ツールの機能を使って処理の自動化を行う仕組みである。モデルビルダーを利用すると，プログラム言語が分からなくてもマウス操作と簡単なパラメータ設定のみで複雑な自動処理を行うことができる。

作業では，まず ArcGIS Pro を起動させるため，＜ C:¥Users¥（ユーザー名）¥Documents¥ArcGIS¥Projects¥ 地域分析＞の中の＜地域分析 .aprx ＞をダブルクリックする（あるいは，ArcGIS Pro を起動させ，初期画面において「最近使ったプロジェクト」の【地域分析】を選択する）。プロジェクトが表示されたら，マップビュー・タブで【空間分析】が選択されていることを確認する。

18-1-2　シェープファイルのインポート

本章では，第9章で Web サイト『e-Stat 政府統計の総合窓口』からダウンロードし，ジオデータベースにインポートした札幌市10区の2015（平成27）年国勢調査（小地域）境界データのシェープファイル＜ h27ka01101.shp ＞～＜ h27ka01110.shp ＞を用い，これらをマージする処理を説明する。

まず，＜ h27ka01101.shp ＞～＜ h27ka01110.shp ＞を《コンテンツ》ウィンドウから削除する。《コンテンツ》ウィンドウの＜ h27ka01101 ＞を右クリックし，出てくるメニューで【削除】を選ぶ。これを繰り返して，＜ h27ka01101 ＞～＜ h27ka01110 ＞を削除する。

次に，シェープファイル＜ h27ka01101.shp ＞～＜ h27ka01110.shp ＞をジオデータベースにインポートする。リボンタブ【表示】－【カタログウィンドウ】を選択すると，マップビューの横に《カタログ》ウィンドウが表示される。ここで，＜データベース＞を開き，＜地域分析 .gdb ＞を右クリックしてメニューを出して【インポート】－【複数のフィーチャクラス】を選択する。

《ジオプロセシング》ウィンドウが出たら，「入力フィーチャ」では入力欄の横にあるフォルダーアイコンを押して《入力フィーチャ》ウィンドウを出し，＜プロジェクト＞－＜フォルダー＞－＜地域分析＞－＜国勢調査（小地域）＞－＜A002005212015XYSWC01101 ＞を開いてから，＜ h27ka01101.shp ＞を選んで【OK】ボタンを押す。「入力フィーチャ」に【h27ka01101】が表示されたら，同じ方法で＜ h27ka01102.shp ＞～＜ h27ka01110.shp ＞も選択する。

出力場所は【地域分析 .gdb】とする。ここで【実行】ボタンを押すと，10個のシェープファイルが＜地域分析 .gdb ＞にインポートされる。

インポートが終了したら，リボンタブ【表示】－【カタログウィンドウ】を選択し，《カタログ》ウィンドウの＜データベース＞－＜地域分析 .gdb ＞の中に＜ h27ka01101 ＞～＜ h27ka01110 ＞ができていることを確認する。

確認後，リボンタブ【マップ】－【データの追加】－【データ】で＜ h27ka01101 ＞～＜ h27ka01110 ＞を読み込む。

18-2　プロセスの自動化

18-2-1　マージの設定

リボンタブ【解析】－【ModelBuilder】を選択すると，マップビューに【モデル】タブが追加され，新しい画面が表示される。

リボンタブ【ModelBuilder】－【ツール】で表示されるメニューの中の【マージ（Merge)】をダブルクリックする（図 18-1)（あるいはリボンタブ【解析】－【ツール】を選択し，マップビューの右に《ジオプロセシング》ウィンドウが表示されたら【ツールボックス】を選ぶ。メニューから【データ管理ツール】－【一般】－【マージ（Merge)】を右クリックし【モデルに追加】を選択する。または【マージ（Merge)】をマップビューにドラッグ・アンド・ドロップする)。

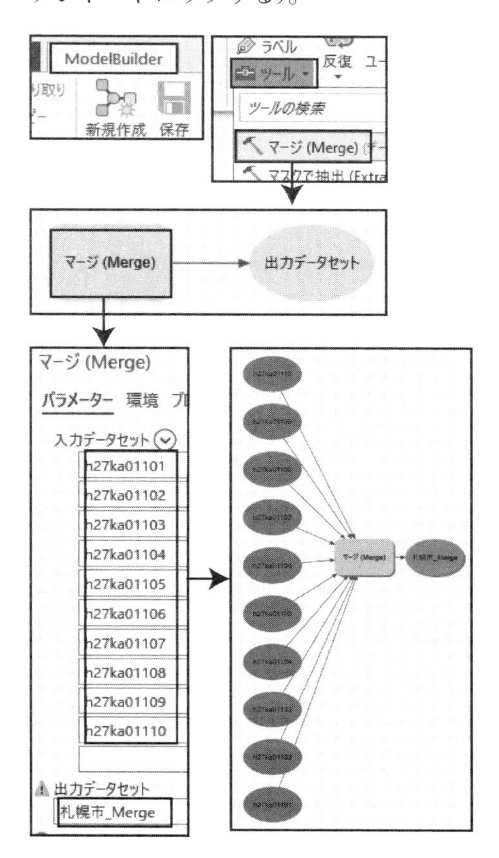

図 18-1　マージの設定画面

マップビューに表示された【マージ（Merge)】をダブルクリックして《マージ（Merge)》ウィンドウを表示させる。このウィンドウの「入力データセット」では【h27ka01101】～【h27ka01110】も選択する。

「出力データセット」では，フォルダーアイコンをクリックして《出力データセット》ウィンドウを出し，＜プロジェクト＞－＜データベース＞－＜地域分析 .gdb ＞の中に＜札幌市 _Merge ＞という名前で保存するよう設定して，【保存】ボタンを押す。さらに，「フィールドマップ」の右にある【リセット】アイコンを押す。

他の設定を変えずに，《マージ（Merge)》ウィンドウの【OK】ボタンを押すと，10 個のファイルがコネクタで【マージ（Merge)】に結ばれる。このとき，10 区のファイルは青い楕円，【マージ（Merge)】は黄色い四角，＜札幌市 _Merge ＞は緑の楕円で表示されている。

最後にリボンタブ【ModelBuilder】－【実行】を押すと処理が始まり，＜地域分析 .gdb ＞の中に＜札幌市 _Merge ＞が作成される。

もし，《カタログ》ウィンドウに＜札幌市 _Merge ＞が表示されない場合には，＜データベース＞－＜地域分析 .gdb ＞を右クリックしてメニューを出し，【更新】を選択する。

18-2-2　モデルの保存

作成した《モデル》を保存するためにリボンタブ【ModelBuilder】－【保存】－【名前を付けて保存】を押すと，《名前を付けてモデルを保存》ウィンドウが表示されるので，＜プロジェクト＞－＜ツールボックス＞－＜地域分析 .atbx ＞の中に＜モデル＞という名前で保存するように設定し【保存】ボタンを押す。

ここで一度，マップビュー・タブ【モデル】を右クリックして【閉じる】を選ぶ。その後，リボンタブ【表示】－【カタログウィンドウ】でマッ

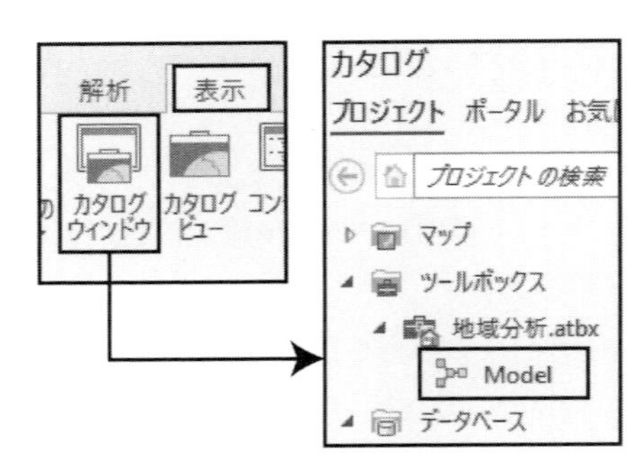

図 18-2　保存されたモデル

プビューの右に《カタログ》ウィンドウを出し，＜ツールボックス＞－＜地域分析 .atbx ＞の中の＜モデル＞を右クリックして【編集】を選択すると（図 18-2），マップビューに【モデル】が表示され，作業を続けることができる。

18-3　複数処理の自動化

モデルビルダーでは複数の処理を一連で設定できる。ここでは，マージに続いてディゾルブ処理を行う事例を紹介する。

マップビュー・タブで【モデル】が選択されている状態で，リボンタブ【ModelBuilder】－【ツール】で表示されるメニューの中の【ペアワイズ ディゾルブ（Pairwise Dissolve)】をダブルクリックすると，マップビューに＜ペアワイズ ディゾルブ（Pairwise Dissolve）＞が追加される。

マップビューの＜札幌市 _Merge ＞（緑の楕円）から＜ペアワイズ ディゾルブ（Pairwise Dissolve）＞までドラッグして矢印を描く。マウスのボタンを放すとメニューが表示されるので【入力フィーチャ】を選択する。そうすると，＜ペアワイズ ディゾルブ（Pairwise Dissolve）＞に色がつき，＜札幌市 _Merge ＞と矢印で結ばれる（図 18-3)。

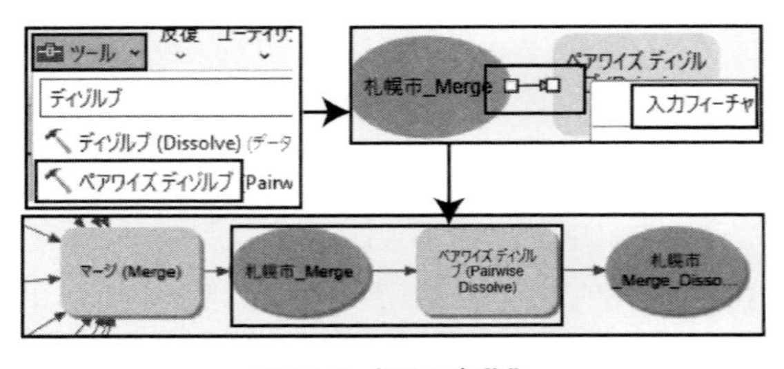

図 18-3　処理の自動化

次に，ディゾルブの設定を行うため，マップビューの＜ペアワイズ ディゾルブ（Pairwise Dissolve）＞をダブルクリックし，《ペアワイズ ディゾルブ（Pairwise Dissolve)》ウィンドウを表示させる。

ここで，「入力フィーチャ」には＜札幌市 _Merge ＞が入力されている。「出力フィーチャクラス」ではフォルダーアイコンをクリックし，＜地域分析 .gdb ＞に＜札幌市 _Merge_Dissolve ＞という名前に設定する。「ディゾルブフィールド」では【CITY_NAME】を選択し，「統計フィールド」では何も選択しない。「マルチパートフィーチャ」にチェックを入れて【OK】ボタンを押す。

ここで，リボンタブ【ModelBuilder】－【保存】－【保存】を押してモデルを保存する。さらに，リボンタブ【ModelBuilder】－【整合チェック】を押してエラーが出ないことを確認してから，リボンタブ【ModelBuilder】－【実行】をクリックすると，保存先に＜札幌市 _Merge ＞と＜札幌市 _Merge_Dissolve ＞が作成される。

もし，《カタログ》ウィンドウに＜札幌市 _Merge ＞や＜札幌市 _Merge_Disolve ＞が表示されない場合には，＜データベース＞－＜地域分析 .gdb ＞を右クリックしてメニューを出し，【更新】を選択する。

マップビュー・タブで【空間分析】を選択してから，リボンタブ【マップ】－【データの追加】－【データ】で《データの追加》ウィンドウを出し，＜地域分析 .gdb ＞の＜札幌市 _Merge ＞と＜札幌市 _Merge_Dissolve ＞を選んで【OK】ボタンを押すと，《コンテンツ》ウィンドウに 2 つのレイヤーが追加される。

18-4　変数とモデルパラメータの利用

18-4-1　モデルの設定

これまで作成したモデルは，入力ファイル名，ファイル個数，ファイルの保存先などが，すべて固定されている。作業フローを可視化保存するという点では良いが，現実的には，固定された条件でしか動作しないモデルはあまり役に立たない。

そこで動作要件を「国勢調査（小地域）のデータを用い，政令指定都市全体の統計区を行政区のポリゴンに変換するツール」とする。つまり，機能要件は（1）どのようなファイル名でも入力フィーチャとなること，（2）行政区の個数が可変であること,（3）任意の場所に保存できることの 3 つである。

これを可能にするのがモデルビルダーの変数とモデルパラメータの機能である。モデルビルダーにおける変数とは，一般的なプログラム言語の変数と同様に，数値や文字列を一時的に格納するための箱のようなものである。モデルパラメータは，ツールのインターフェイスを簡単に作成する機能であり，入力ファイルの受付や保存先の指定するインターフェイスの作成などに利用する。

ツールを作成するため，マップビューの【モデル】を選び，そこにディゾルブを追加したモデルが表示されている状態で，10 区の統計区に関するフィーチャ＜ h27ka01101 ＞～＜ h27ka01110 ＞をすべて選択し，キーボードの【Delete】キーを押して削除する。そうすると【マージ（Merge)】に接続している矢印は自動的に削除される。

その後でマップビュー上で右クリックし，表示されるメニューから【変数の作成】を選択する。《変数データタイプ》ウィンドウでは【フィーチャレイヤー】を選び,「複数値」のチェックボックスにチェックを入れてから【OK】ボタンを押すと,《モデル》ウィンドウに【複数値】という楕円のアイコンができる。この【複数値】のアイコンから【マージ（Merge)】

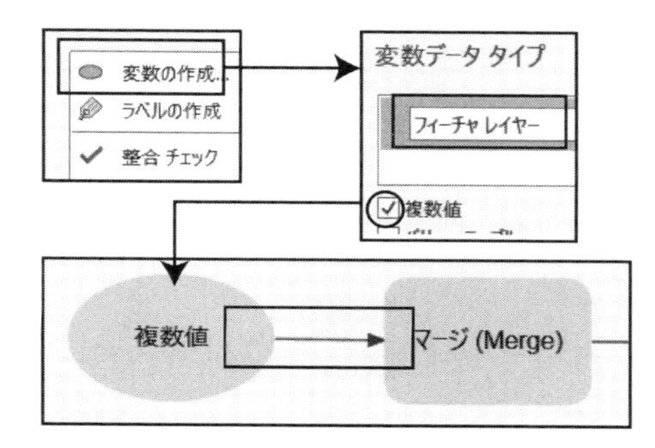

図 18-4　変数の作成

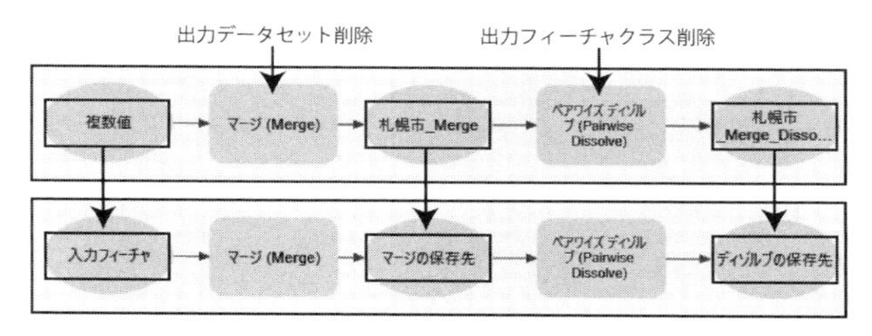

図 18-5　保存先の変更

までドラッグして矢印を描き，メニューで【入力データセット】を選択して接続する（図 18-4)。

続いて，マージとディゾルブの保存先を変更する。《モデル》ウィンドウの【マージ（Merge)】をダブルクリックして《マージ（Merge)》ウィンドウを開き，「出力データセット」の文字列を削除する。さらに,「フィールドマップ」の右にある【リセット】アイコンを押してから，【OK】ボタンを押す。

さらに，【ペアワイズ ディゾルブ（Pairwise Dissolve)】をダブルクリックして《ペアワイズ ディゾルブ（Pairwise Dissolve)》ウィンドウを開き，「出力フィーチャクラス」の文字列を削除して【OK】ボタンを押す。

この段階では，楕円のアイコンは【札幌市 _Merge】となっている。これを変更するためには,【札幌市 _Merge】のアイコンの上で右クリックし，メニューから【名前の変更】を選択して，テキストボックスの内容を「マージの保存先」と書き換える。そうすると，楕円のアイコン名前が【マージの保存先】に変わる。同様の操作で,【複数値】を【入力フィーチャ】に,【札幌市 _Merge_Dissolve】を【ディゾルブの保存先】と変更する（図 18-5)。

18-4-2　モデルパラメーターの設定と実行

ここからはモデルパラメーターの設定を行う。マップビューの【入力フィーチャ】を右クリックして【パラメーター】を選択すると，楕円アイコンの右上に「P」が付加される。同様の操作を【マージの保存先】と【ディゾルブの保存先】にも適用して「P」が表示されたことを確認する。

ここで，リボンタブ【ModelBuilder】－【保存】－【保存】を押してモデルを保存した後，マップビューのタブ【モデル】を右クリックして【閉じる】を選ぶ。その後，リボンタブ【表示】－【カタログウィンドウ】でマップビューの右に《カタログ》ウィンドウを出し，＜ツールボックス＞－＜地域分析 .atbx ＞－＜モデル＞をダブルクリックすると,《ジオプロセシング》ウィンドウに《モデル》の設定画面が表示される（図 18-6)。

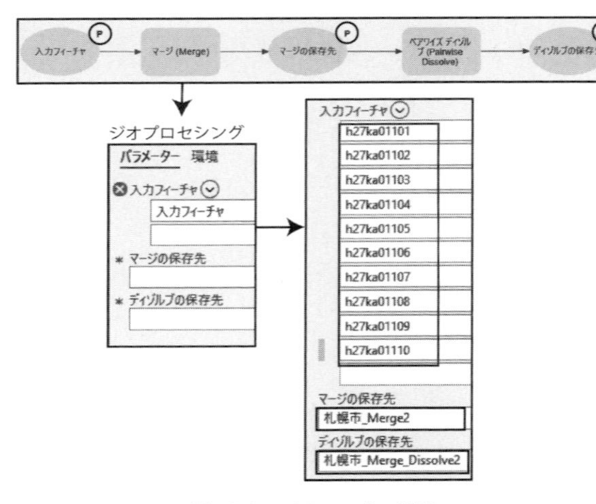

図 18-6　パラメータの設定

「入力フィーチャ」では【h27ka01101】～【h27ka01110】を選択する。

「マージの保存先」には＜地域分析 .gdb ＞に＜札幌市 _Merge2 ＞という名前で出力するように設定する。また，「ディゾルブの保存先」には＜地域分析 .gdb ＞に＜札幌市 _Merge_Dissolve2 ＞という名前で出力するように設定する。ここで【実行】ボタンを押すと処理が開始され，マージされたフィーチャクラスとディゾルブされたフィーチャクラスが作成される。

違う政令指定都市でも同様に動くかどうか検証するには，京都市や仙台市などのデータをダウンロードして動作を確認する。もし，正しくデータが作成できれば，このモデルは完成である。

18-5　レコードの反復処理とインライン変数

18-5-1　モデルの設定

ここではモデルビルダーの事例として,「フィーチャが持っている特定のフィールドを指定し，レコード値ごとにグループ化して，データをエクスポート（コピー）する処理」を行う。その際，入力ファイル名に応じて出力ファイル名を変更できる「インライン変数」という機能も紹介する。

まず，新しいモデルを作成するためにリボンタブ【表示】－【カタログウィンドウ】を選び,《カタログ》ウィンドウを出す。ここで＜ツールボックス＞－＜地域分析 .atbx ＞を右クリックし，【新規】－【モデル】を選択すると，新しいマップビュー・タブが追加される。

次に，《コンテンツ》ウィンドウの＜札幌市 _Merge ＞を，ドラッグ・アンド・ドロップでマップビューに追加すると青色の楕円アイコンが表示される。

さらに，リボンタブ【ModelBuilder】－【反復】－【フィーチャ選択の反復】を選択すると,《モデル》にツールが追加されるので，＜札幌市 _Merge ＞から【フィーチャ選択の反復】までドラッグし,メニューで【入力フィーチャ】を選択して,矢印を接続する。

続いて,リボンタブ【ModelBuilder】－【ツール】で表示されるメニューの中の【フィーチャのコピー(Copy Featuers)】をダブルクリックする。その後【選択フィーチャ】から【フィーチャのコピー（Copy Featuers)】までドラッグして矢印を描き,メニューで【入力フィーチャ】を選択して接続する。

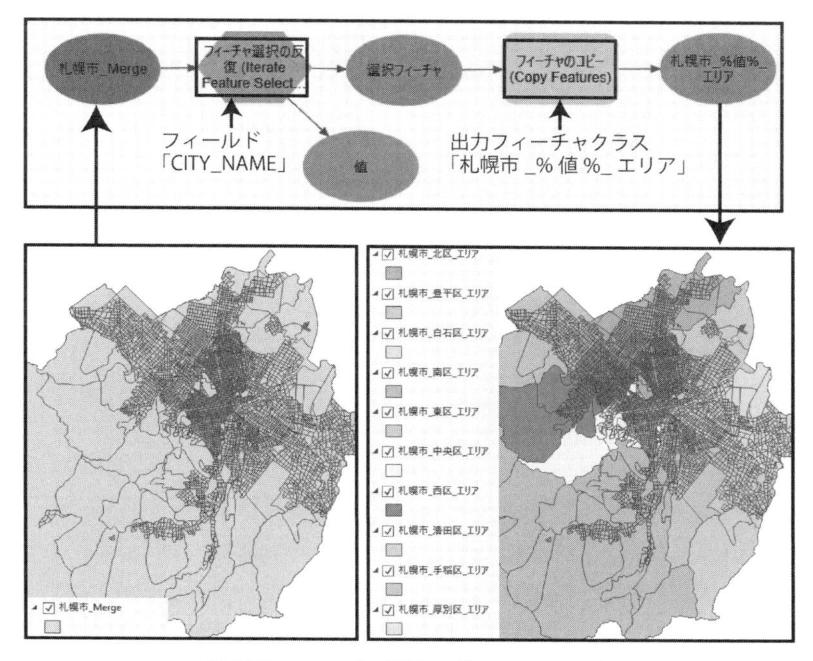

図 18-7　フィーチャ選択の反復とコピーの設定

18-5-2　ツールの設定

ここからは，それぞれのツールの設定を行う。まず【フィーチャ選択の反復】をダブルクリックし，《フィーチャ選択の反復》ウィンドウを呼び出す。ここで「入力フィーチャ」は変更せず，「フィールドでグループ化」の「フィールド」ではメニューから【CITY_NAME】を選択して，【OK】ボタンを押す

次に，【フィーチャのコピー（Copy Featuers)】をダブルクリックし，《フィーチャのコピー（Copy Featuers)》ウィンドウを呼び出す。ここで「入力フィーチャ」は変更せず，「出力フィーチャクラス」の入力欄に＜札幌市 _% 値 %_ エリア＞と入力して，【OK】ボタンを押す（図 18-7)。

設定を終えてからリボンタブ【ModelBuilder】－【実行】を押して処理を開始すると＜地域分析 .gdb ＞に 10 区のフィーチャクラスが生成される（もし，《カタログ》ウィンドウに表示されない場合には，＜データベース＞－＜地域分析 .gdb ＞を右クリックしてメニューを出し，【更新】を選択する)。

このモデルで用いたインライン変数とは，「%」で囲まれた文字列部分を変数として取り扱うものであり，ここでは【フィーチャ選択の反復】と接続している【値】をインライン変数として指定している。この指定により，選択フィーチャのレコードの文字列が【値】の中にデータとして格納され，その文字列データが「% 値 %」の部分に引き渡され，結果として区名が変更されてフィーチャクラスとして保存される。

18-5-3　インライン変数の利用

ここで用いた【フィーチャのコピー（Copy Featuers)】は，フィーチャのコピーを行うものであり，フィーチャが選択されていない状態では，全フィーチャをコピーしたファイルが作成される。また，選択状態のフィーチャがあるときは，それだけがコピーされたファイルが作成される。

ここでの操作は，【フィーチャ選択の反復】の機能により，「CITY_NAME」のレコードで同じ文字列のものがグループ化されて選択状態になり，【フィーチャのコピー（Copy Featuers)】によっ

て，選択されたフィーチャのみが新しいファイルとして生成される。

しかし，この操作ではファイル名が同一のものとなるため，ファイルが作成されるごとに毎回上書き保存されてしまう。そこで上記の操作では，区ごとにファイル名を変更して保存するためにインライン変数の機能を使った。インライン変数とは,「%」で囲まれた文字列部分を変数として扱ったものである。事例では【フィーチャ選択の反復】から伸びている矢印の「値」をインライン変数（_% 値 %_）として指定している。この指定により，選択フィーチャのレコードの文字列（例えば「中央区」）が「値」の中にデータとして格納され，その文字列データが「% 値 %」の部分に引き渡され，行政区名を含むファイル名が設定される。

18-6　ジオデータベース内の反復処理

18-6-1　ジオデータベースの作成

前述の操作はフィーチャクラスのレコードを指定して反復処理を行うものであった。ここではジオデータベース内にある全フィーチャに対して同じ処理を行うモデルを作成する。

そのために，新しいジオデータベースを作成する。まず，リボンタブ【表示】－【カタログウィンドウ】を選んで《カタログ》ウィンドウを出す。次に，その中の<データベース>を右クリックしてメニューを出し【新しいファイルジオデータベース】を選ぶ。

《新しいファイルジオデータベース》ウィンドウでは<プロジェクト>－<フォルダー>－<地域分析>の中に<モデルビルダー>という名前でファイルジオデータベースを作成するように設定し【保存】ボタンを押す。これで《カタログ》ウィンドウの<データベース>の中に<モデルビルダー .gdb >が追加される。

この<モデルビルダー .gdb >を右クリックしてメニューを出し，<インポート>－<複数のフィーチャクラス>を選択すると,《ジオプロセシング》ウィンドウに「フィーチャクラス→ジオデータベース（マルチプル）（Feature Class to Geodatabase)」の設定画面が出る。

「入力フィーチャ」では【h27ka01101】～【h27ka01110】を選択する（図 18-8)。「出力ジオデータベース」を<モデルビルダー .gdb >として【実行】ボタンを押すと,<モデルビルダー .gdb >の中に< h27ka01101 >～< h27ka01110 >がコピーされる。

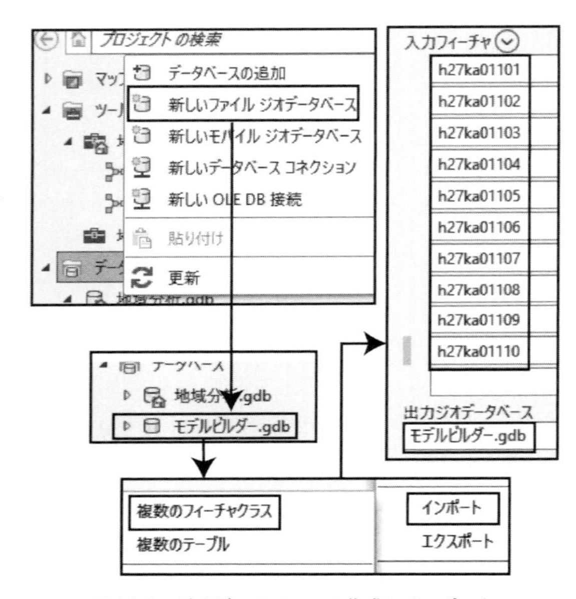

図 18-8　ジオデータベースの作成とインポート

18-6-2　モデルの設定

《カタログ》ウィンドウの<ツールボックス>－<地域分析 .atbx >を右クリックし，【新規】－【モデル】を選択すると，新しいマップビュー・タブが追加される。

このタブが選択されている状態で,《カタログ》ウィンドウの<データベース>－<地域分析>の中の<モデルビルダー .gdb >をドラッグ・アンド・ドロップで追加する。

続いて，リボンタブ【ModelBuilder】－【反復】－【フィーチャクラスの反復】を選択し，マップビューにおいて【モデルビルダー .gdb】からドラッグして【フィーチャクラスの反復】に矢印を接続させる。このときメニューでは【ワークスペースまたはフィーチャデータセット】を選択する。

さらに，リボンタブ【ModelBuilder】－【ツール】で表示されるメニューの中の【ペアワイズディゾルブ（Pairwise Dissolve)】をダブルクリックすると，マップビューに＜ディゾルブ(Dissolve)＞が追加される。

その後，【FeatureClass】からドラッグで【ペアワイズディゾルブ（Pairwise Dissolve)】に矢印を接続し，出てくるメニューで【入力フィーチャ】を選ぶ（図 18-9）。

18-6-3　ツールの設定

ここからは設定の作業となる。まず，【ペアワイズ ディゾルブ（Pairwise Dissolve)】をダブルクリックして《ペアワイズ ディゾルブ（Pairwise Dissolve)》ウィンドウを表示させる。

このウィンドウにおいて【入力フィーチャ】は変更しない。【出力フィーチャクラス】ではフォルダーアイコンを押して《出力フィーチャクラス》ウィンドウを出し，＜プロジェクト＞－＜データベース＞－＜モデルビルダー .gdb ＞の中に＜％名前％_Dissolve ＞という名前で出力するように設定して，【保存】ボタンを押す（図 18-9）。「ディゾルブフィールド」では【CITY_NAME】を選択し，

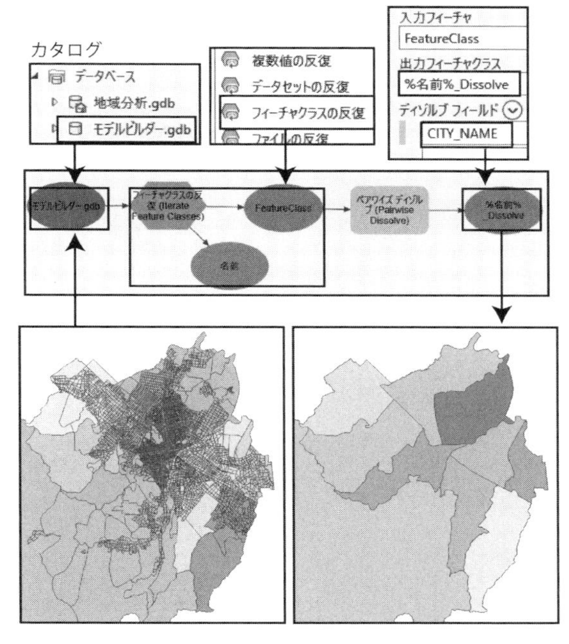

図 18-9　ジオデータベース内の反復処理

「マルチパートフィーチャの作成」にチェックを入れて【OK】ボタンを押す。

ここでリボンタブ【ModelBuilder】－【実行】を選択すると，＜モデルビルダー .gdb ＞の中にディゾルブが適用されたフィーチャクラスが作成される。

最後に，マップを保存するために，リボンタブ【プロジェクト】－【保存】を選択する。保存が終わったら，リボンタブ【プロジェクト】－【終了】で ArcGIS Pro を終了する。

（三好達也，橋本雄一）

第19章　ハンディGPSを用いたデータ作成と可視化

19-1　衛星測位システムとは

衛星の電波により位置情報を取得することを衛星測位という。衛星を使った測位システムは，全地球航法衛星システム（Global Navigation Satellite Systems：以下，GNSS）と呼ばれ，衛星からの時刻情報を受信し，地球上における移動体の位置を計算する。GPS（Global Positioning System：全地球測位システム）は，アメリカ合衆国が構築したGNSSの一種であり，他にもGalileo（欧州）やGLONASS（ロシア連邦）などがある。

日本でもアジア太平洋地域への局地的な位置情報サービスを目的とする準天頂衛星システム（Quasi-Zenith Satellite System：QZSS）を構築しつつあり，2010年準天頂衛星初号機みちびき（QZS-1）が打ち上げられた。2016年には7機体制での運用が閣議決定され，2018年に4機体制によるサービスが開始された。なお2020年には初号機の後継機が打ち上げられている。

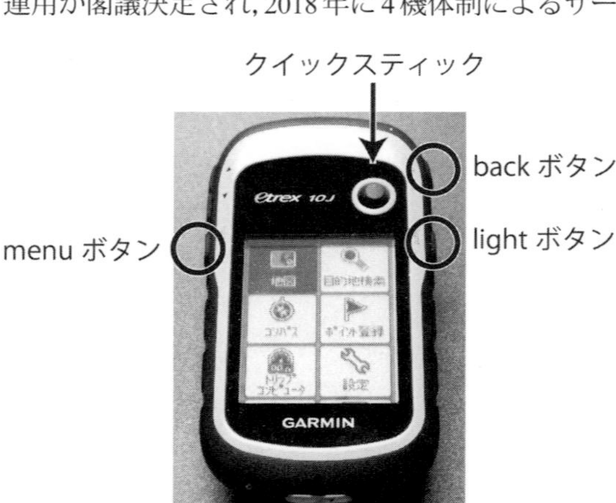

図19-1　ハンディGPS

現在の日本ではGPS衛星と高い互換性を持つみちびきを運用することで，安定した高精度測位が可能となっている。このような衛星測位システムは社会的な情報基盤として重要であり，地理空間情報の高度活用による位置情報ビジネスの発展などが期待されている。

19-2　ハンディGPSの使用方法

19-2-1　ハンディGPSの準備

本章で用いるハンディGPSは，Garmin社製のeTrex10J（2012年1月発売）である（図19-1）。このハンディGPSは，日本の準天頂衛星の電波信号を受信可能なモデルである。

上空の開けた屋外において，本体右側にある【light】ボタンを長押しすると電源が入り，衛星からの信号を受信し，位置情報の記録が自動的に始まる。なお，衛星の受信状況は，本体正面にあるクイックスティックを操作し，メニュー画面の【衛星情報】を選択すると確認可能である。

記録間隔はメニュー画面の【設定】－【軌跡】で任意の記録間隔に変更可能である。なお，今回は記録間隔を「5秒」に設定して，データを取得する。

メニュー画面の【設定】－【システム】で「衛星受信モード」を選択できるので，ここでは【GPS+GLONASS】を選択する。また「インターフェイス」はPCとデータ交換しやすいように【Mass Strong】を選ぶ。

19-2-2　トラックデータの保存

このハンディ GPS は観測開始地点に行くまでのログもデータに含まれてしまうため注意が必要である。これに対応するため，開始地点において，クイックスティックでメニュー画面の【軌跡管理】－【現在の軌跡】を選択し，「現在の軌跡」画面へと進む。その画面の最下部にある【現在の軌跡消去】を選択し，受信開始から観測開始までのログを消去する。これで開始地点からの新しい位置情報の記録を始められる。

ハンディ GPS により任意の場所で観測を行った後，本体に GPS ログの保存を行う。そのためには，先ほどと同様に，メニュー画面の【軌跡管理】－【現在の軌跡】と選択し，「現在の軌跡」画面へと進み，【軌跡保存】を選択する。「名前入力」画面では「GPS」と名前を付ける。名前を指定しない場合には，「軌跡 _」の後に年月日と時刻の数値が名前して記録される。

ここで【OK】ボタンを押すと，ハンディ GPS 内に GPS ログ（行動軌跡）が保存される。保存終了の後には「現在の軌跡を消去しますか？」と聞かれるので，【はい】を選択する。ここまでのデータは，トラックデータ（軌跡データ）と呼ばれ，一定の間隔で移動の過程を記録したものである。

19-2-3　ウェイポイントデータの作成

トラックデータのほかに，任意の場所で位置情報を記録することによって作成されるウェイポイントデータ（地点データ）がある。ここで用いている eTrex10J では，任意の地点において，クイックスティックを長押しすることで，地点の登録ができる。

ハンディ GPS を用いて位置情報を収集する際は，利用目的に応じ，トラックデータ，ウェイポイントデータを使い分けることで，効率良くデータを作成できる。

19-3　データ作成と可視化

19-3-1　トラックデータの PC への取り込み

ここからはハンディ GPS を用いて取得したログを ArcGIS Pro で表示する方法を説明する。そのためにく＜ C:¥Users¥(ユーザー名)¥Documents¥ArcGIS¥Projects¥ 地域分析＞の中に＜GPS＞という名前のフォルダーを作り，その中に使用するファイルを保存する。

まず，PC と eTrex10J と PC とを USB ケーブルで繋ぐと（図 19-2），＜ Garmin eTrex10J ＞がドライブとして認識される。その中の＜ Garmin ＞－＜ GPX ＞フォルダーを開き，フォルダー内のトラックデータ＜軌跡 _GPS.gpx ＞（名前を指定しない場合には，＜軌跡 _(年月日と時刻の数値).gpx ＞）を，PC の＜ GPS ＞フォルダーにコピーする。

図 19-2　ハンディ GPS と PC との接続

19-3-2　トラックデータの表示

ArcGIS Pro を起動させるため，＜ C:¥...¥Documents¥ArcGIS¥Projects¥ 地域分析＞の中の＜地域分析 .aprx ＞をダブルクリックする（あるいは，ArcGIS Pro を起動させ，初期画面において「最近使ったプロジェクト」の【地域分析】を選択する）。ArcGIS Pro が起動したら，リボンタブ【挿入】－【新しいマップ】－【新しいマップ】を選択し，新しいマップを追加する。

《コンテンツ》ウィンドウで新しいマップを右

クリックし，表示されるメニューで【プロパティ】を選択する。《プロパティ》ウィンドウでは，左側の【一般】をクリックして「名前」を「GPS」に変え，続いて【座標系】で＜平面直角座標系第12系（JGD2011）＞を選んでから【OK】ボタンを押す。そうすると，マップビュー・タブが【GPS】に変わる。

なお，ここでは「平面直角座標系第12系（JGD2011）」を選択しているが，例えば北海道釧路市でデータを取得した場合には「平面直角座標系第13系（JGD2011）」を選択するなど，データを取得した場所に適した座標系を選択する。

次に，リボンタブ【解析】－＜ツール＞をクリックすると，マップビューの右に《ジオプロセシング》ウィンドウが表示される。その上にある【ツールボックス】をクリックし，【変換ツール】－【GPS】－【GPX→フィーチャ（GPX to Features)】を選んで設定画面を表示させる（図19-3)。

設定画面の「入力GPXファイル」では＜プロジェクト＞－＜フォルダー＞－＜地域分析＞－＜GPS＞の中の＜軌跡_GPS.gpx＞を指定する。

「出力フィーチャクラス」では＜プロジェクト＞－＜データベース＞－＜地域分析.gdb＞の中に「軌跡_GPS_GPXtoFeatures」という名前で出力するように設定する。

「出力タイプ」を【ポイント】にしてから【実行】ボタンをクリックすると，GPXデータがマップビューに表示される。

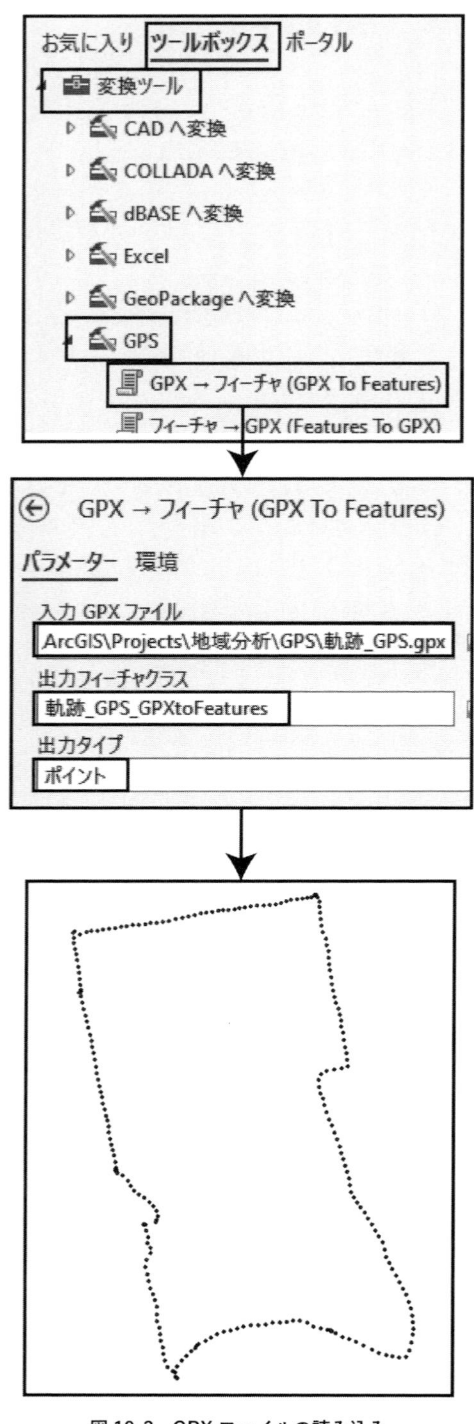

図19-3　GPXファイルの読み込み

19-3-3　線データの作成

続いて，追加したGPXデータから線データを作成する。リボンタブ【解析】を選択し，【解析ツールギャラリー】のメニューを展開して，「データの変換」の中の【ポイント→ライン（Points To Line)】を選ぶと，マップビューの右に設定画面が表示される（図19-4）（あるいはリボンタブ【解析】－＜ツール＞をクリックして《ジオプロセシング》ウィンドウを出し，その上にある【ツールボックス】をクリックしてから【データ管理ツール】－【フィーチャ】－【ポイント→ライン（Points To Line)】を選ぶ)。

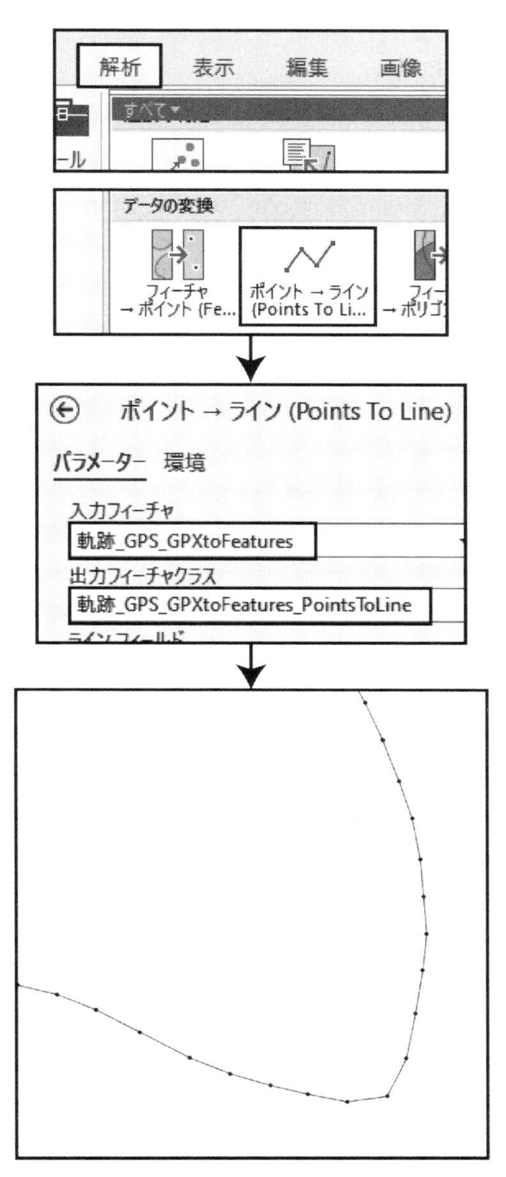

図 19-4　点データから線データへの変換

設定画面では，「入力フィーチャ」として【軌跡 _GPS_GPXtoFeatures】を選ぶ。「出力フィーチャクラス」では，<プロジェクト>－<データベース>－<地域分析 .gdb>の中に「軌跡 _GPS_GPXtoFeatures_PointsToLine」という名前で出力するように設定する。

ここで【実行】ボタンをクリックすると，取り込んだ GPX データから線データが作成される。

最後に，これまでに作成したマップを保存するために，リボンタブ【プロジェクト】－【保存】を選択する。保存が終わったら，リボンタブ【プロジェクト】－【終了】で ArcGIS Pro を終了する。

（奥野祐介，橋本雄一）

第20章　地図画像からのベクターデータ作成

20-1　フィーチャクラスの追加

本章は，地図画像からベクター形式の空間データを作成し，GIS での分析で利用できるようにする方法を紹介する。地図画像としては，ベースマップとして所収されているオープンストリートマップを使用する。

ArcGIS Pro を起動させるため，＜C:¥Users¥（ユーザー名）¥Documents¥ArcGIS¥Projects¥ 地域分析＞の中の＜地域分析 .aprx ＞をダブルクリックする。ArcGIS Pro が起動したら，リボンタブ【挿入】－【新しいマップ】－【新しいマップ】を選択し，新しいマップを追加する。

《コンテンツ》ウィンドウで新しいマップを右クリックし，表示されるメニューで【プロパティ】を選択する。《プロパティ》ウィンドウでは，左側の【一般】をクリックして「名前」を「地図」に変え，続いて【座標系】で＜平面直角座標系第 12 系（JGD2011）＞を選んでから【OK】ボタンを押す。そうすると，マップビュー・タブが【地図】に変わる。

ここでリボンタブ【表示】－【カタログウィンドウ】を選んで《カタログ》ウィンドウを出し，＜データベース＞の中の＜地域分析 .gdb ＞を右クリックする（図20-1）。表示されるメニューで【新規】－【フィーチャクラス】を選ぶと，《フィーチャクラスの作成》ウィンドウになるため「名前」と「エイリアス」に「地図」と入力し，「フィーチャクラスタイプ」では【ポリゴン】を選ぶ。また，「出力データセットを現在のマップに追加」にチェックを入れる。

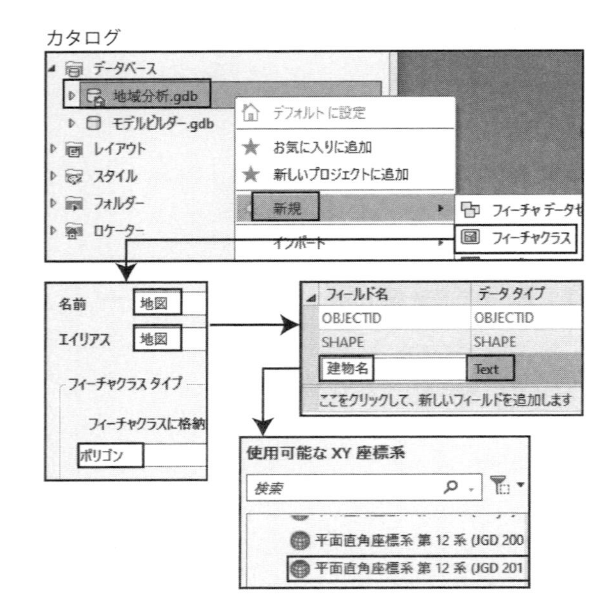

図 20-1　フィーチャクラスの追加と設定

【次へ】ボタンを押すとフィールド追加画面になるので，「ここをクリックして，新しいフィールドを追加します。」をクリックし，「フィールド名」に「建物名」と入力し，「データタイプ」では【Text】を選ぶ。

【次へ】ボタンを押すと空間参照の設定画面になるので，＜投影座標系＞－＜各国の座標系＞－＜日本＞－＜平面直角座標系 第 12 系（JGD 2011）＞を選び【完了】ボタンを押す。

これで＜地域分析 .gdb ＞の中に＜地図＞が作成され，《コンテンツ》ウィンドウに＜地図＞が追加される（もし，追加されていない場合には，リボンタブ【マップ】－【データの追加】－【データ】を選択して《データの追加》ウィンドウを出し，＜地域分析 .gdb ＞の中にある＜地図＞を選んで【OK】ボタンを押す)。

20-2　新しいマップの作成とベースマップの表示

リボンタブ【マップ】－【ベースマップ】で一覧を出し，その中から【オープンストリートマップ】を選ぶ（図 20-2)（もし，メニューに【オープンストリートマップ】が表示されない場合には，【地形図】など描画対象の建物が入力されているベースマップを選択する)。

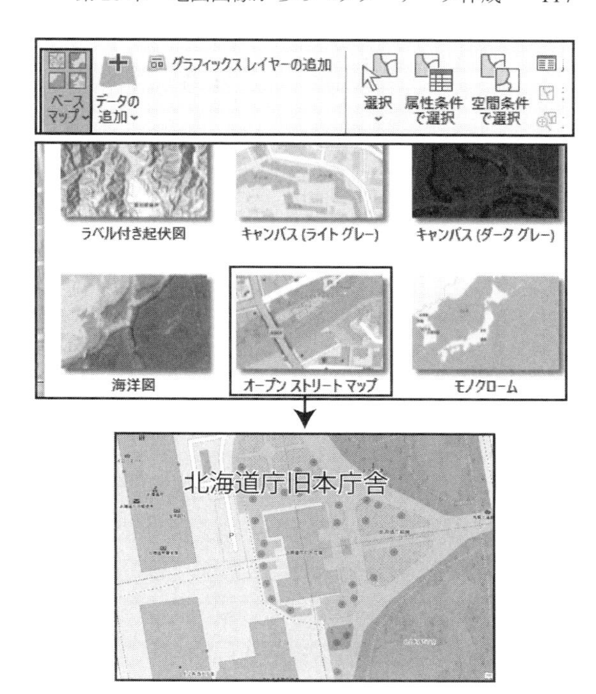

図 20-2　ベースマップの表示
オープンストリートマップより作成。

そうすると，マップビューにオープンストリートマップが表示されるので，1,000 分の 1 程度に拡大し，北海道庁旧本庁舎（東経 141.346979°，北緯 43.063716）を表示させる。

これで《コンテンツ》ウィンドウに＜地図＞と＜オープンストリートマップ＞が追加される。ここで＜地図＞の凡例を右クリックし，出てくる色メニューで【色なし】を選択する。

20-3　フィーチャ作成ツールによるベクターデータ作成

リボンタブ【編集】－【スナップ】－【スナップ設定】をクリックすると,《スナップ設定》ウィンドウが表示されるので，ここでは「XY の許容値」に「5」と入力し，単位を【ピクセル】として【OK】ボタンを押す（図 20-3)。

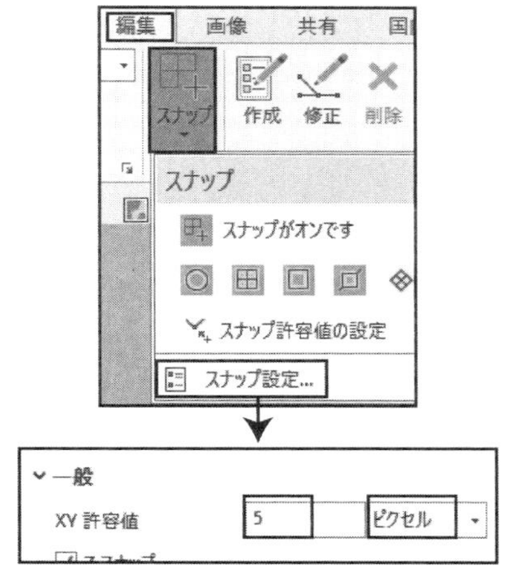

図 20-3　スナップの設定

スナップの設定を行ったら，北海道庁旧本庁舎の建物外周線をトレースする。まず，リボンタブ【編集】－【作成】をクリックして《フィーチャ作成》ウィンドウを表示させ,「地図」を選択する。その下にいくつかのアイコンが表示されたら，一番左の【ポリゴン】アイコンを選択する。

これによりポインタが十字マークに変化し，ポリゴンを作成できるようになる。まずは建物の任意の隅をクリックし，続けて建物の隅を順にクリックし，建物の外周線をなぞる。次に，マウスを右クリックしてメニューを表示させ，【完了】をクリックすると，建物の外周線にそったポリゴンが作成される（図 20-4)。最後にリボンタブ【編集】－【保存】を押す。

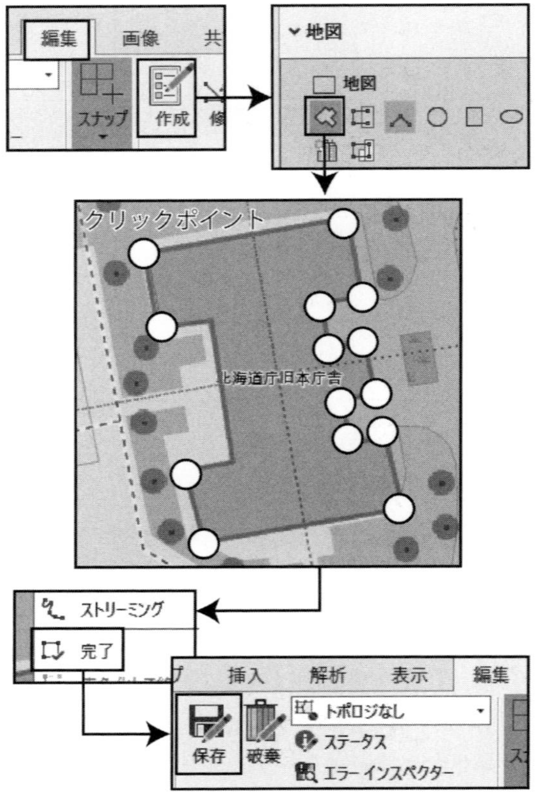

図 20-4　ポリゴンの作成

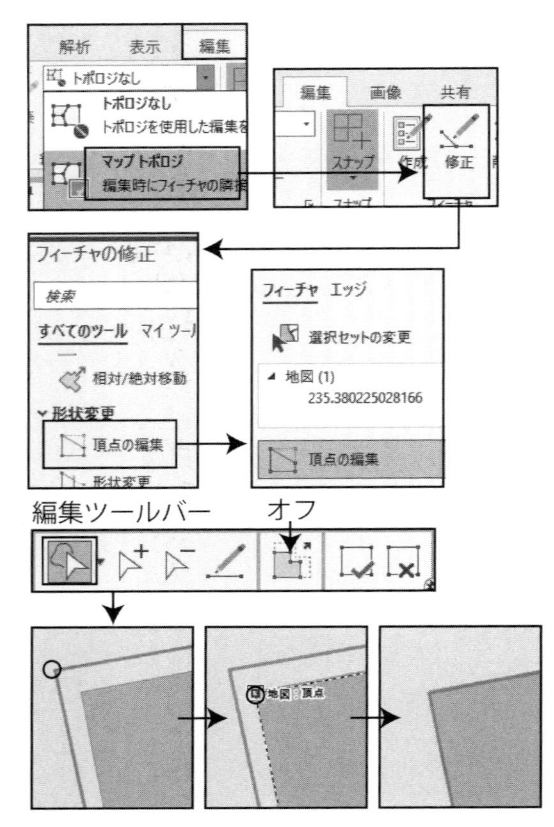

図 20-5　ポリゴンの修正

20-4　ポリゴンの修正

ポリゴンを作成するときにクリックする場所がずれてしまい，後で修正したいことがある。

その場合，まずリボンタブ【編集】の「編集の管理」で【マップ トポロジなし】を【マップ トポロジ】にする。さらに，リボンタブ【編集】－【修正】をクリックして，《フィーチャの修正》ウィンドウが表示されたら，【頂点の編集】を選択する。

頂点の編集の画面になったら，先ほど作成したポリゴンをクリックする（すでにポリゴンが選択されている場合には，これは表示されない）。

続いてマップビュー上で移動させたい頂点をクリックし，移動させたい場所までドラッグする。その際，《編集》ツールバーで【比例伸縮】がオンになっているとポリゴン全体の形状が変更されるので，オフにする（図 20-5）。

頂点を移動させたら，頂点の上で右クリックしてメニューを表示させ，【完了】をクリックする。その後，リボンタブ【編集】－【保存】をクリックする。変更の是非に関するメッセージが出るので【はい】を押すと，編集結果が保存される。

20-5　ポリゴンの分割

建物の外枠を描いたら，そのポリゴンを分割する。リボンタブ【編集】の「編集の管理」で【マップ トポロジ】が選択されていることを確認する。さらに，リボンタブ【編集】－【修正】をクリックして，《フィーチャの修正》ウィンドウが表示されたら【スプリット】を選択する（図 20-6）。

スプリットの画面になったら，建物のポリゴンをクリックする。建物ポリゴンの外郭線上の任意

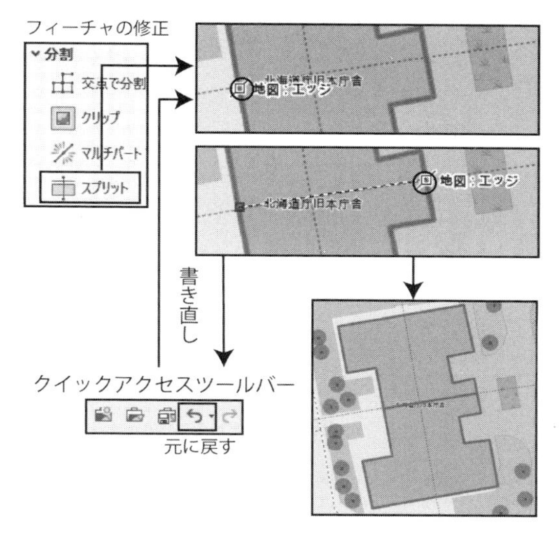

図 20-6　ポリゴンの分割

の点をクリックした後，別の点でダブルクリックすると，2 点を結ぶ線でポリゴンが分割される。

もし，描画中に分割線を書き直したい場合には，ArcGIS Pro 上側のクイックアクセスツールバーの【元に戻す】を押す（あるいは，キーボードの Ctrl キーを押したまま「z」キーを押す）。そうすると，分割線描画前の状態に戻る。

分割線を書いた後は，リボンタブ【編集】の【保存】をクリックして，編集結果を保存する。保存すると，分割線を書き直すことができなくなるので注意してほしい。

その後でリボンタブ【編集】－【選択解除】を押す。

20-6　フィールドへの属性付与

最後に，作成したポリゴンに対して建物の名称を属性として付加する。

まず，《コンテンツ》ウィンドウの＜地図＞を選択しリボンタブ【編集】－【属性】を選ぶと，マップビューの右に《属性》ウィンドウが表示される。

マップビューで建物下側のポリゴンをクリック

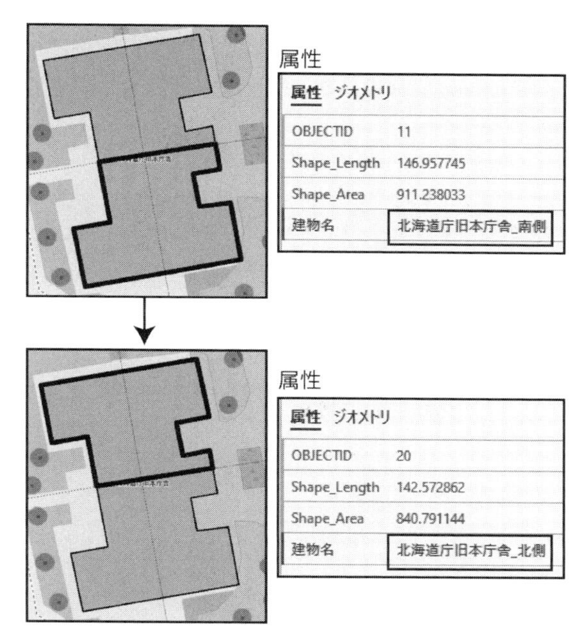

図 20-7　フィールドへの属性付与

すると，《属性》ウィンドウにフィールドが表示される。「建物名」の入力欄をクリックすると任意の文字を入力できるようになるので，「北海道庁旧本庁舎 _ 南側」と入力する（図 20-7）。なお，ウィンドウ下側の「自動的に適用」にチェックを入れておく。

続いて建物上側のポリゴンをクリックし，《属性》ウィンドウの「建物名」の入力欄に「北海道庁旧本庁舎 _ 北側」と入力する。

入力を終えたら，リボンタブ【編集】－【保存】を押し，属性テーブルへの入力結果を保存する。ここで，《コンテンツ》ウィンドウの＜地図＞を選択し，リボンタブ【データ】－【属性テーブル】を押すと，属性テーブルに建物の名称が付加されていることを確認できる。

最後に，マップを保存するために，リボンタブ【プロジェクト】－【保存】を選択し，リボンタブ【プロジェクト】－【終了】で ArcGIS Pro を終了する。

（川村　壮，橋本雄一）

第21章　地理院地図の利用

21-1　地理院地図とは

地理院地図（https://maps.gsi.go.jp/）は，国土交通省国土地理院が整備してきた地図や空中写真をWebブラウザ上で閲覧できるようにしたものであり，2013年10月から公開されている（図21-1）。これは，2015年1月には，スマートフォンなどのモバイル端末での活用を考慮した画面構成や操作体系に変更された。

地理院地図で閲覧可能な地図や空中写真の多くは，Webブラウザ以外のツールでも活用可能な「地理院タイル」として公開されている。地理院地図が，利用者・機器を問わずWebブラウザでの簡単な操作で利用可能であることに対し，地理院タイルは，地理院タイル仕様（https://maps.gsi.go.jp/development/siyou.html）に従って開発したシステムを使用することを前提に提供されている。

ArcGIS Proでは，国土地理院のサーバから配信されている地図データを直接表示できる。

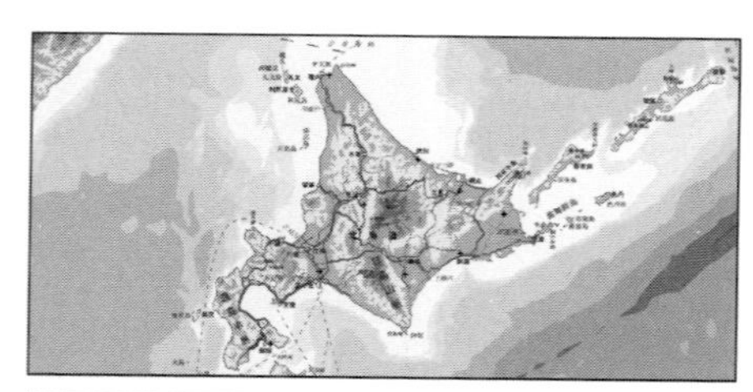

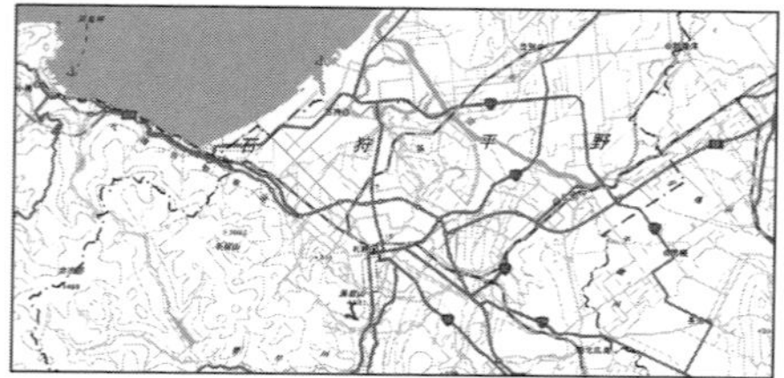

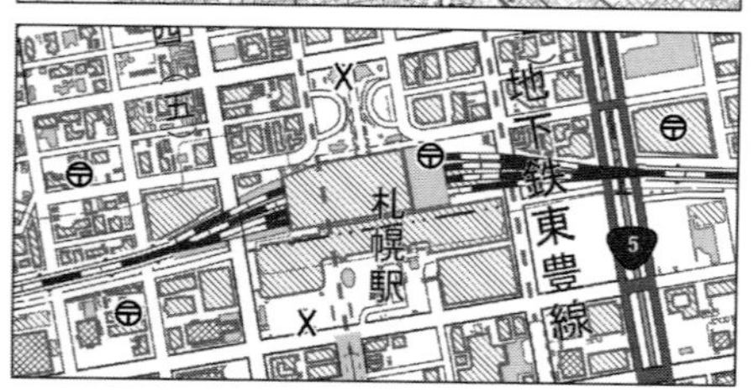

図21-1　地理院地図
地理院地図により作成。

21-2　地理院タイル一覧

Webブラウザを起ち上げ，地理院タイル一覧のページ（https://maps.gsi.go.jp/development/ichiran.html）を開く。基本測量成果の地理院タイル一覧には「ベースマップ」として標準地図と淡色地図，「土地の成り立ち・土地利用」として数値地図25000（土地条件）や火山基本図などが用意されている。

基本測量成果の地理院タイルを利用する際には，測量法に基づく申請を必要とする場合がある。しかし，ウェブサイト，ソフトウェア，アプリケーション上でリアルタイムに読み込んで利用する場合には，出典を明示するだけでよく，申請は不要である。

ここでは例として，背景図として利用しやすい淡色地図をベースマップに指定する。タイル一覧

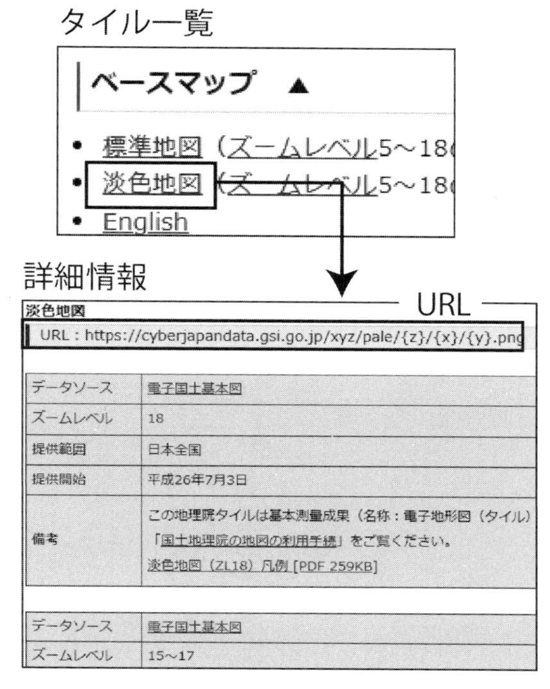

図 21-2　地理院タイル一覧
国土地理院 Web サイト（https://maps.gsi.go.jp/）による。

で「淡色地図」を選択すると，詳細情報として淡色地図の URL（https://cyberjapandata.gsi.go.jp/xyz/pale/{z}/{x}/{y}.png）が表示される（図 21-2）。今後の作業では，この URL を使用する。

21-3　ArcGIS Pro による地理院タイルの表示

ArcGIS Pro を起動させるため，＜ C:¥Users¥(ユーザー名)¥Documents¥ArcGIS¥Projects¥ 地域分析＞の中の＜地域分析 .aprx ＞をダブルクリックする。リボンタブ【挿入】−【新しいマップ】−【新しいマップ】を選択し，新しいマップを追加する。

《コンテンツ》ウィンドウで新しいマップを右クリックし，表示されるメニューで【プロパティ】を選択する。《プロパティ》ウィンドウでは，左側の【一般】をクリックして「名前」を「地理院地図」に変え，【座標系】で＜平面直角座標系第 12 系（JGD2011）＞を選んで【OK】ボタンを押す。

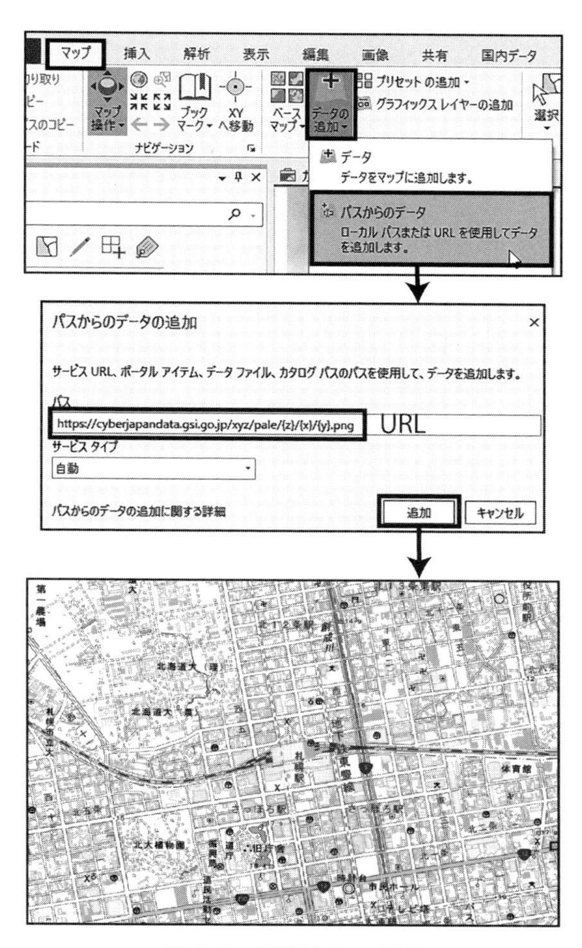

図 21-3　地理院タイルの表示
地理院タイルより作成。

リボンタブ【マップ】−【データの追加】−【パスからのデータ】を選択すると，《パスからのデータ追加》ウィンドウが表示される。「パス」に，淡色地図の URL である「https://cyberjapandata.gsi.go.jp/xyz/pale/{z}/{x}/{y}.png」を入力し，【追加】ボタンを押すと，地図が表示される（図 21-3）。

Web ブラウザで閲覧する地理院地図の投影法は Web メルカトルであるが，ArcGIS Pro では指定した投影法で表示させることができる。

最後に，リボンタブ【プロジェクト】−【保存】を選択する。保存が終わったら，リボンタブ【プロジェクト】−【終了】で ArcGIS Pro を終了する。

（雫石和利）

第22章　数値標高モデルを利用した地形の3D表示

22-1　数値標高モデルのダウンロード

22-1-1　国土地理院Webサイトでのログイン

本章では，国土地理院の基盤地図情報における数値標高モデルを利用する。Webブラウザ（本書ではGoogle Chromeを使用）を立ち上げ，国土地理院Webサイトにおける基盤地図情報のページ（https://www.gsi.go.jp/kiban/index.html）を開いたら，【基盤地図情報のダウンロード】ボタンを押して，基盤地図情報ダウンロードサービスのページ（https://fgd.gsi.go.jp/download/）に入る。

このページの上側にある「ログイン」をクリックし，ログイン画面が表示されたら，3章で取得したログインIDとパスワードを入力して【ログイン】ボタンを押す。アンケートの画面が出たら回答し，【次へ（アンケートの送信も自動で行います)】ボタンを押す。

22-1-2　数値標高モデルのダウンロード

ログインの後，基盤地図情報ダウンロードサービスのページで「基盤地図情報　数値標高モデル」の【ファイル選択へ】ボタンをクリックすると，検索条件や選択方法を指定するためのページが開く。

まず，ページ左上のタブで【DEM】が選択されていることを確認してから，「検索条件指定」において「10 m メッシュ」を選択し，「10B（地形図の等高線)」だけにチェックを入れる（図22-1)。

次に，「選択方法指定」では「地図上で選択」を選び，地図上で札幌市中央区付近のメッシュ

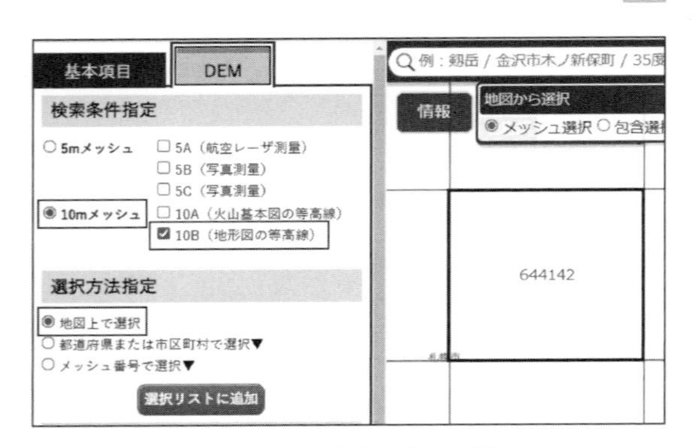

図22-1　数値標高モデルの選択

「644142」をクリックする（あるいは，「メッシュ番号で選択」を選び，入力欄に「644142」と記した後，【選択リストに追加】ボタンを押す)。「選択リスト」に「644142」が表示されたら，その下の【ダウンロードファイル確認へ】ボタンを押す。

「ダウンロードファイルリスト」のページに入ったら，ファイルリストの上にある【全てチェック】ボタンをクリックしてから，【まとめてダウンロード】ボタンを押す。「複数のファイルを選択した場合，ダウンロードが長時間にわたる場合があります。」というメッセージが出るので【OK】ボタンを押すと，ファイル＜PackDLMap.zip＞がダウンロードフォルダー（本書の作業では＜C:¥Users¥(ユーザー名)¥Downloads＞)に保存される。

22-2　ArcGIS Proによる3D表示

22-2-1　ArcGIS Proの起動

まず，ArcGIS Proを起動させ，プロジェクトを作成する。ArcGIS Proの起動画面では「新しいプ

ロジェクト」の【マップ】を選択し，プロジェクトの作成を行う。ここではプロジェクトを，個人用ドキュメントフォルダー（本書では< C:¥...¥Documents¥ArcGIS¥Projects >）の中に作る。

《新しいプロジェクトの作成》ウィンドウが表示されたら，「名前」に<立体図>と入力し，「場所」ではフォルダーアイコンを押して，《新しいプロジェクトの場所》ウィンドウを出し，< C:¥...¥Documents¥ArcGIS¥Projects >フォルダーを選択して【OK】ボタンを押す。さらに，「このプロジェクトのための新しいフォルダーを作成」にチェックを入れて，【OK】ボタンを押すと，プロジェクトが作成され，ArcGIS Pro では新しいマップが表示される。

続いて，新たに作成された<立体図>フォルダーの中に<数値標高モデル>というフォルダーを作成する。このフォルダーの中に，<ダウンロード>フォルダーから数値標高モデルのファイル< PackDLMap.zip >を移動させてから解凍する。解凍後には< PackDLMap >フォルダーの中に< FG-GML-6441-42-DEM10B.zip >があることを確認する。

22-2-2　数値標高モデルのインポート

ArcGIS Pro のリボンタブ【国内データ】－【国土地理院】－【基盤地図情報のインポート】を選択すると，《基盤地図情報のインポート》ウィンドウが表示される（もし，リボンタブに【国内データ】がないときには，ESRI ジャパンの Web サイト（https://doc.esrij.com/pro/get-started/setup/user/addin_tool/）からアドインツール（ESRIJ.ArcGISPro.AddinJPDataCnv_v19.zip）をダウンロードして，インストールする）。

ここで「入力ファイル」の「ファイル名」には，「入力ファイルの追加」アイコンを押して< FG-GML-6441-42-DEM10B.zip >を指定する。

そうすると，「出力ジオデータベース」には自動的に<立体図 .gdb >が指定される。「同一種別のデータは 1 レイヤーとして保存」にチェックし，「測地系」を「JGD2000」として【実行】ボタン

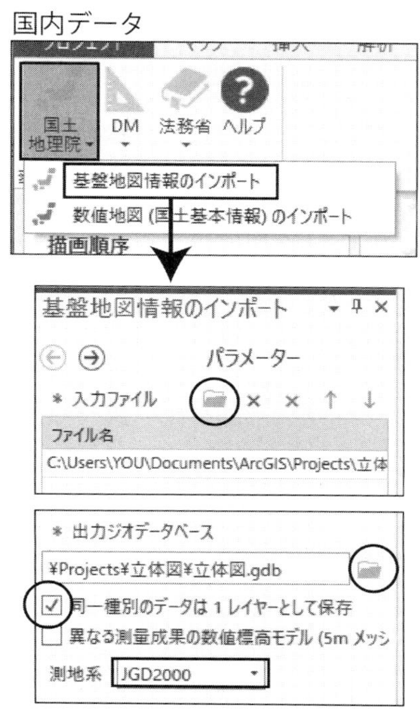

図 22-2　数値標高モデルのインポート

を押すと，<立体図 .gdb >に変換結果が出力される（図 22-2）。

22-2-3　ローカルシーンの選択

ArcGIS Pro では，2 次元のマップのほか，3 次元空間で地理情報を操作できるシーンを利用できる。シーンには，グローバルシーンとローカルシーンとの 2 種類あり，広範囲で地球の曲率を考慮する必要がある場合はグローバルシーン，投影座標系でデータを活用するような都市や地域の場合はローカルシーンを利用する。

シーンの表示は，ArcGIS Pro を起動し，プロジェクトを準備した後，リボンタブ【挿入】－【新しいマップ】で【新しいグローバルシーン】あるいは【新しいローカルシーン】を選択すると，シーンビューが追加される。ここでは，【新しいローカルシーン】を選択する（図 22-3）。

なお，シーンでは，標準で Esri 社がオンライン提供している地形データによって 3D 表示が可能となっている。シーンビューでの操作は，マップビュー

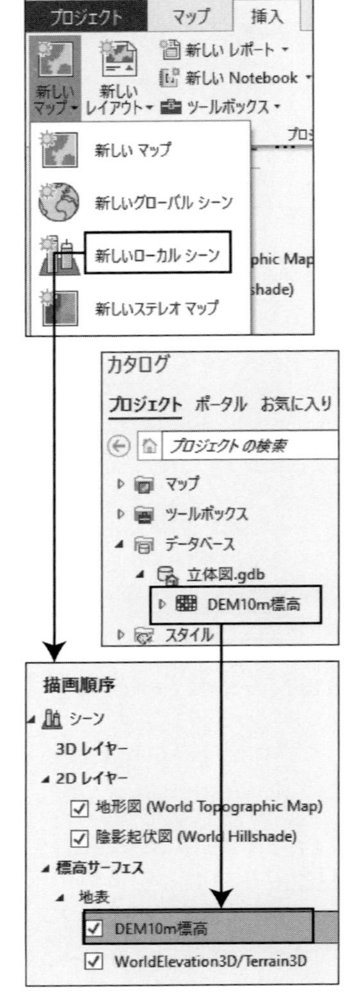

図 22-3　数値標高モデルのシーンへの追加

での基本操作と同様であるが，3D 表示の独自操作として，マウスホイールを押したままマウスを移動することによって 3D 回転表示が可能である。

22-2-4　数値標高モデルのシーンへの追加

《カタログ》ウィンドウより，＜データベース＞－＜立体図 .gdb ＞を展開すると，変換結果として＜ DEM10m 標高＞データが出力されている。これを《コンテンツ》ウィンドウの＜標高サーフェス＞－＜地表＞と＜ WorldElevation3D/Terrain3D ＞の間にドラッグアンドドロップすると，シーンビューの地形が変更される（図 22-4）。

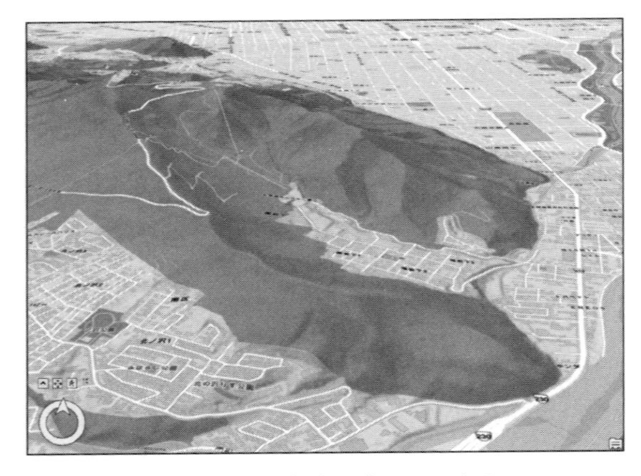

図 22-4　数値標高モデルの 3D 表示

図 22-5　DEM10 m 標高データのみの表示

《コンテンツ》ウィンドウで＜ WorldElevation3D/Terrain3D ＞のチェックを外して非表示にすると＜ DEM10 m 標高＞データのみが表示される（図 22-5）。

なお，このままではシーンの座標系が＜地理座標系日本測地系 2000 ＞なので，＜投影座標系日本測地系 2000 平面測地座標系第 12 系＞に変更する。《コンテンツ》ウィンドウの＜シーン＞を右クリックし【プロパティ】を選択して《マッププロパティ：シーン》ウィンドウを表示させる。【座標系】の「使用可能な XY 座標系」で＜投影座標系＞－＜各国の座標系＞－＜日本＞－＜平面直角座標系第 12 系（JGD2000）＞を選択し【OK】ボタンを押すと，座標系が変更される。

最後に，これまでに作成したマップを保存するために，リボンタブ【プロジェクト】－【保存】を選択する。保存が終わったら，リボンタブ【プロジェクト】－【終了】で ArcGIS Pro を終了する。

（雫石和利）

第23章　PLATEAU都市モデルの利用

23-1　PLATEAU都市モデルとは

PLATEAUとは，国土交通省が主導する日本全国の3D都市モデルの整備・活用・オープンデータ化のプロジェクトである。2020年12月に，Webブラウザにより簡単な操作で配信データを表示することが可能なPLATEAU VIEWが公開された。その後，PLATEAU VIEWは，順次，対象都市の追加や機能の拡張が図られている。2021年度には全国56都市の3D都市モデルが完成し，そのデータは，一般社団法人社会基盤情報流通推進協議会が運用するG空間情報センター（https://front.geospatial.jp/）においてダウンロードが可能となっている。

23-2　PLATEAU都市モデルデータのダウンロードと解凍

本章では，札幌市の都市モデルをダウンロードし，第22章で3D表示した札幌市南西部の地形上に3D建物を表示する。この作業はハイスペックのPCであっても時間がかかる。

まず，札幌市のPLATEAU都市モデルデータを検索しダウンロードする。Webブラウザで G空間情報センター（https://front.geospatial.jp/）を表示させ，中段にある「データを探す」の「キーワードを入力」で「PLATEAU札幌」と入力して【さがす】ボタンを押す（図23-1）。検索結果の画面で，「3D都市モデル（Project PLATEAU）札幌市（2020年度）」のリンクをクリックすると，データダウンロードのページに入る。

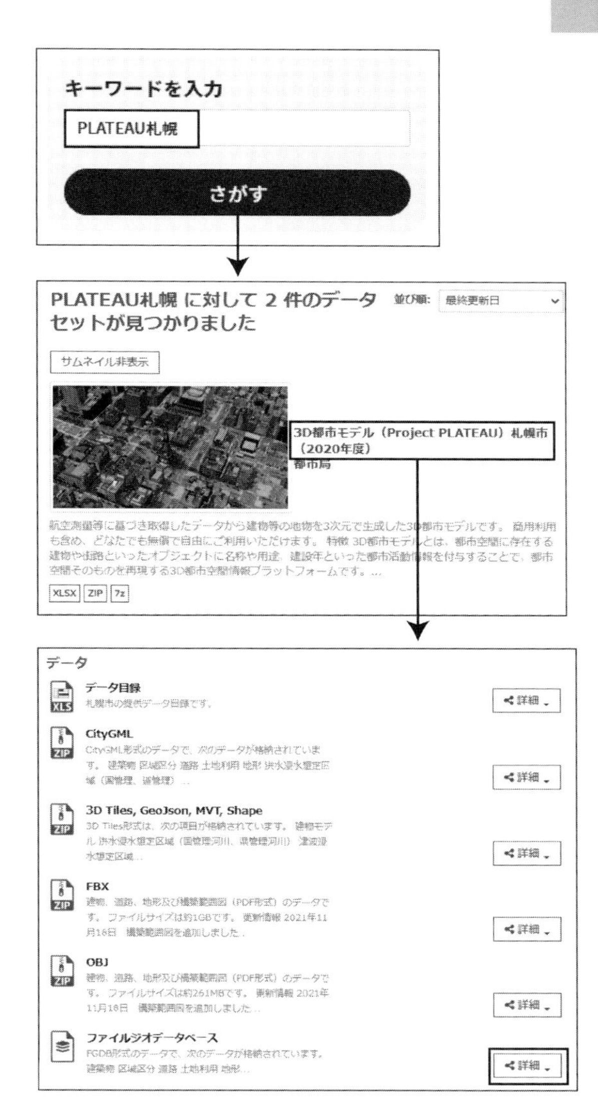

図23-1　PLATEAU都市モデルデータのダウンロード
G空間情報センターWebサイト（https://front.geospatial.jp/）により作成。

このデータは，様々なファイル形式で提供されており，Esri社の独自形式であるファイルジオデータベース形式でもダウンロードできる。「ファイルジオデータベース」の右側にある【詳細】ボタンを押し，展開されるリストにおいて【ダウンロード】を選択する。そうすると，ファイル＜01100_sapporo-shi_fgdb.7z＞が＜ダウンロード＞フォルダー（本書の作業では＜C:¥Users¥(ユーザー名)¥Downloads＞）に保存される。

ここでは22章で作成した＜C:¥...¥Documents¥ArcGIS¥Projects＞の中の＜立体図＞フォルダーを作業に用いる。＜立体図＞フォルダーの中に＜PLATEAU＞というフォルダーを作成し，ここにファイル＜01100_sapporo-shi_fgdb.7z＞を移動させてから解凍する（解凍ソフトがない場合には，圧縮・解凍ソフト「7-Zip」(https://sevenzip.osdn.jp/) をダウンロードして解凍作業を行う)。解凍後には，＜PLATEAU＞フォルダーの中に＜01100_sapporo-shi_fgdb＞フォルダーが作成される。

LOD1

LOD2

図23-2　LOD1とLOD2の建築物データ

23-3　建築物の範囲抽出と表示

23-3-1　ArcGIS Proの起動

ArcGIS Proを起動させるため，＜C:¥...¥Documents¥ArcGIS¥Projects¥立体図＞の中の＜立体図.aprx＞をダブルクリックする（あるいは，ArcGIS Proを起動させ，初期画面において「最近使ったプロジェクト」の【立体図】を選択する)。プロジェクトが表示されたら，マップビュー・タブで【シーン】が選択され，シーンビューとなっていることを確認する。

23-3-2　建築物データの詳細度（LOD）

ダウンロードしたファイルジオデータベースには，建築物，区域区分，道路，土地利用，地形データが格納されている。ここでは，建築物のデータをシーンに読み込み表示させる。

建築物データは，詳細度（LOD：Level of Detail）別に作成されており，LOD0は建築物外形の2次元形状，LOD1は2次元形状を高さ情報で立ち上げた3次元形状，LOD2は建築物の表面テクスチャを持つ3次元形状を表現したモデルとなっている（図23-2)。

札幌市のLOD1の作成範囲は，651.36平方キロメートルと広範囲で大容量であることから，すべてのデータを表示する場合パソコンの性能によっては非常に時間がかかるため，必要範囲を抽出してから使用することを推奨する。

23-3-3　LOD1建築物の表示

ここでは，第22章で作成した3D地形を抽出範囲とする。シーンビューに3D地形（DEM10m標高644142メッシュ）の範囲が表示されている状態で，《カタログ》ウィンドウの＜フォルダー＞－＜立体図＞－＜PLATEAU＞－＜01100_sapporo-shi_fgdb＞の中にあるフィーチャクラス＜lod1_Building＞を右クリックし，表示されるメニューで【エクスポート】－【フィーチャクラス→フィーチャクラス】を選択すると，《ジオプ

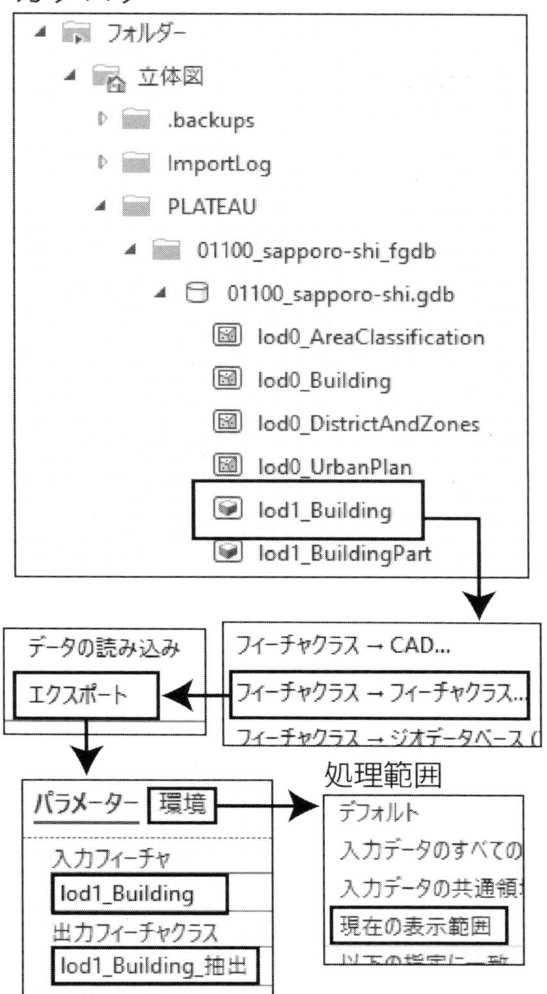

図 23-3　LOD1 建築物の表示

ロセシング》ウィンドウが表示される（図 23-3）。

このウィンドウにおいて「入力フィーチャ」では【lod1_Building】，「出力フィーチャクラス」では「lod1_Building_ 抽出」と入力する。

さらに，《ジオプロセシング》ウィンドウの【環境】タブを押し，「処理範囲」の「範囲」で【現在の表示範囲】を選択すと，下に四隅の座標が表示される。その後，【実行】ボタンを押して，しばらくするとシーンビューに抽出された LOD1 建築物が表示される。

23-3-4　LOD2 建築物の表示

《カタログ》ウィンドウで＜フォルダー＞－＜立体図＞－＜ PLATEAU ＞－＜ 01100_sapporo-shi_fgdb ＞の中にある＜ lod2_Building ＞は LOD2 建築物のフィーチャクラスである。その作成範囲は狭くデータ量も少ないため，これをシーンビューにドラッグアンドドロップすると，LOD2 建築物が表示される（図 23-4）。

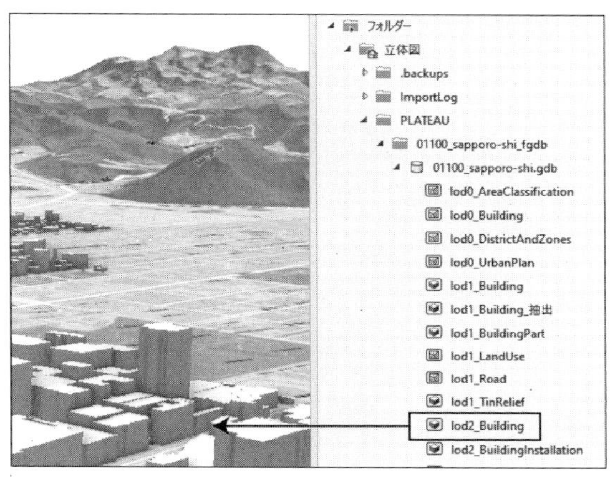

図 23-4　LOD2 建築物の表示

23-4　LOD1建築物とLOD2建築物のマージ

23-4-1　重複する建築物の削除

LOD1 の建築物には，LOD2 で作成されている建築物も作成されているため，重複して表示されるので，LOD1 の建築物から LOD2 で作成されている建築物を削除する必要がある。

《コンテンツ》ウィンドウで＜ lod1_Building_抽出＞を選択し，リボンタブ【マップ】－【空間条件で検索】を選択すると，《空間条件で検索》ウィンドウが表示される。このウィンドウでは「入力フィーチャ」を【lod1_Building_ 抽出】，「リレーションシップ」を【インターセクト】，「選択フィーチャ」を【lod2_ 建築物】（エイリアス名）とし，「空間リレーションシップの反転」にチェックを入れて【OK】ボタンを押す（図 23-5）。

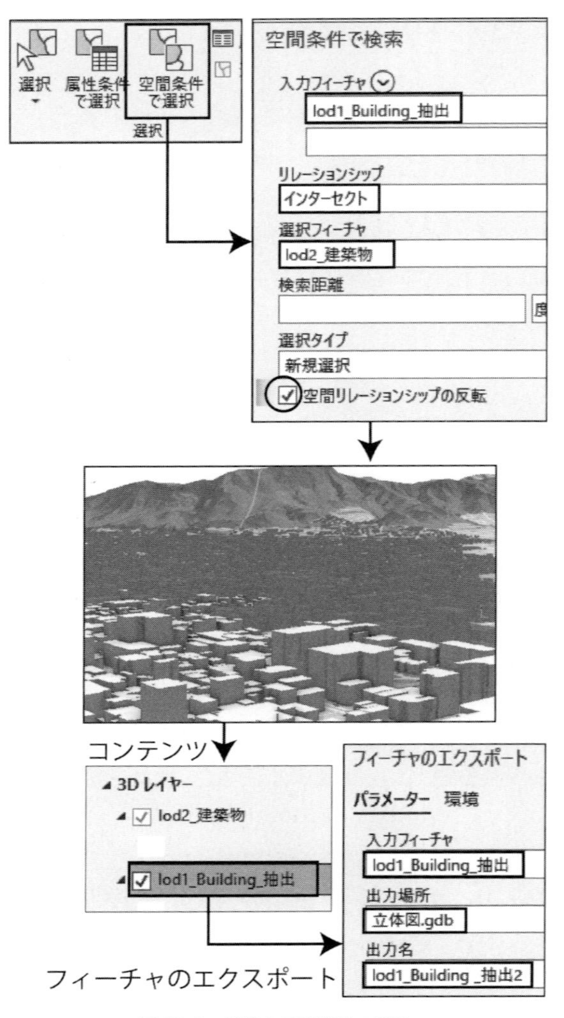

図 23-5　重複する建築物の削除

選択が完了したら，《コンテンツ》ウィンドウの＜ lod1_Building_ 抽出＞を右クリックし，【データ】－【フィーチャのエクスポート】を選択する。《フィーチャのエクスポート》ウィンドウが表示されたら，「入力フィーチャ」を【lod1_Building_ 抽出】,「出力フィーチャクラス」を＜ lod1_Building_ 抽出2 ＞として【OK】ボタンを押す。

以上で，LOD1 の建築物から LOD2 と重なる部分を除いたフィーチャクラス＜ lod1_Building_ 抽出 2 ＞が作成される。《コンテンツ》ウィンドウの＜ lod1_Building_ 抽出＞はチェックを外して非表示にする。

23-4-2　LOD1 と LOD2 のマージ

LOD1 と LOD2 を別個のフィーチャクラスとして活用しても良いが，属性情報で主題図を作成するなどの場合は，1 つのフィーチャクラスに結合したほうが使い勝手が良い。そこで，これらフィーチャクラスのマージを行う。

リボンタブ【解析】を選択し,【解析ツールギャラリー】のメニューを展開して，「データの管理」の中の【マージ（Merge)】を選ぶ。マップビューの右に，《ジオプロセシング》ウィンドウが表示されたら，「入力データセット」で【lod1_Building_ 抽出 2】と【lod2_ 建築物】を選ぶ。「出力データセット」では＜ 01100_sapporo-shi.gdb ＞の中に＜ lod1_lod2_Building ＞として保存するように指定し,「フィールドマップ」の右の【リセット】アイコンを押す。ここで【実行】ボタンを押すと，マージされたフィーチャクラスが作成される（図 23-6)。

23-4-3　属性情報による主題図の作成

マージした建築物フィーチャクラス＜ lod1_lod2_Building ＞の属性テーブルを表示すると，様々な属性情報が付与されていることが確認できる。ここでは例として，豊平川流域で想定される最大規模の洪水の浸水深を建築物ごとに示す。

《コンテンツ》ウィンドウの＜ lod1_lod2_Building ＞を右クリックし，【シンボル】を選択する。シーンビューの右横に《シンボル》ウィンドウが出たら,「プライマリシンボル」を【等級色】,「フィールド」を【gen_ 石狩川水系豊平川洪水浸水想定区域 _ 想定最大規模 _ 浸水深】,「クラス」を【5】とする（図 23-7)。「シンボル」の「上限値」には上から「0.5」,「1.0」,「1.5」,「2.0」とし，一番下の数値は変更しない。シンボルを設定すると，建物ごとに浸水深が示される。このように，3D シーンにおいても 2D のマップと同様の操作で主題図を作成することができる。

最後に，これまでに作成したマップを保存する

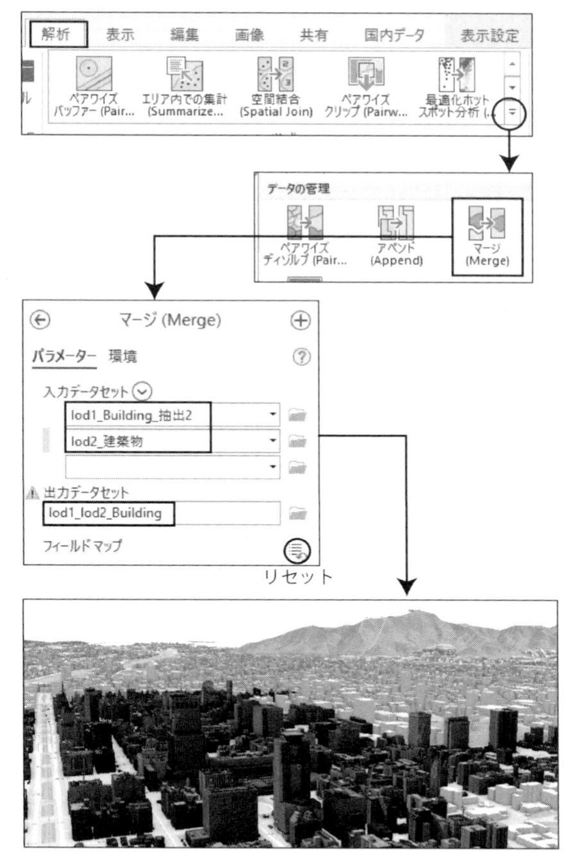

図 23-6　LOD1 建築物と LOD2 建築物のマージ

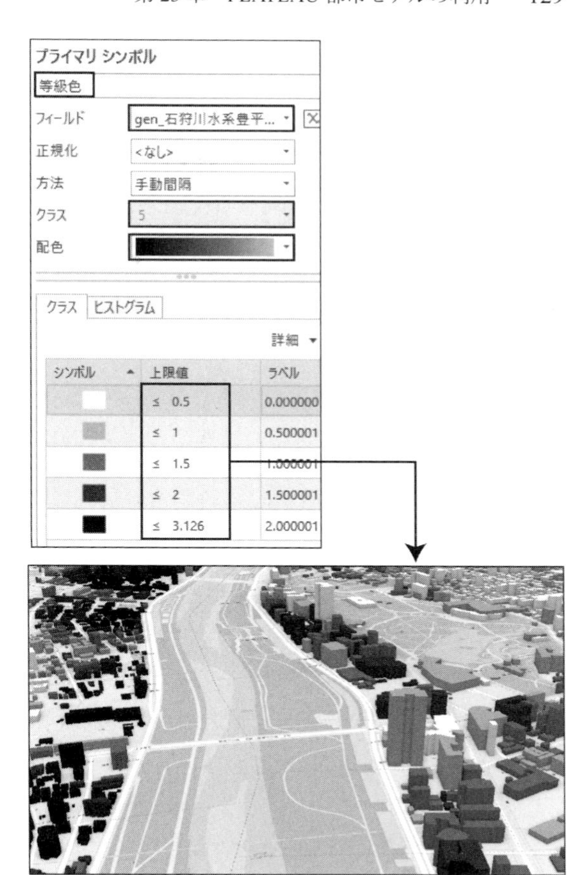

図 23-7　豊平川流域の洪水浸水想定の建築物別表示

ために，リボンタブ【プロジェクト】－【保存】を選択する。保存が終わったら，リボンタブ【プロジェクト】－【終了】で ArcGIS Pro を終了する。

（雫石和利）

第24章　3Dアニメーションの作成

24-1　ArcGIS Pro の起動

ArcGIS Pro は，2D のマップでも，3D のシーンでもアニメーションを作成することができる。本章では，第 22 章で数値標高モデルより作成した地形と，第 23 章で PLATEAU 都市モデルを設定したシーンを利用して，3D のシーンアニメーションを作成する。この作業も，前章と同じく時間がかかる。

ArcGIS Pro を起動させるため，＜ C:¥Users¥(ユーザー名)¥Documents¥ArcGIS¥Projects¥ 立体図＞の中の＜立体図 .aprx ＞をダブルクリックする（あるいは，ArcGIS Pro を起動させ，初期画面において「最近使ったプロジェクト」の【立体図】を選択する)。

プロジェクトが表示されたら，リボンタブ【表示】を選び「アニメーション」の【追加】を選択する（もし，【追加】を選択できない場合には【削除】を選択すると【追加】を選択できるようになる。ただし，その場合には前の設定が削除されるので注意が必要である)。そうすると，《アニメーションタイムライン》ウィンドウがシーンビューの下に表示される（図 24-1)。この操作は，アニメーションをマップから作成する場合でも，シーンから作成する場合でも同じである。

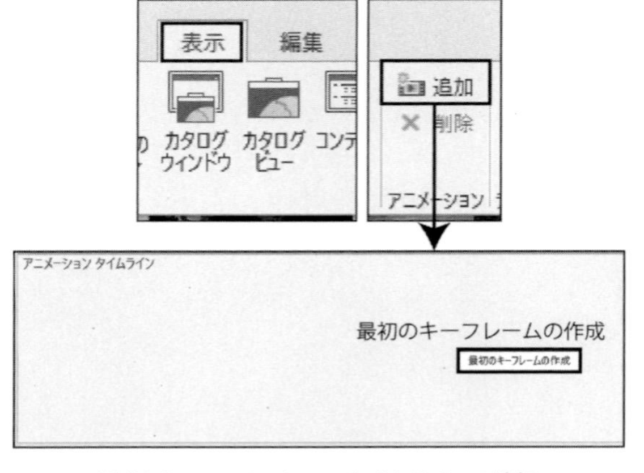

図 24-1　アニメーションタイムラインの追加

24-2　シーンアニメーションの設定

アニメーション作成機能では，シーンの表示画面をキーフレームとして複数登録し，登録したキーフレームの順に表示位置を移動するアニメーションを自動で作成することができる。

まず，アニメーションの開始画面となる位置をシーンビューで設定し，《アニメーションタイムライン》ウィンドウの【最初のキーフレームの作成】ボタンをクリックすると，「キーフレームギャラリー」に最初のキーフレームが追加される（図 24-2)。

次に，シーンビューの表示位置を移動して「キーフレームギャラリー」の緑色の十字ボタンを押して 2 つ目のキーフレームを追加する。更にシーンビューの表示位置を移動して 3 つ目，4 つ目と，順次キーフレームを追加する。

キーフレームの追加が終わったら，【再生】ボタンを押すと，アニメーションが再生される（図 24-3)。

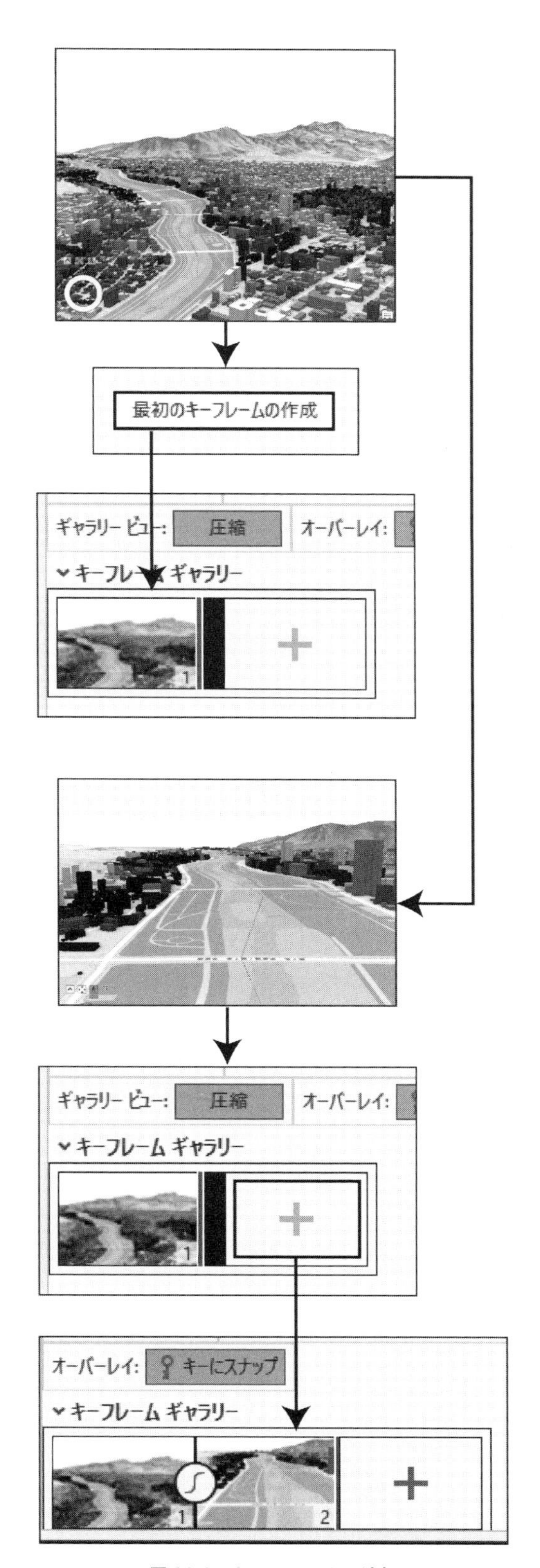

図 24-2　キーフレームの追加

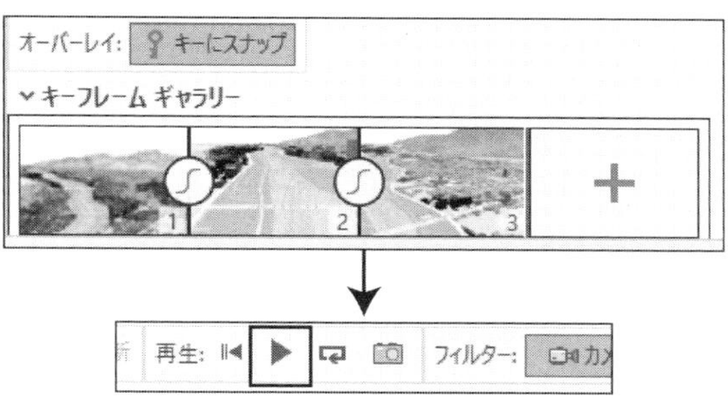

図 24-3　アニメーション表示

24-3　動画ファイルの作成

3D など大量のデータを扱うアニメーション再生では，ビューをリアルタイムに移動しつつ表示していくので，フレームごとの表示が完了しない状態のアニメーションとなる。このような場合には，動画ファイルとして出力すると良い。

動画ファイルを作成する場合には，リボンタブ【アニメーション】－【ムービーのエクスポート】

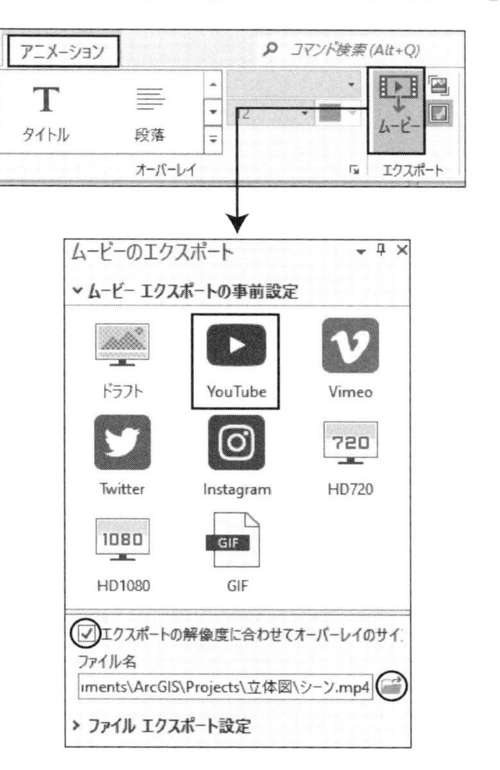

図 24-4　動画ファイルの作成

を選択する。《ムービーのエクスポート》ウィンドウが表示されたら，「ムービーエクスポートの事前設定」で形式を選択できる。

ここでは例として【YouTube】を選択し，「エクスポートの解像度に合わせてオーバーレイのサイズを自動的に変更する」にチェックを入れる（図24-4）。

「ファイル名」ではブラウザボタンをクリックして《アニメーション ファイルの場所》ウィンドウを出し，＜立体図＞フォルダーに＜シーン＞という名前で保存するように設定する。続けて，ファイル形式として【MPEG4 ムービー（*.mp4）】を選択したら，ウィンドウの【保存】ボタンをクリックする。

ここで《ムービーのエクスポート》ウィンドウの【エクスポート】ボタンを押すと，動画ファイルが作成される。

最後に，これまでに作成したマップを保存するために，リボンタブ【プロジェクト】－【保存】を選択する。保存が終わったら，リボンタブ【プロジェクト】－【終了】で ArcGIS Pro を終了する。

（雫石和利）

第25章　津波ハザードマップの作成

25-1　津波浸水想定とハザードマップ

ハザードマップは，自然災害による減災や防災のために被災想定区域を表示した地図である。防災対策のためには，このハザードマップに避難場所や避難経路などが重ねて表示される。

津波に関するハザードマップ作成には，最大クラスの津波で想定される浸水範囲や水深など津波浸水想定の設定が必要である。この津波浸水想定は，2011年3月11日に発生した東日本大震災を教訓に同年12月7日に成立した「津波防災地域づくりに関する法律」（平成二十三年法律第百二十三号）で都道府県が設定することとなった。

北海道太平洋沿岸では日本海溝・千島海溝周辺海溝型地震による津波が心配され，その津波浸水想定に関するGISデータは2021年7月19日に公開された。本章では，このデータを用い，北海道東部の釧路市を事例としてハザードマップ作成の事例を示す。

25-2　ArcGIS Proの起動

Windowsのスタートメニューから ArcGIS Proを起動させる。もし，起動で《ArcGIS サインイン》ウィンドウが表示されたら，「ユーザー名」と「パスワード」にアカウント情報を入力し，【サインイン】ボタンを押す（第3章図3-5参照）。

次に，ArcGIS Proの起動画面で「新しいプロジェクト」の【マップ】を選択し，プロジェクトの作成を行う。ここではプロジェクトを，個人用ドキュメントフォルダー（本書では＜ C:¥Users¥（ユーザー名）¥Documents¥ArcGIS¥Projects ＞）の中に作る。《新しいプロジェクトの作成》ウィンドウが表示されたら，「名前」に＜津波ハザードマップ＞と入力し，「場所」ではフォルダーアイコンを押して，《新しいプロジェクトの場所》ウィンドウを出し，＜ C:¥...¥Documents¥ArcGIS¥Projects ＞フォルダーを選択して【OK】ボタンを押す。さらに，「このプロジェクトのための新しいフォルダーを作成」にチェックを入れて，【OK】ボタンを押すと，プロジェクトが作成され，ArcGIS Proでは新しいマップが表示される。

続いて《コンテンツ》ウィンドウで新しいマップを右クリックし，表示されるメニューで【プロパティ】を選択する。《プロパティ》ウィンドウでは，左側の【一般】をクリックして「名前」を「ハザードマップ」に変える。続いて【座標系】で＜平面直角座標系第13系（JGD2011）＞（第2章表2-2参照）を選んでから【OK】ボタンを押す。そうすると，マップビュー・タブが【ハザードマップ】に変わる。

25-3　津波浸水想定データのダウンロード

津波ハザードマップを作成するための作業フォルダーとして，＜ C:¥...¥Documents¥ArcGIS¥Projects¥津波ハザードマップ＞フォルダーの中に，新たに＜津波浸水想定＞フォルダーを作成する。

釧路市の「津波浸水結果 GIS データ」は，北海道の Web サイトにおける「太平洋沿岸の津波浸水想定の公表資料（データ集）」（https://www.constr-dept-hokkaido.jp/ks/ikb/sbs/tsunami/shinsuisoutei/open_data2.html）で公開されている。

Web ブラウザで，このページを開き，「浸水深および浸水開始時間データ（オープンデータ）」で【釧路市（ZIP：24104KB）】をクリックすると，圧縮ファイル＜08_kushiroshi.zip＞がダウンロードされるので，これを＜津波浸水想定＞フォルダーに移動させてから解凍する（図 25-1）。

そうするとフォルダー内に＜08_釧路市＞フォルダーが作られ，その中には＜釧路市_浸水深.dbf＞，＜釧路市_浸水深.prj＞，＜釧路市_浸水深.shp＞，＜釧路市_浸水深.shx＞という 4 ファイルから構成されるシェープファイルが保存される。これには津波断層モデルごとの浸水深と浸水開始時間が属性データとして記録されている。

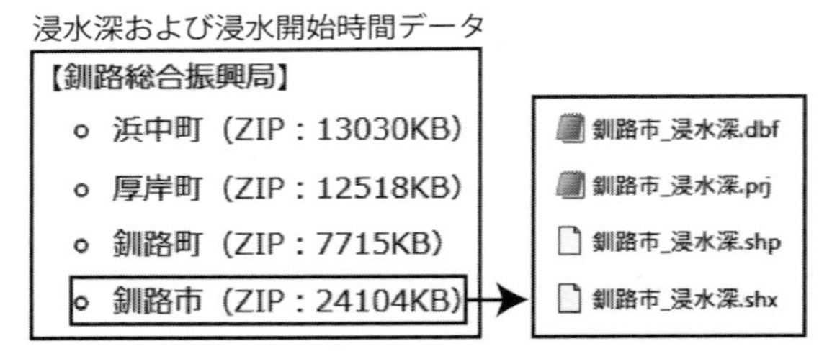

図 25-1　津波浸水想定データのダウンロード

25-4　津波浸水想定の地図化

25-4-1　シェープファイルの読み込み

ここからは，ArcGIS Pro で津波浸水想定のシェープファイルをジオデータベースにインポートする。その前に，マップビューにおいて北海道東部の太平洋沿岸にある釧路市を表示させておく（縮尺は 100,000 分の 1 程度）。

リボンタブ【マップ】−【データの追加】−【データ】を選択して《データの追加》ウィンドウを出し，＜プロジェクト＞−＜フォルダー＞−＜津波ハザードマップ＞−＜津波浸水想定＞−＜08_釧路市＞を開いてから，＜釧路市_浸水深.shp＞を選んで【OK】ボタンを押す。そうすると，シェープファイルが《コンテンツ》ウィンドウに追加され，マップビューに地図が表示される（図 25-2）。

図 25-2　シェープファイルの読み込み

25-4-2　ジオデータベースへのインポート

この＜釧路市_浸水深＞をジオデータベースにインポートする。リボンタブ【表示】−【カタログウィンドウ】を選択すると，マップビューの横に《カタログ》ウィンドウが表示される。ここで，＜データベース＞を開き，＜津波ハザードマップ.gdb＞を右クリックしてメニューから【インポート】−【複数のフィーチャクラス】を選択する。

《ジオプロセシング》ウィンドウが出たら，「入力フィーチャ」では【釧路市_浸水深】を選択し，出力ジオデータベースでは【津波ハザードマップ.gdb】を選ぶ。ここで【実行】ボタンを押すと，ジオデータベースへのインポートが行われる（図 25-3）。

インポートが終了したら，リボンタブ【表示】

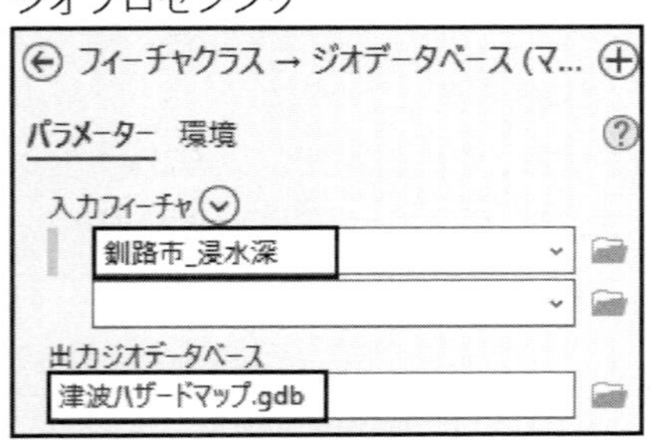

図 25-3　ジオデータベースへのインポート

－【カタログウィンドウ】を選択し，《カタログ》ウィンドウの＜データベース＞－＜津波ハザードマップ.gdb＞の中にある＜釧路市_浸水深＞を右クリックし，表示されるメニューから【名前の変更】を選んで，名前を＜浸水深＞に変更する。

ここまでの作業を終えたら，リボンタブ【プロジェクト】－【保存】を選択し，上書き保存を行う。

25-5　津波浸水想定の浸水深別表示

25-5-1　属性テーブルのフィールド追加

ここからは，津波浸水想定のデータを用いて，ArcGIS Proにより浸水深別の表示を行う。フィーチャクラス＜浸水深＞は912,738個のポリゴンから構成されている。このまま扱うと描画や分析に時間がかかるため，浸水深のクラス分けを行い，それによって少数のポリゴンにまとめる作業を行う。

国土交通省水管理・国土保全局海岸室，国土技術政策総合研究所河川研究部海岸研究室が2019年4月に公表した『津波浸水想定の設定の手引き Ver.2.10』（https://www.mlit.go.jp/river/shishin_guideline/kaigan/tsunamishinsui_manual.pdf）では，津波基準水位の閾値や配色の基準が示されている（表25-1）。本章では，この配色を参考にして浸水深のクラス分けを行う。

まず，属性テーブルに浸水深の区分コードを追加する。《コンテンツ》ウィンドウの＜浸水深＞を選び，リボンタブ【データ】－【属性テーブル】を選択すると，属性テーブルが表示される。属性テーブルの上にある【追加】アイコンをクリックすると，フィールドビューになり，最下段に新たなフィールドが追加される。

新しいフィールドでは，「フィールド名」と「エイリアス」の欄に「浸水深」と入力する。また，「データタイプ」では【Text】を選択する。

表25-1　津波基準水位の閾値や配色

浸水深	RGB	CMYK
20m～	220, 122, 220	0, 45, 0, 14
10～20m	242, 133, 201	0, 45, 17, 5
5～10m	255, 145, 145	0, 43, 43, 0
3～5m	255, 183, 183	0, 28, 28, 0
1～3m	255, 216, 192	0, 15, 25, 0
0.5～1m	248, 225, 166	0, 9, 33, 3
0.3～0.5m	247, 245, 169	0, 1, 32, 3
～0.3m	255, 255, 179	0, 0, 30, 0

『津波浸水想定の設定の手引き Ver.2.10』（https://www.mlit.go.jp/river/shishin_guideline/kaigan/tsunamishinsui_manual.pdf）により作成。

続いて，リボンタブ【フィールド】－【保存】を選ぶ。属性テーブルのタブ【浸水深】をクリックし，テーブルを右にスクロールすると，新しいフィールド「浸水深」が追加されている。

25-5-2　浸水深の区分コードの入力

ここでは，条件文を用いて浸水深の区分コードをフィールドに入力する。ここでは＜浸水深＞の属性の中で「SIN_MAX」を用いる。これは複数の津波浸水想定の中で，任意の地点における最も大きな浸水深の数値が入力されている。

属性テーブルにおける「浸水深」のフィールド名で右クリックし，出てくるメニューで【フィールド演算】を選択する。《フィールド演算》ウィンドウが表示されたら，入力テーブルを【浸水深】，フィールド名を【浸水深】，「条件の種類」を【Python 3】とする。

「文字列＝」の下の入力欄には，「Reclass(!SIN_MAX!)」と入力する。続いて「コードブロック」には下記のPythonコードを入力する（Python言語は，半角スペースにより文字下げをすることで論理構造を表現するため，スペースの個数を間違えないように注意する）。

```
def Reclass(SIN_MAX):
    if SIN_MAX >= 0 and SIN_MAX < 0.3:
        return "0.0 ～ 0.3m"
    elif SIN_MAX >= 0.3 and SIN_MAX < 0.5:
        return "0.3 ～ 0.5m"
    elif SIN_MAX >= 0.5 and SIN_MAX < 1.0:
        return "0.5 ～ 1.0m"
    elif SIN_MAX >= 1.0 and SIN_MAX < 3.0:
        return "1.0 ～ 3.0m"
    elif SIN_MAX >= 3.0 and SIN_MAX < 5.0:
        return "3.0 ～ 5.0m"
    elif SIN_MAX >= 5.0 and SIN_MAX < 10.0:
        return "5.0 ～ 10.0m"
    elif SIN_MAX >= 10.0 and SIN_MAX < 20.0:
        return "10.0 ～ 20.0m"
    elif SIN_MAX >= 20.0:
        return "20.0m ～ "
    else:
        return 99
```

入力後に【OK】ボタンを押すと，属性テーブルの「浸水深」フィールドに判定結果が入力される（図 25-4）。

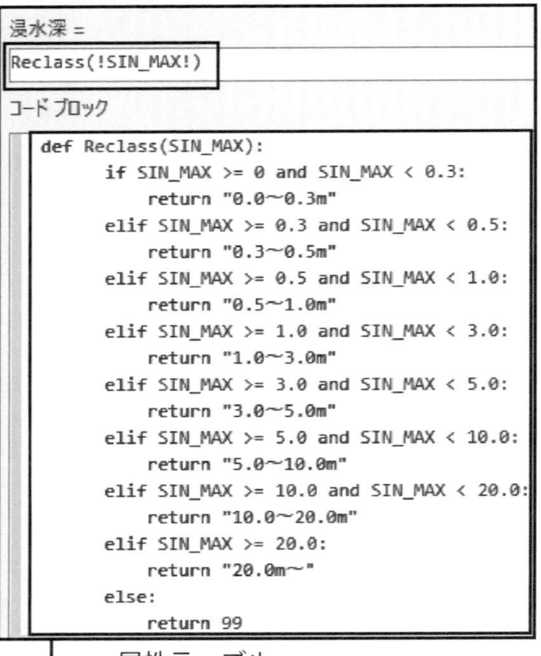

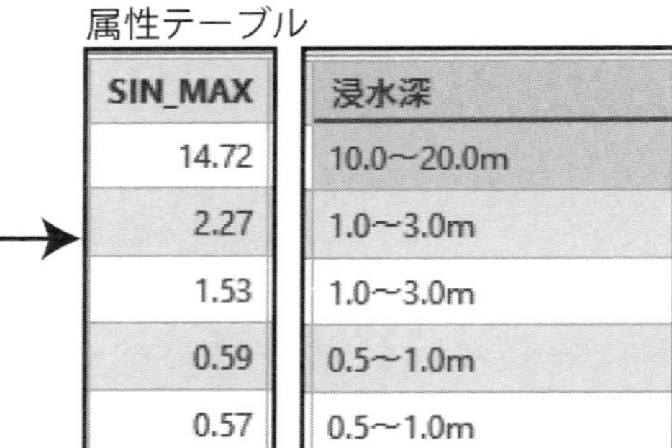

図 25-4　浸水深の区分コードの入力

25-5-3　クラス分けした浸水深によるポリゴン結合

続いて，「浸水深」のフィールドによりディゾルブによるポリゴン結合を行う。

リボンタブ【解析】を選択し，【解析ツールギャラリー】のメニューを展開して，「データの管理」の中の【ペアワイズ ディゾルブ（Pairwise Dissolve)】を選択する（図 25-5)。マップビューの横に，《ジオプロセシング》ウィンドウが表示されたら，ディゾルブの設定を行う。

「入力フィーチャ」では【浸水深】を選択し，「出力フィーチャクラス」では横のフォルダーアイコンを押して＜津波ハザードマップ .gdb ＞に＜浸水深_Dissolve ＞という名前で保存するように設定する。

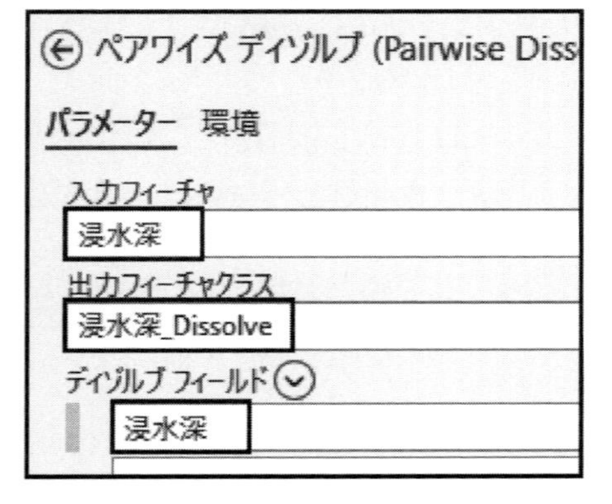

図 25-5　クラス分けした浸水深によるポリゴン結合

結合のキー項目となる「ディゾルブフィールド」では【浸水深】を選択し,「統計フィールド」には何も入力しない。

「マルチパートフィーチャの作成」にチェックを入れてから【実行】ボタンを押すと,《コンテンツ》ウィンドウに<浸水深 _Dissolve >が追加され,浸水深で区分されたポリゴンが表示される。

なお，この<浸水深 _Dissolve >の属性テーブルの「Shape_Area」には各ポリゴンの総面積 (m^2) が入力されている。《コンテンツ》ウィンドウの<浸水深 _Dissolve >を選択し,リボンタブ【データ】－【属性テーブル】をクリックして，フィールド「Shape_Area」の数値を見ると，浸水深 5.0 ～ 10.0 m の面積が最大であることがわかる。

25-5-4　浸水深の凡例設定

ここからは浸水深の凡例を設定する。《コンテンツ》ウィンドウの<浸水深 _Dissolve >を右クリックし,メニューで【シンボル】を選択すると,マップビューの右側に《シンボル》ウィンドウが表示される。

ここでは「プライマリシンボル」を【個別値】とし,「フィールド 1」では【浸水深】を選ぶ。さらに,ウィンドウ内の【クラス】タブを選択し,【すべての値を追加】アイコンを押すと，ウィンドウ下側にシンボルが表示される。

この時点では凡例が深度別に並んでいないので，任意のシンボルをクリックしたままドラッグして移動させ，一番上に「0.0 ～ 0.3 m」，一番下に「10.0 ～ 20.0 m」が来るように順番を整える。

「0.0 ～ 0.3 m」の凡例部分をクリックすると,マップビューの右に《シンボル》ウィンドウが出るので,【プロパティ】を選んでから,「アウトライン色」のカラーパレットを展開し【色なし】を選ぶ。

続いて,「色」のカラーパレットを展開し【色プロパティ】をクリックすると,《カラーエディター》ウィンドウが表示される。その「カラーモード」を【RGB】として，表 25-1 の通り,「赤」に

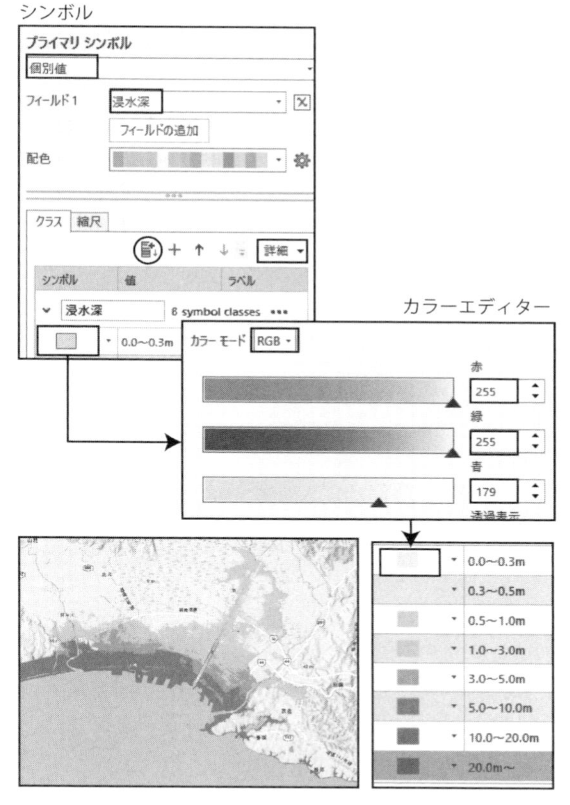

図 25-6　浸水深の凡例設定

「255」,「緑」に「255」, 青に「179」と入力する（図 25-6)。なお,「透過表示」は「0％」のままとし,【OK】ボタンを押したら,《シンボル》ウィンドウの【適用】ボタンを押し，上側の左向き矢印アイコンをクリックして,プライマリシンボルページに戻る。

この操作を繰り返して，すべての凡例を変更する。すべての凡例の変更を終えたら，リボンタブ【プロジェクト】－【保存】を選択する。

25-6　避難場所の地図表示

25-6-1　指定緊急避難場所データのダウンロード

ここからマップに避難場所を加える。まず，国土地理院の Web サイトの「指定緊急避難場所データ　市町村別公開日・最終公開日・ダウンロード一覧」(https://hinan.gsi.go.jp/hinanjocjp/hinanbasho/

koukaidate.html）のページを開く。このデータは全国の自治体から提供されたものを国土地理院が公開したもので，施設名，住所，緯度，経度の他に対応する災害の種類（洪水，崖崩れ，高潮，地震，津波，大規模な火事，内水氾濫，火山現象）についても記載がある。

このページで「北海道釧路市」の【ダウンロード】ボタンを押すと＜ 01206.csv ＞がダウンロードされる（図 25-7）。＜津波ハザードマップ＞フォルダーの中に＜避難場所＞フォルダーを作り，そこに＜ 01206.csv ＞を移す。

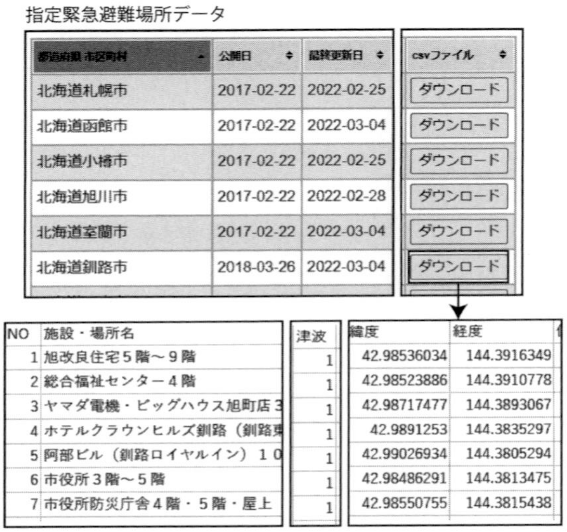

指定緊急避難場所データ

都道府県 市区町村	公開日	最終更新日	csvファイル
北海道札幌市	2017-02-22	2022-02-25	ダウンロード
北海道函館市	2017-02-22	2022-03-04	ダウンロード
北海道小樽市	2017-02-22	2022-02-25	ダウンロード
北海道旭川市	2017-02-22	2022-02-28	ダウンロード
北海道室蘭市	2017-02-22	2022-03-04	ダウンロード
北海道釧路市	2018-03-26	2022-03-04	ダウンロード

NO	施設・場所名	津波	緯度	経度
1	旭改良住宅５階～９階	1	42.98536034	144.3916349
2	総合福祉センター４階	1	42.98523886	144.3910778
3	ヤマダ電機・ビッグハウス旭町店３	1	42.98717477	144.3893067
4	ホテルクラウンヒルズ釧路（釧路東	1	42.9891253	144.3835297
5	阿部ビル（釧路ロイヤルイン）１０	1	42.99026934	144.3805294
6	市役所３階～５階	1	42.98486291	144.3813475
7	市役所防災庁舎４階・５階・屋上	1	42.98550755	144.3815438

図 25-7　指定緊急避難場所データのダウンロード
国土地理院 Web サイト（https://hinan.gsi.go.jp/hinanjocjp/hinanbasho/koukaidate.html）による。

このファイルを Excel などで開いてみると，対応する災害の種類には「1」が入力されていることを確認できる。本章で扱う釧路市のデータは，すべて津波に対応したものであるが，他の自治体のデータを扱う場合には，津波に関する避難場所のみを残し，他は削除しておく。

なお，このデータは国土地理院が自治体から提供されたデータをまとめたものである。自治体の避難場所は変更される場合があるため，それに合わせて当該データも更新する必要がある。作業を行う前に，自治体の Web サイトに掲載されている避難場所リストなどを確認してほしい。

このデータにおいて「津波」に「1」と入力されているのは 5 種類の避難場所（「大津波警報」が発表された時の緊急避難場所・津波緊急避難施設・津波避難ビル，「津波警報」が発表された時の緊急避難場所・津波緊急避難施設）である。本章では，これらを区分せずに扱うが，詳細なハザードマップを作る場合には，避難場所ごとに区分コードを入力して種類別に表示する方が良い。

25-6-2　ジオデータベースへのインポート

ArcGIS Pro に指定緊急避難場所データを読み込む。リボンタブ【マップ】－【データの追加】－【XY ポイントデータ】を選択すると，マップビューの右の《ジオプロセシング》ウィンドウが「XY テーブル→ポイント（XY Table To Point）」となる（図 25-8）。

ここで「入力テーブル」では右にあるフォルダーボタンを押して《入力テーブル》ウィンドウを出し，＜津波ハザードマップ＞－＜避難場所＞フォルダーの中の＜ 01206.csv ＞を選択し，【OK】ボタンを押す。

「出力フィーチャクラス」では右にあるフォルダーボタンを押して《出力フィーチャクラス》ウィンドウを出し，＜プロジェクト＞－＜データベース＞－＜津波ハザードマップ .gdb ＞フォルダーを開いてから，「名前」に＜指定緊急避難場所＞と入力して【保存】ボタンを押す。

続いて「X フィールド」では【経度】,「Y フィールド」では【緯度】を選択し，「Z フィールド」は空白にしておく。

さらに「座標系」では，右側のアイコン【座標系の選択】を押して《座標系》ウィンドウを出し，＜地理座標系＞－＜アジア＞－＜日本測地系 2011 (JGD2011) ＞を選択してから【OK】ボタンを押す。

ここで【実行】ボタンを押すと,《コンテンツ》ウィンドウに＜指定避難場所＞が追加され，マップビューには指定避難場所の分布図が描画される。

25-6-3　指定緊急避難場所データの座標変換

この＜指定緊急避難場所＞の座標系を，第8章を参考にして，経緯度による日本測地系2011(JGD2011)から平面直角座標系第13系(JGD2011)に変換する。

リボンタブ【解析】－【ツール】を選択すると，マップビューの右に《ジオプロセシング》ウィンドウが表示されるので，上側の【ツールボックス】をクリックし，メニューから【データ管理ツール】－【投影変換と座標変換】－【投影変換】を選択する。

そうすると「投影変換（Project)」のための設定画面となるので，「入力データセット，またはフィーチャクラス」では【指定緊急避難場所】を選び，「出力データセット，またはフィーチャクラス」では右のフォルダーアイコンをクリックして＜プロジェクト＞－＜データベース＞－＜津波ハザードマップ.gdb＞を開いてから，「名前」に＜指定緊急避難場所2＞と入力して【保存】ボタンを押す。

「出力座標系」では右側のアイコン（座標系の選択）を押して《座標系》ウィンドウを出し，＜投影座標系＞－＜各国の座標系＞－＜日本＞－＜平面直角座標系第13系（JGD2011）＞を選択して【OK】ボタンを押す。

ここで《ジオプロセシング》ウィンドウ【実行】ボタンを押すと，座標変換が行われ，《コンテンツ》ウィンドウに＜指定緊急避難場所2＞が追加される。なお，＜指定緊急避難場所＞のチェックを外して非表示にする。

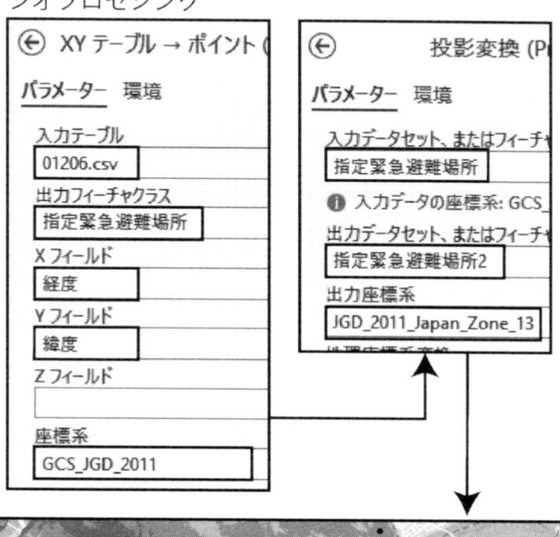

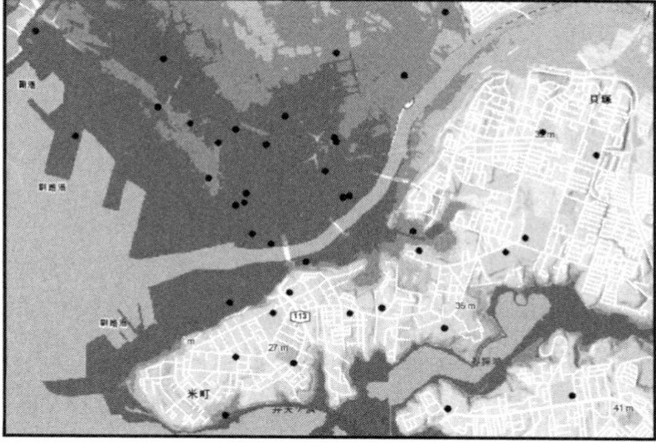

図25-8　避難場所の地図表示

25-6-4　シンボル変更とラベル表示

＜指定緊急避難場所2＞のシンボルをクリックして，マップビュー右側に《シンボル》ウィンドウを出し，上の【ギャラリー】を選択する。ここで「円1」を選択し，【プロパティ】を選んで「サ

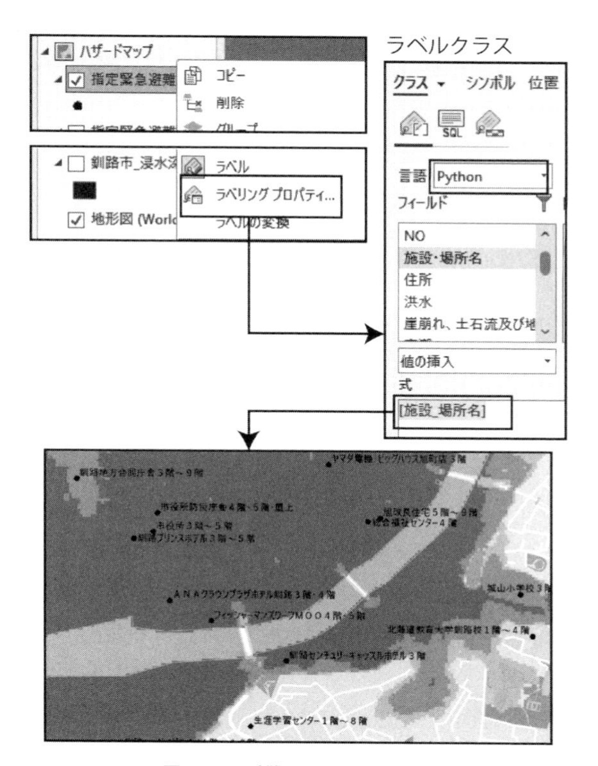

図25-9　避難場所のラベル表示

イズ」を「6pt」にして【適用】ボタンを押す。

続いて指定緊急避難場所の施設名をマップビューに表示させる。《コンテンツ》ウィンドウで＜指定緊急避難場所2＞を右クリックし，表示されるメニューで【ラベル】を選んで，ラベリングを有効にする。もう一度＜指定緊急避難場所2＞を右クリックし，【ラベリングプロパティ】を選択する。マップビュー右側に《ラベルクラス》ウィンドウが表示されたら，上側の【クラス】タブを選択し，「言語」を【Python】にする（図25-9)。「式」の欄に何も入力されていない状態で，「フィールド」の【施設・場所名】をダブルクリックし，「[施設_場所名]」と入力する。ここで【適用】ボタンを押すと，マップビューの指定緊急避難場所に施設名が表示される。

25-7　基盤地図情報の追加

25-7-1　基盤地図情報のダウンロード

ここからは，マップに基盤地図情報を追加する。そのために，3章を参考にして基盤地図情報のデータをダウンロードする。なお，データダウンロードを行うためには，国土地理院のログインIDとパスワードが必要であるため，3章の3-1の方法で事前に取得しておく。

基盤地図情報ダウンロードサービスのページ（https://fgd.gsi.go.jp/download/）に入り，ログインしてから，「基盤地図情報　基本項目」の【ファイル選択へ】ボタンをクリックすると，検索条件や選択方法を指定するためのページが開く。
まず，ページ左上のタブで【基本項目】が選択されていることを確認してから，「検索条件指定」において「全項目」のチェックを入れる。

次に，「選択方法指定」で対象地域の選択方法として「都道府県または市区町村で選択」にチェックを入れ，都道府県のメニューで【北海道】を選択してから，市区町村のメニューで【釧路市】を選ぶ。続いて【選択リストに追加】ボタンを押すと，「選択リスト」に該当する2次メッシュ番号が表示される（図25-10)。

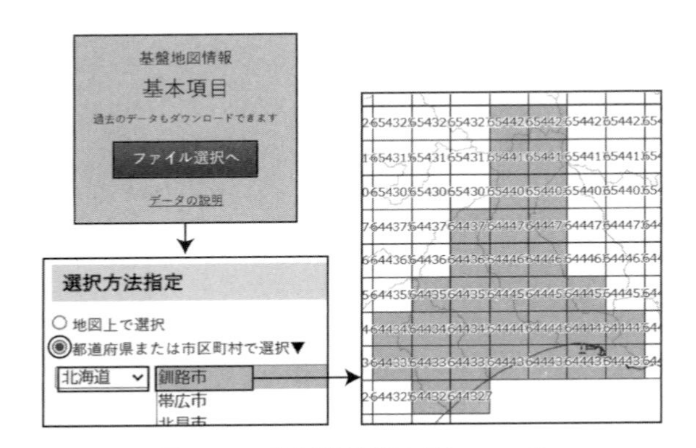

図25-10　基盤地図情報のダウンロード
国土地理院Webサイト（https://www.gsi.go.jp/kiban/）による。

ここで【ダウンロードファイル確認へ】ボタンを押すと,「ダウンロードファイルリスト」のページに入る。このページで，ファイルリストの上にある【全てチェック】ボタンをクリックしてから，【まとめてダウンロード】ボタンを押す（ログインしていない場合には，ここでログイン画面が出るのでIDとパスワードを入力する)。

「複数のファイルを選択した場合，ダウンロードが長時間にわたる場合があります。」というメッセージが出るので【OK】ボタンを押すと，釧路市の基盤地図情報ファイル＜PackDLMap.zip＞がダウンロードされる。

ここで，＜津波ハザードマップ＞フォルダーの中に＜基盤地図情報＞フォルダーを作り，そこに＜PackDLMap.zip＞を移し，解凍する。そうすると，＜基盤地図情報＞フォルダーの中に＜PackDLMap＞フォルダーが作られ，その中に複数のファイルが保存される。ここまでの作業を終えたらWebブラウザを閉じる。

25-7-2　ジオデータベースへの変換

ここで，ArcGIS Proにより解凍した基盤地図情報のファイルをジオデータベースに変換する。リボンタブ【国内データ】－【国土地理院】－【基盤地図情報のインポート】を選択すると，《基盤

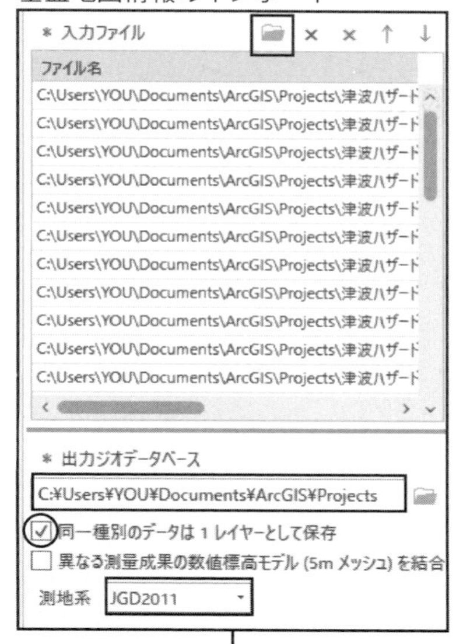

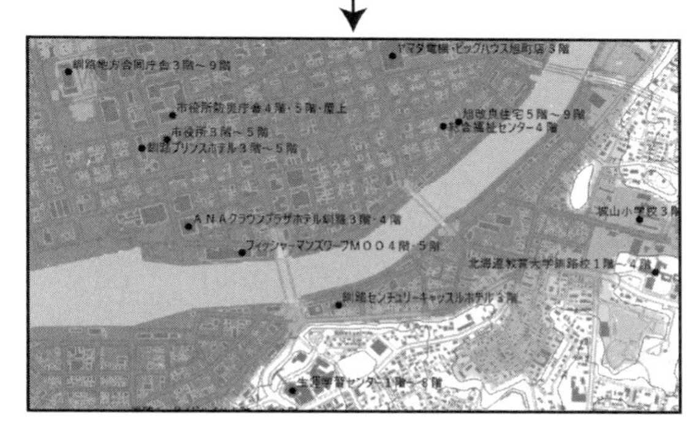

図 25-11　基盤地図情報のジオデータベースへの変換

地図情報のインポート》ウィンドウが地図の右側に表示される（図 25-11）。

このウィンドウの「入力ファイル」の設定では，フォルダアイコン（入力ファイルの追加）を押して《開く》ウィンドウを出し，＜津波ハザードマップ＞－＜基盤地図情報＞－＜ PackDLMap ＞フォルダーを開いてから，すべての zip ファイルを選択する（キーボードの Shift キーを押しながら最初と最後のファイルをクリックする）。ファイルの選択後，【開く】ボタンを押すと，《基盤地図情報のインポート》ウィンドウに選択したファイル名が表示される。

「出力ジオデータベース」の設定では，入力欄の右にあるフォルダアイコン(出力ジオデータベースの選択）を押して《ジオデータベースを選択してください》ウィンドウを出す。その中で，＜プロジェクト＞－＜データベース＞－＜津波ハザードマップ .gdb ＞を選択して【OK】ボタンを押す。

さらに，「同一種別のデータは 1 レイヤーとして保存」にチェックを入れる。

最後に，「測地系」が【JGD2011】となっていることを確認してから【実行】ボタンを押す。そうすると処理が行われて，基盤地図情報の zip ファイルがジオデータベースに変換される。

25-7-3　ジオデータベースの読み込み

ジオデータベースへの変換を終えたら，マップビューにジオデータベースに変換した基盤地図情報を追加する。リボンタブ【マップ】を選択し，【データの追加】－【データ】を選択すると，《データの追加》ウィンドウが表示される。このウィンドウで＜津波ハザードマップ .gdb ＞を開き，＜指定緊急避難場所＞，＜指定緊急避難場所 2 ＞，＜浸水深＞，＜浸水深 _Dissolve ＞以外のファイル名をすべて選択してから（キーボードの Ctrl キーを押しながらファイルをクリックすると作業が容易)，【OK】ボタンを押す。そうすると《コンテンツ》ウィンドウに読み込んだジオデータベースが表示され，マップビューに基盤地図情報が描画される。

25-7-4　マップのシンボル変更

地図が描画されたら，《コンテンツ》ウィンドウの＜測量の基準点＞，＜標高点＞，＜町字の代表点＞，＜行政区画代表点＞，＜海岸線＞，＜町字界線＞，＜建築物の外周線＞，＜行政区画＞のチェックを外して非表示にする。また，＜陰影起伏図（World Hillshade）＞と＜地形図（World Topographic Map）＞のチェックも外す。

これによりマップビューに表示されているのは＜水部構造物線＞，＜水涯線＞，＜道路縁＞，＜道路構成線＞，＜軌道の中心線＞，＜等高線＞，＜行政区画界線＞，＜水部構造物面＞，＜水域＞，

＜建築物＞となる。なお，これらは《コンテンツ》ウィンドウにおいて＜浸水深 _Dissolve ＞より上位に配置する。

ここからは，3 章の 3-4-2 の通りにシンボルの変更を行う。ただし，＜建築物＞，＜道路縁＞，＜道路構成線＞は「グレー 40%」のような灰色を指定した方が良い。

25-8　レイアウトビューの設定

25-8-1　レイアウトビューの追加

ここからレイアウトビューの作業に移行する。なお，作業の前にマップビューの下側にある縮尺の設定メニューで，縮尺を 10,000 分の 1 に設定しておく。

まず，リボンタブ【挿入】－【新しいレイアウト】をクリックし，メニューから「ISO-Landscape」の【A4】（横）を選択する。そうするとレイアウトビューが追加され，マップビューの【ハザードマップ】タブの隣に【レイアウト】タブが表示される（図 25-12）。

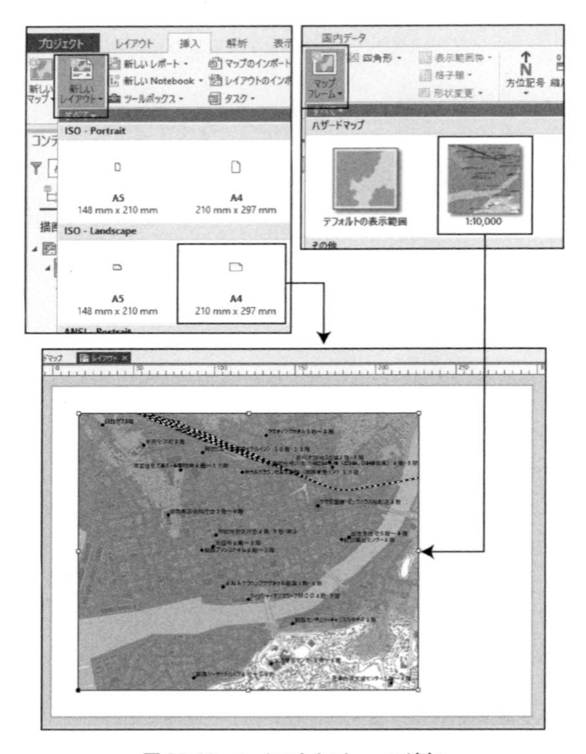

図 25-12　レイアウトビューの追加

次にレイアウトビューにマップを表示させる。リボンタブ【挿入】－【マップフレーム】をクリックし，メニューから現在作成中のマップのアイコンを選択する（ここでは【ハザードマップ (1:10,000)】を選択）。その後，レイアウトビュー上で任意の四角形を書くように，マウスの左ボタンを押したまま左上から右下にマウスを移動させる。マウスの左ボタンを離すとマップが描画されるので，フレーム上のハンドルを操作して大きさや形を調節する。

25-8-2　凡例・方位記号・縮尺記号の追加

ハザードマップにおいて凡例，方位，縮尺は重要な基本情報であるため，これらを追加する。詳細な方法は第 3 章の 3-4-3 を参考にしてほしい。

まず，リボンタブ【挿入】－【方位記号】で【ArcGIS 方位記号 1】を選び，方位記号を任意の場所に挿入する。

次にリボンタブ【挿入】－【凡例】で任意の場所に凡例を挿入する。《コンテンツ》ウィンドウでは，＜レイアウト＞の＜指定避難場所 2 ＞と＜浸水深 _Dissolve ＞以外のチェックを外して非表示にする。また，レイアウトビューの右に表示される《エレメント凡例》ウィンドウでは，「凡例」における「表示」のチェックを外す（図 25-13）。さらに「凡例項目」の【プロパティの表示】を押し，「表示」の中の「レイヤー名」のチェックを外す。

最後に，リボンタブ【挿入】－【縮尺記号】で縮尺記号を付加する。表示されるメニューから「メートル法」の【縮尺ライン 1（メートル)】を選択し，レイアウトビューの任意の場所でクリックして縮尺記号を挿入する。この縮尺記号をクリックして《縮尺記号の書式設定》ウィンドウを表示させ，「マップ単位」を【メートル】，「ラベ

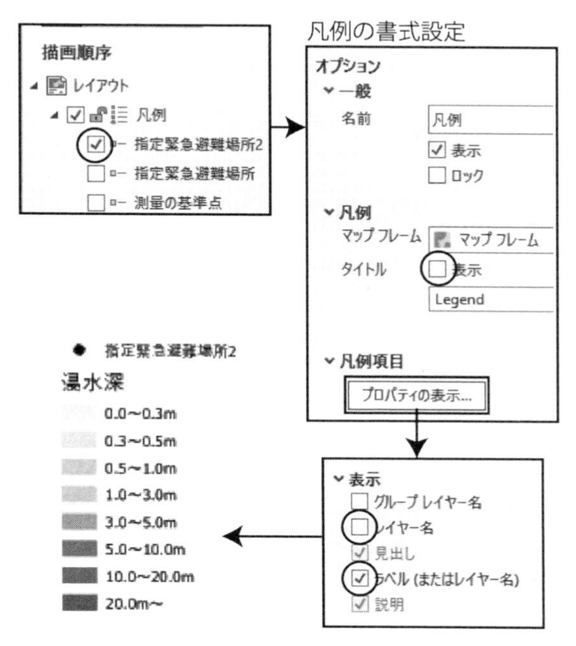

図 25-13　凡例の追加

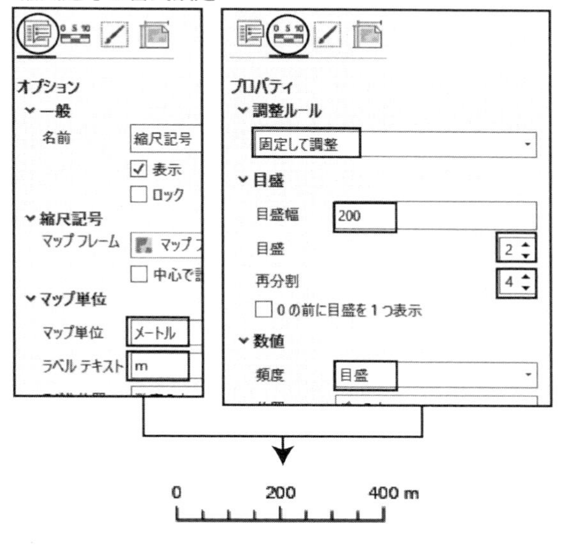

図 25-14　縮尺記号の追加

ルテキスト」を「m」に変更する（図 25-14）。続いて【プロパティ】アイコンをクリックし，「調整ルール」を【固定して調整】にして，「目盛幅」に「200」と入力する。「目盛」を【2】，再分割を【4】に設定し，「数値」の「頻度」を【目盛】にする。

25-9　UTMグリッド（MGRSグリッド）の表示

災害時の対策で用いる地図には UTM グリッドを引いておくと便利である。これは UTM 図法の地図に決められたルールで緯度・経度方向に引いた世界標準の方眼格子線である。これを用いると 100 m メッシュの位置を 6 桁の数字（X 座標 3 桁，Y 座標 3 桁）で表せるため，無線などで迅速かつ正確に位置の伝達が可能となる（図 25-15）。

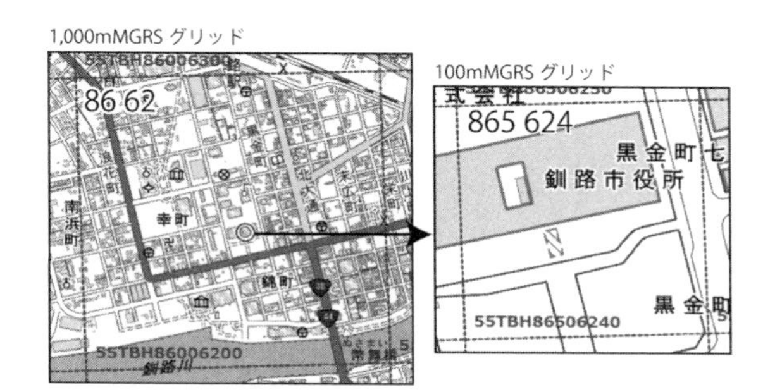

図 25-15　UTM グリッド（MGRS グリッド）

ArcGIS Pro で描けるのは，この UTM グリッドをベースとした MGRS グリッドであり，両者は同じ数字で位置を表示できる。ここでは 100 m のグリッドを描画する作業を説明する。

レイアウトビューでマップを選択してから，リボンタブ【挿入】－【格子線】を選び，表示されるメニューから【1,000 m MGRS グリッド】を選ぶ。そうすると，マップに 1,000 m の MGRS グリッドが表示される。

このマップにおいて釧路市役所は，X 軸では「86」と「87」の間，Y 軸では「62」と「63」の間にあり，市役所を含む 1,000m メッシュの位置は「86 62」（地理院地図の表記では「8600 6200」）となる。

ここからマップビュー右側に表示された《エレメント》ウィンドウで格子線の設定を行う。まず，ウィンドウの上側の【オプション】を選択し，「名前」に「100 m MGRS グリッド」と入力し，「表示」

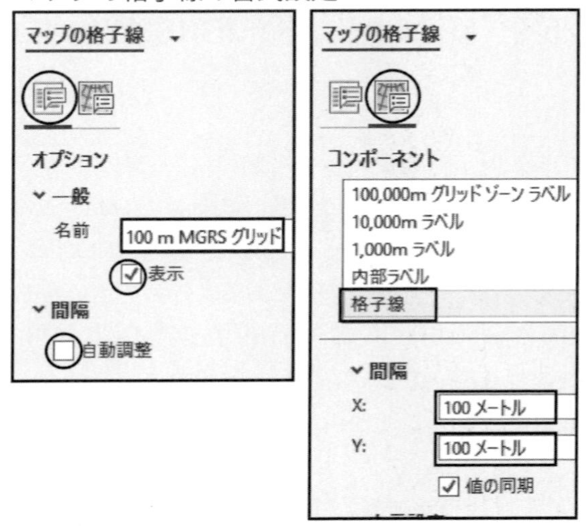

図 25-16　UTM グリッドの設定

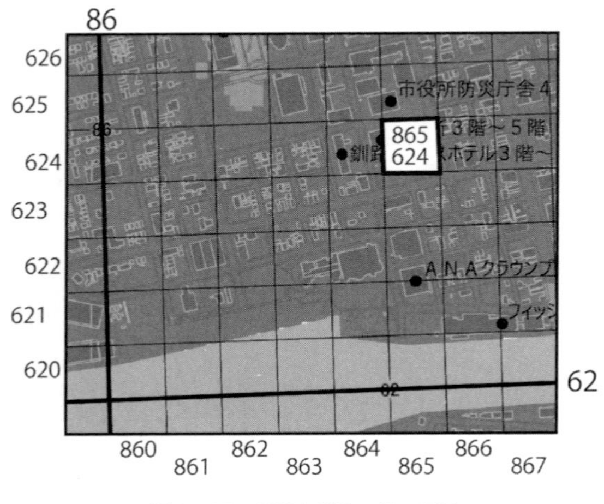

図 25-17　UTM グリッドの表示

にチェックを入れる（図 25-16）。「間隔」の「自動調整」は必ずチェックを外す。

次に，ウィンドウの上側の【コンポーネント】を選択し，「コンポーネント」で【格子線】を選んでから,「間隔」の「X:」を「100 メートル」,「Y:」を「100 メートル」とする。そうすると，マップに 100 m の MGRS グリッドが描画される。

マップにおいて釧路市役所は，X 軸では「86」の線から東（右）方向に 6 番目のメッシュ，Y 軸では「62」の線から北（上）方向に 5 番目のメッシュの位置にある。UTM グリッドも MGRS グリッドも，1,000 m メッシュを東西および南北で十等分し，西端あるいは南端の座標を「0」，東端あるいは北端の座標を「9」とする。そのため, X 軸で「86」の線から東（右）方向に 6 番目のメッシュは「865」，Y 軸で「62」の線から北（上）方向に 5 番目のメッシュは「624」となり，市役所のメッシュは「865 624」（地理院地図の表記では「8650 6240」）となる（図 25-17）。

25-10　マップのエクスポート

ここまでに作成したマップを，＜基盤地図情報 .jpg ＞という名前の JPEG 形式のイメージ画像で書き出す。そのために，レイアウト画面を表示したまま，リボンタブ【共有】－【レイアウトのエクスポート】を選択して,《エクスポート》ウィンドウを出す。ウィンドウでは,「ファイルタイプ」として【JPEG】を選び，「名前」では＜津波ハザードマップ＞フォルダーに＜津波ハザードマップ .jpg ＞というファイル名で保存するように設定する。「解像度」（DPI）を「300」にしてから【エクスポート】ボタンを押すと, JPEG 形式のイメージ画像ファイルが作成される（図 25-18）。

なお，ここでは最小限の地物でハザードマップを作ったが，国土数値情報で公開されているデータなどを追加し，利用しやすいハザードマップを作成してほしい。

最後に，これまでに作成したマップやレイアウトを保存するために, リボンタブ【プロジェクト】－【保存】を選択する。

ここまでの作業を終えたら，リボンタブ【プロジェクト】－【終了】で ArcGIS Pro を終了する。

（橋本雄一）

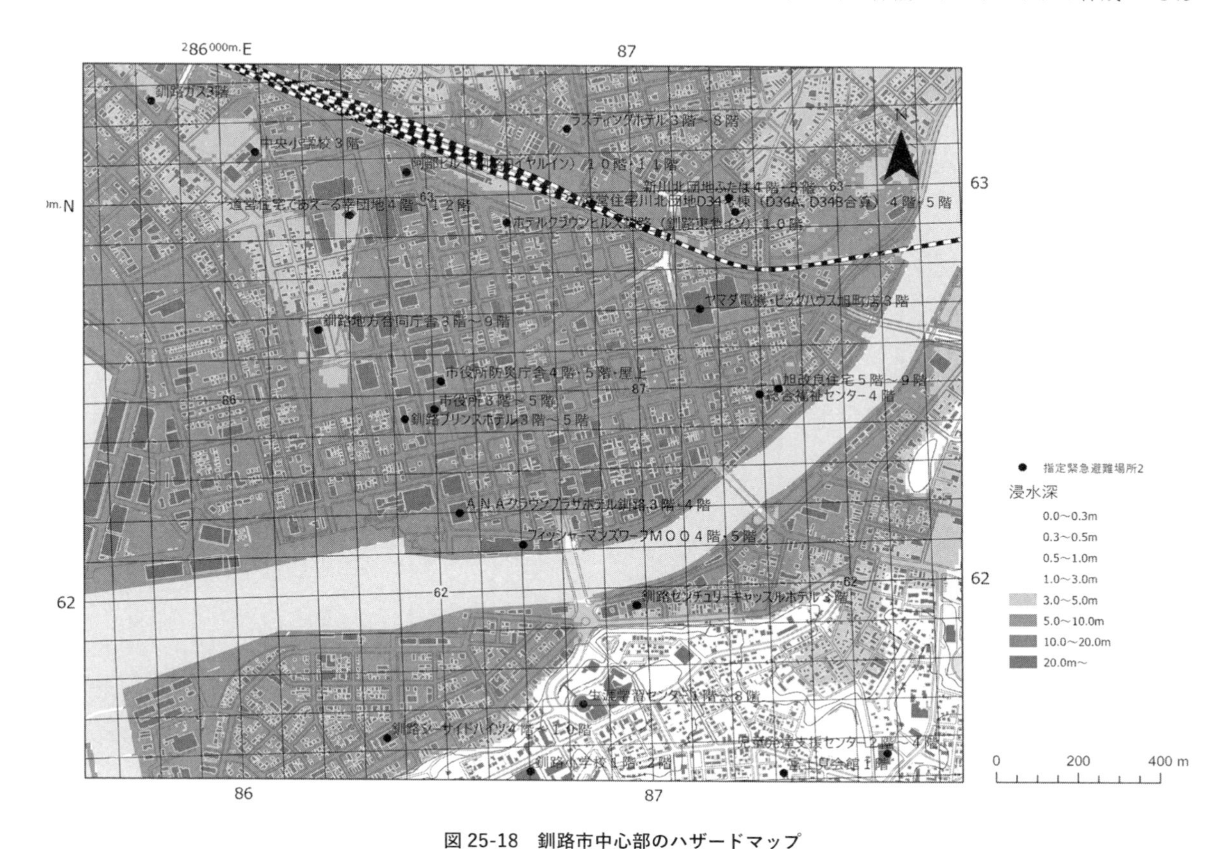

図 25-18　釧路市中心部のハザードマップ

国土地理院の指定緊急避難場所データおよび基盤地図情報，北海道の津波浸水結果 GIS データにより作成。

第 26 章　GIS における衛星画像の利用

26-1　衛星画像の利用

本章では，ラスター形式である人工衛星データの表示および解析方法を解説する。そのために，人工衛星（LANDSAT）が観測したデータをダウンロードし，必要部分を切り出した後，植生活性度の解析と，土地被覆分類を行う。

地球を観測する人工衛星の歴史は，1972 年にアメリカの NASA（アメリカ合衆国航空宇宙局）によって打ち上げられた LANDSAT1 号以来すでに 50 年が経つ。その間に人工衛星の観測機能は，空間解像度や地球観測のための電磁波長，観測間隔といった多くの面で進化を遂げている。本章では，現在無料で使用できる LANDSAT シリーズの 8 号に搭載された OLI（Operational Land Imager）センサのマルチスペクトルデータを使用して，札幌市付近の植生の活性度を表示し，教師つきオブジェクトベース分類を使用した土地被覆分類を行う。

2022 年 7 月現在，LANDSAT シリーズの人工衛星は 8 号（2013 年 2 月 11 日に打ち上げ）と 9 号（2021 年 9 月 27 日に打ち上げ）が地球観測を行っている。両衛星には，可視から近赤外までを 9 バンドで観測する OLI センサと，熱赤外を 2 バンドで観測する TIRS（Thermal Infrared Sensor）が搭載されている（表 26-1）。その画像はおよそ南北 170 km，東西 183 km の範囲であり，16 日ごとに撮影されている。解像度は，OLI センサのバンド 8（パンクロマチック）が 15 m，バンド 8 以外の OLI センサは 30 m，TIRS センサは 30 m

表 26-1　LANDSAT8 号・9 号に搭載された観測センサ

センサ	バンド	波長 (μm)	解像度 (m)	特徴
OLI	1	0.43-0.45	30	ウルトラブルー
	2	0.45-0.51	30	青（可視光）
	3	0.53-0.59	30	緑（可視光）
	4	0.64-0.67	30	赤（可視光）
	5	0.85-0.88	30	近赤外
	6	1.57-1.65	30	中間赤外
	7	2.11-2.29	30	中間赤外
	8	0.50-0.68	15	パンクロマチック
	9	1.36-1.38	30	巻雲
TIRS	10	10.60-11.19	100→30	熱赤外
	11	11.50-12.51	100→30	熱赤外

（TIRS センサの観測は 100 m で行われているが，30 m に内挿されたデータで提供）である。なお，LANDSAT により日本付近で行われる昼間の観測は，午前 10 時すぎとなる。

LANDSAT により観測されたデータは，現在ではパブリックドメインになっており，最初の登録は必要であるが，USGS（U.S. Geological Survey：アメリカ合衆国地質調査所）の Web サイト（https://earthexplorer.usgs.gov/）から無料でダウンロードできる [(1)]。なお，このサイトでは LANDSAT 1 ～ 7 号のデータなど，他の人工衛星による画像もダウンロード可能であるが，LANDSAT 画像以外には有償のデータもあるので注意が必要である。

LANDSAT の画像をこのサーバーからダウンロードして使用する際には，NASA・USGS の画像であることを明記すれば学術用・商用など利用目的にかかわらず，誰でも使うことができる（LANDSAT 画像をその他のサーバーからダウンロードした場合には，そのサイトの指示に従う必要がある）。

26-2　人工衛星画像のダウンロード

26-2-1　ArcGIS Pro の起動

Windows のスタートメニューから ArcGIS Pro を起動させる。もし, 起動で《ArcGIS サインイン》ウィンドウが表示されたら,「ユーザー名」と「パスワード」にアカウント情報を入力し,【サインイン】ボタンを押す。

次に, ArcGIS Pro の起動画面で「新しいプロジェクト」の【マップ】を選択し，プロジェクトの作成を行う。ここではプロジェクトを, 個人用ドキュメントフォルダー(本書では＜C:¥Users¥(ユーザー名)¥Documents¥ArcGIS¥Projects ＞）の中に作る。

《新しいプロジェクトの作成》ウィンドウが表示されたら,「名前」に＜ image ＞と入力し,「場所」ではフォルダーアイコンを押して,《新しいプロジェクトの場所》ウィンドウを出し, ＜ C:¥...¥Documents¥ArcGIS¥Projects ＞フォルダーを選択して【OK】ボタンを押す。さらに,「このプロジェクトのための新しいフォルダーを作成」にチェックを入れて,【OK】ボタンを押すと，プロジェクトが作成され，新しいマップが表示される。

続いて《コンテンツ》ウィンドウで新しいマップを右クリックし，表示されるメニューで【プロパティ】を選択する。《プロパティ》ウィンドウでは，左側の【一般】をクリックして「名前」を「image」に変える。続いて【座標系】で＜投影座標系＞－＜ UTM 座標系＞－＜アジア＞－＜UTM 座標系第 54 帯 N（JGD2011）＞を選んでから【OK】ボタンを押す。そうすると, マップビュー・タブが【image】に変わる。

今後，ダウンロードするファイルなどは，すべて＜ image ＞フォルダーに保存する。

26-2-2　サイトへの登録

今回の衛星画像は，USGS の EarthExplorer からダウンロードしたものを使用する。まず，EarthExplorer の Web サイト（https://earthexplorer.usgs.gov/）にアクセスする。なお，このサイトはすべて英語であり，入力時には半角英数文字を使わなければならない。また，このサイトは 2 時間でタイムアウトするため，制限時間を超過した場合には，改めてログインし直す必要がある。

上記サイトの右上の方にある【Login】をクリックすると，サインインの画面になる。一度登録した後は，上段に登録したユーザー名，下段にパスワードを入れて【Sign In】をクリックすれば次の画面に移動する。

登録の際には，この画面で【Create New Account】をクリックし，次の画面で Username を 4 ～ 30 文字で，パスワードをアルファベットと数字の両方を含む 8 ～ 16 文字で入力し，同じパスワードをもう一度入力する。さらに，確認のために画像で示されている英数字を入力して【Continue】をクリックすると，使用者に対するアンケートのページがあらわれる。このページには，各自で該当する回答を記入し【Continue】をクリックして，次のページに移る。氏名や住所，電話番号などを尋ねられるので，これらに回答して【Continue】をクリックすると，次の画面に進む。内容の確認をして,【Submit Registration】をクリックすると，登録終了である。このサイトでは, データの検索だけであれば登録は不要であるが, データをダウンロードしようとする場合には，このように最初だけ無料の登録が必要である。

26-2-3　データのダウンロード

登録をした後で，衛星データのダウンロードを行う。あらためて EarthExplorer のサイト（https://earthexplorer.usgs.gov/）にアクセスする。最初のページでは，探したいリモートセンシング画像の場所と期間を指定する。ここでは，札幌中心部を含む画像を検索するため,「Search Criteria」タブで「1. Enter Search Criteria」の左側に表示される「Geocoder」タブで,「World Features」を選択した後,「Feature Name」の欄に「Sapporo」と入力し,

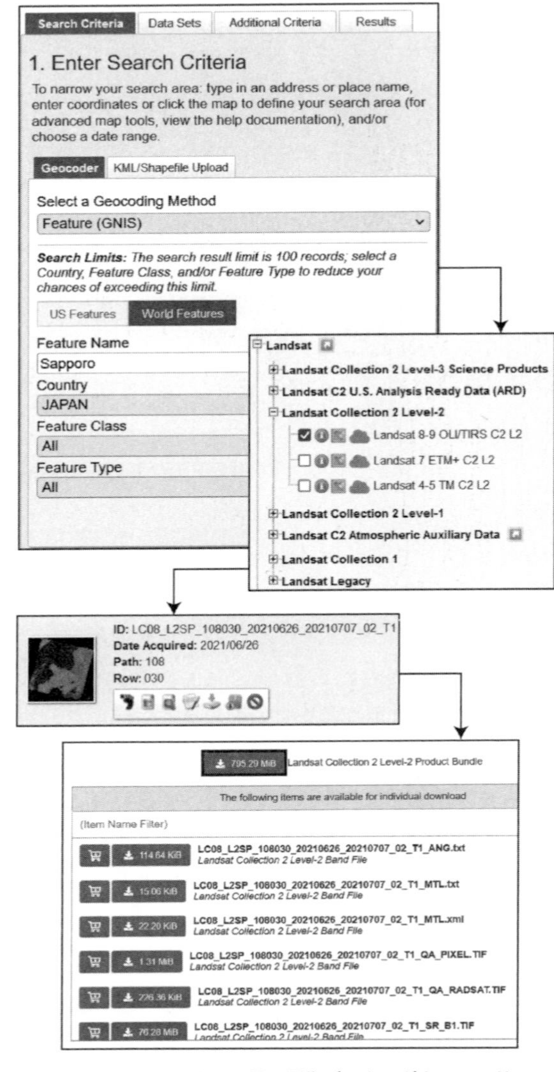

図 26-1　LANDSAT8 号の画像データのダウンロード

「Country」の欄は「JAPAN」を選択して【Show】をクリックする（図 26-1）。そうすると次の 4 つの検索結果が表示される。① 43.0000N，141.3000E（藻岩山の南西側），② 43.1000N，141.4000（札幌市東区伏古），③ 43.0667N，141.3500E（札幌駅），④ 43.0547N，141.3539E（すすきの）である[(2)]が，この後，衛星画像を検索する際には 4 つのうちのどれを選んでも大差はない。

次に「Date Range」で検索したいデータの期間を入力する。その際には，月／日／年の並び順で入力するか，その横のカレンダー型のアイコンをクリックして，検索開始日と検索終了日を指定する。このとき，「Search month」の部分で，特定の月にチェックをしておくと，その月だけを選択することも可能である。なお，人工衛星が打ち上げられるより以前の画像はない。

下の「Data Sets」をクリックすると，画面表示が次に進む。この画面ではまず，使用する衛星を選択する必要がある。今回は，＜ Landsat ＞－＜ Landsat Collection 2 Level-2 ＞の中の【Landsat 8-9 OLI/TIRS C2 L2】にチェックを入れる。使用する衛星を選んだら，【Results】をクリックする。

検索の結果，該当する画像がサムネイル画像とともに表示されるので，その中から使用したい画像を選択する。今回は，できるだけ雲が少ない画像を比較した上で画像が鮮明な，2021 年 6 月 26 日の札幌付近の画像を選択する。表示されている左から 5 番目の【Download options】のボタンを押すと，ダウンロードするファイルを選ぶページに移るので，上 の「Landsat Collection 2 Level-2 Product Bundle」の左側の【795.29MB】ボタンをクリックする。

ここでダウンロードできない場合は，ログインできていないので，登録したログイン名とパスワードを使ってログインしてから作業を進める必要がある。なお，衛星画像には，放射計測校正後のデータを地図投影したオルソ画像（Level-1）のほか，それを大気補正して求めた地表面反射率（Level-2），森林火災など特定の解析結果（Level-3）がある。今回使用するデータは Level-2 である。

ダウンロードするデータは，大きさが圧縮形式でも 795.29MB あり，ネット速度によっては長い時間が必要になる。ダウンロードされるデータは，＜ LC08_L2SP_108030_20210626_20210707_02_T1.tar ＞であり，これは多くのファイルを tar でまとめて圧縮したものである。この圧縮ファイルを 7zip などのソフトウェアで解凍すると，表 26-2 のような GeoTIFF ファイル[(3)]とテキストファイルを含む 27 個のファイルが＜ image ＞フォルダーの中に保存される。

表 26-2　LANDSAT8 号の主なデータファイル

ファイル名	サイズ	説明	英語名
LC08_L2SP_108030_20210626_20210707_02_T1_SR_B1.TIF	76MB	バンド 1	Coastal Aerosol
LC08_L2SP_108030_20210626_20210707_02_T1_SR_B2.TIF	76MB	バンド 2	Blue
LC08_L2SP_108030_20210626_20210707_02_T1_SR_B3.TIF	78MB	バンド 3	Green
LC08_L2SP_108030_20210626_20210707_02_T1_SR_B4.TIF	78MB	バンド 4	Red
LC08_L2SP_108030_20210626_20210707_02_T1_SR_B5.TIF	84MB	バンド 5	NearInfrared
LC08_L2SP_108030_20210626_20210707_02_T1_SR_B6.TIF	81MB	バンド 6	ShortWaveInfrared_1
LC08_L2SP_108030_20210626_20210707_02_T1_SR_B7.TIF	78MB	バンド 7	ShortWaveInfrared_2
LC08_L2SP_108030_20210626_20210707_02_T1_ST_B10.TIF	70MB	バンド 10	地表面温度（K）
LC08_L2SP_108030_20210626_20210707_02_T1_MTL.txt	16KB	メタデータ	

26-3　衛星画像の表示と加工

26-3-1　衛星画像の表示

ここからは ArcGIS Pro を用いて，ダウンロードした LANDSAT8 号の衛星画像を表示させる。リボンタブ【マップ】－【データの追加】－【データ】を選択して，《データの追加》ウィンドウを開く。ここで，＜ image ＞フォルダーの中の＜ LC08_L2SP_108030_20210626_20210707_02_T1_MTL.txt ＞を指定して【OK】ボタンを押すと，マップビューに衛星画像が描画される。

このままでは見慣れない色となるが，これは各バンドに対する色の割り当てが適切でないためである。そこで《コンテンツ》ウィンドウの＜ Surface Reflectance_LC08_L2SP_108030_20210626_20210707_02_T1_MTL ＞の RGB から，色の再割り当てる。RGB の＜赤＞を右クリックして【sr_band4】を，＜緑＞を右クリックして【sr_band3】を，＜青＞を右クリックして【sr_band2】を割り当てると，トゥルーカラー画像と呼ばれる，人間の目で見た色と同様の色づけとなる。

作成された画像は，描画を速くするために，メモリ上に一時保存された状態になっているので，必ずリボンタブ【プロジェクト】－【保存】で，プロジェクトとして保存する。

さらに，表示された衛星画像を背景として，第 3 章で作成した札幌市中央区の基盤地図情報[(4)]（道路縁など）をレイヤーとして追加するとマップがわかりやすくなる（図 26-2）。

図 26-2　LANDSAT8 号データと基盤地図情報との重ね合わせ

26-3-2　衛星画像の切り出し（クリップ）

ここまでの操作で画面に表示されているものは，LANDSAT8 号の札幌を含む全画像であり，札幌中心部だけを解析するにはデータが大きすぎて扱いづらい。このため，クリップという手法を用いて，読み込んだ国土基盤情報のエリアだけを切り出して使うこととする。

ArcGIS Pro の画像処理機能は，《画像処理》ウィンドウにまとめられている。まず，抜き出したいエリアをマップビューに出しておく。《コンテンツ》ウィンドウでラスター形式の【Surface Reflectance_LC08_L2SP_108030_20210626_20210707_02_T1_ MTL】を選択した上で，リボンタブ【画像】－【処理】－【クリップ】を選択する。

そうすると，マップビューで表示されているエリアの切り出しが完了し，《コンテンツ》ウィンドウに新しく＜クリップ _Surface Reflectance_LC08_L2SP_108030_20210626_20210707_02_T1_MTL ＞が表示される。この画像では，また色の割り当てが適切でないため，再度 RGB の割り当てを行う必要がある。

26-4　植生活性度の空間分析

植生活性度は正規化植生指数（Normalized Difference Vegetation Index: NDVI）で表され，数

値が大きいほど植生の活性度が高いとされる指標である。前節で切り出した範囲でこのNDVIを計算し，結果を図に重ね合わせる。

《コンテンツ》ウィンドウで，<クリップ_Surface Reflectance_LC08_L2SP_108030_20210626_20210707_02_T1_MTL>を選んでから，リボンタブ【画像】－【指数】－【NDVI】を選択すると，《NDVI》ウィンドウが表示される。ここで「短波赤外バンド　インデックス」を【5 – sr_band5】，「赤バンド　インデックス」を【4 – sr_band4】として【OK】ボタンを押すと，NDVIが計算され，白黒画像として表示される（図26-3）。この画像では，白っぽいほど植生の活性度が高く（植物が元気で），黒っぽいと植生でない可能性が高い。

白黒では見にくいので，右側のシンボルの配色を変える。《コンテンツ》ウィンドウの<NDVI_クリップ_Surface Reflectance_LC08_L2SP_108030_20210626_20210707_02_T1_MTL>を右クリックして【シンボル】を選択し，マップビュー横の《シンボル》ウィンドウで「プライマリシンボル」の「配色」を変更し，植物活性度の高い部分を緑色，低い部分を赤色にすると見やすくなる。

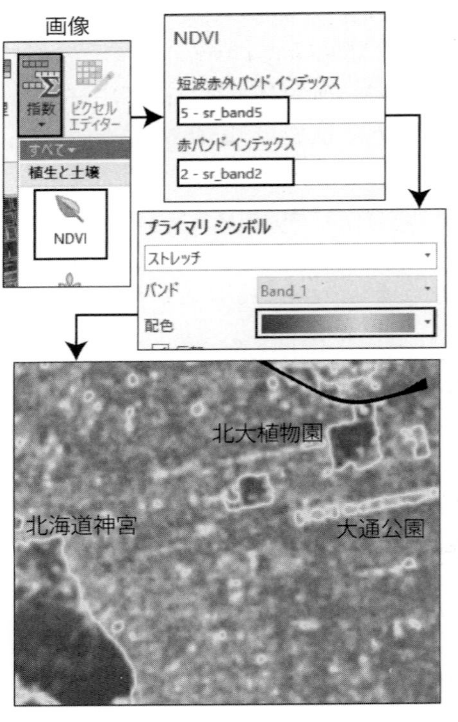

図26-3　植生活性度（正規化植生指標：NDVI）の分布図
2021年6月26日，LANDSAT8号のデータを使用。

NDVI値はLANDSAT8号のセンサの場合には，「NDVI＝（Band5 − Band4）÷（Band5 ＋ Band4）」という計算を行うため，− 1.0 〜 1.0の値となる。なお，Weiter and Herring（2000）によると，NDVIが0.6 〜 0.8では温帯や熱帯の森林を，0.2 〜 0.3では低木や草原を，0.1以下では岩，砂，雪などを示すとされている。

解析の結果をみると，北海道神宮や北大植物園が最も植物活性度の高い地域として抽出され，次いで大通公園などでNDVI値が高くなる。建物の多い市街地では土地被覆が建物やアスファルトの道路であり，NDVI値は低い。

26-5　教師つきオブジェクトベース分類による土地被覆分析

26-5-1　分類の手法とタイプ

身近な地域を人工衛星で見たとき，図として表された場所が何であるかを思い浮かべるであろう。一方で，衛星画像のような面的な画像では，すべての地点の現地調査をすることはできないが，一部の地域調査を行って，それと似たような場所に広げていくと，ほぼ正解が得られそうである。

さて，「土地利用」と「土地被覆」は似ているように思えるが，全く違う用語である。例えば，土地利用では学校であっても，土地被覆としては建物（コンクリート）だったり，グラウンド（土）だったり，樹木だったりする。このように，衛星画像からは「学校」といった土地利用を見ることができず，それぞれの要素となる土地被覆のみを知ることができる。

ここからは，クリップした画像も用いて土地被覆分類を行う。土地被覆分類としては，2種類の分類方法と，2種類の分類タイプを組み合わせた手法が使われる。

分類方法としては，「教師つき分類」と「教師なし分類」が挙げられる。この「教師」という言葉は誤解を生みやすいが，「正解を知っている場所を元として，その他の地域にその画像の特徴を当てはめていく方法」が「教師つき分類」である。一方で，「正解の場所を知らないが，リモートセンシング画像の画素の特徴を用いて，いくつかに土地被覆分類を行っていく方法」は「教師なし分類」と呼ばれる。ここでは，札幌を例として土地被覆分類を行うため，いくつかの場所は現地調査により既知であるとし，その部分を元に，クリップした画像全体に土地被覆分類を広げる方法を用いる。

分類のタイプとしては，「ピクセルベース分類」と「オブジェクトベース分類」が挙げられる。今回使用しているLANDSAT8号の画像は，画素が30mのピクセルから構成されている。「空間的な近さなどを無視して，このピクセルをすべて別々のデータとして統計的な分類するタイプ」が「ピクセルベース分類」である。一方で「ピクセルごとではなく，あらかじめ近隣の類似ピクセルをまとめておいて，それらを解析していくタイプ」が「オブジェクトベース分類」である。

一般的に地物は30 mメッシュでランダムに存在するのではなく，ある程度の広がりをもっていることが多い。そのため牧草地などの分類では，「オブジェクトベース分類」の方がピクセルベース分類よりも精度が良い（Brenner et al. 2012, Tovar et al. 2013など）。ここでは，分類対象地域に藻岩山などの森林地帯を含むため，「オブジェクトベース分類」を用いることとする。

26-5-2　教師つきオブジェクトベース分類を用いた解析

《コンテンツ》ウィンドウで，＜クリップ_Surface Reflectance_LC08_L2SP_108030_20210626_20210707_02_T1_MTL＞を選択し，リボンタブ【画像】－【分類ウィザード】を選択すると（図26-4），マップビューの右側に《画像分類ウィザード》ウィンドウが表示される。この中で，「分類方法」では【教師付き】，「分類タイプ」では【オブジェクトベース】を選択する。「分類スキーマ」では【デフォルトスキーマの使用】を選択し，「NLCD2011」の表示を確認する。出力場所を指定し（デフォルトのままでも良い），【次へ】ボタンを押す。

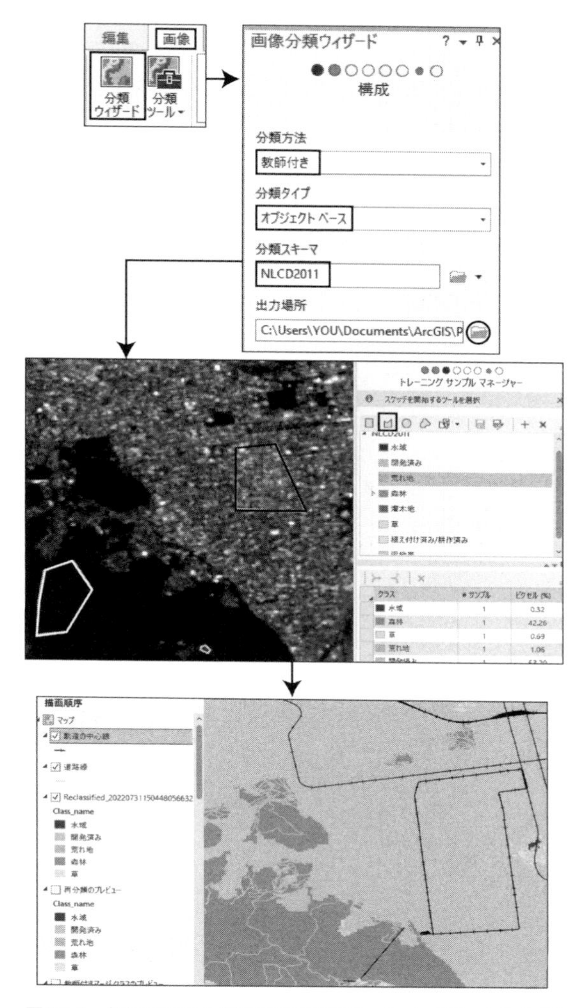

図26-4　札幌付近の土地被覆分類（教師つき，オブジェクト分類）
LANDSAT8号，2021年6月26日のデータを使用。

次に，《画像分類ウィザード》は「セグメンテーション」画面となる。ここでは「スペクトル詳細度」や「空間的詳細度」，「最小セグメントサイズ（ピクセル）」などを指定できるが，最初はデフォルトのまま解析を行い，解析結果に満足できないときには，これらのパラメーターを微修正することとする。デフォルトのままで良ければ，下の【次へ】ボタンを押す。そうすると,《コンテンツ》ウィンドウに＜セグメント化されたラスターのプレビュー＞が追加され，マップビューに画像が表示される。その際,右側の《画像分類ウィザード》ウィンドウには，「トレーニングサンプルマネージャー」が表示される。

ここで，いくつかのトレーニングエリアをとっていく。まず＜NLCD2011＞の＜水域＞をクリックして，文字の背景が水色になったことを確認する。そして，中島公園の池を水域としてトレーニングエリアを取るために，＜NLCD2011＞の上の【ポリゴン】アイコンをクリックし,実際にマップ上の水域をクリックして囲み，最後にダブルクリックすると,その範囲は水域として登録される。その他にも，森林，開発済み，荒れ地，草などのトレーニングエリア(教師)をいくつか取って,【次へ】ボタンを押す。

続いて,《画像分類ウィザード》ウィンドウでは,「トレーニング」が表示される。ここで,「分類器」は【Support Vector Machine】,「クラスあたりの最大サンプル数」は「500」とし,「セグメント特性」では「平均色度」と「平均デジタルナンバー」にチェックを入れて【実行】ボタンを押す。

ここで，分類されたラスターのプレビューがマップビューに表示される。結果に不満がある場合には，【前へ】ボタンを押して，《画像分類ウィザード》ウィンドウを「トレーニングサンプルマネージャー」に戻し，試行錯誤して複数のトレーニングエリアを取ることで，より正しいと思われる分類に近づけていく。そして，満足いく結果が出たら,「トレーニング」の【次へ】ボタンを押す。

《画像分類ウィザード》ウィンドウが「分類」になったら,「出力分類データセット」に例えば「Class001」という名前を入力し，他の欄は空白のままで，下の【実行】ボタンを押す。

これで分類は一旦完成である。この後,「クラスのマージ」になるが,特に必要ないので,【次へ】を押す。その後,「再分類」となるが，必要がなければ「オブジェクトの再分類」のチェックを外して【実行】ボタンをクリックする。そうすると最終的な分類結果が得られるので，【完了】ボタンを押して作業を終了する。

最後に，これまでに作成したマップを保存するために，リボンタブ【プロジェクト】－【保存】を選択する。保存が終わったら，リボンタブ【プロジェクト】－【終了】で ArcGIS Pro を終了する。

（木村圭司）

【注】

(1) USGS 以外にも，産業総合技術研究所（https://gsrt.digiarc.aist.go.jp/landbrowser/）などからダウンロード可能である。画像の利用規約は，ダウンロード元ごとに異なる。

(2) 緯度経度に相当する位置を確認する際には，日本国内であれば地理院地図を使うと正確である。Google Map を使用すると，位置が正確でない可能性がある。

(3) GeoTIFF 形式のファイルは，一般的な画像を扱う TIFF 形式のファイルに位置情報を付加したものであり，フォトショップや GIMP などの画像ソフトを使っても，位置情報を読み飛ばして表示できる。GeoTIFF 形式のデータと一般的な TIFF 形式のデータは，どちらも拡張子は「.tif」で示されるため，この2つの形式を拡張子で区別することはできない。

(4) 札幌市中心部の基盤地図情報の2次メッシュは「644142」である。

【参考文献】

Brenner, J. C., Christman, Z. and Rogan（2012）:Segmentation of LandsatThematic Mapper imagery improves buffelgrass（Pennisetum ciliare）pasture mapping in the Sonoran Desert of Mexico. Applied Geography, 34, 569-575.

Tovar, C., Seijmonsbergen, A. C. and Duivenvoorden, J. F.（2013）:Monitoring land use and land cover change in mountain regions: An example in the Jalca grasslands of the Peruvian Andes. Landscape and urban planning, 112, 40-49.

Weier, J. and Herring, D.（2000）：Measuring Vegetation（NDVI & EVI）. http://earthobservatory.nasa.gov/Features/MeasuringVegetation/)（2022 年 6 月 30 日閲覧）

第27章　風のベクトル場表示

27-1　気象データのダウンロード準備

27-1-1　ArcGIS Proの起動

Windowsのスタートメニューから ArcGIS Proを起動させる。もし，起動で《ArcGIS サインイン》ウィンドウが表示されたら，「ユーザー名」と「パスワード」に登録しているアカウント情報を入力し，【サインイン】ボタンを押す。

次に，ArcGIS Proの起動画面で「新しいプロジェクト」の【マップ】を選択し，プロジェクトの作成を行う。ここではプロジェクトを，個人用ドキュメントフォルダー（本書では＜C:¥Users¥（ユーザー名）¥Documents¥ArcGIS¥Projects＞）の中に作る。

《新しいプロジェクトの作成》ウィンドウが表示されたら，「名前」に＜wind＞（アルファベットの半角文字で入力しないと不具合が生じる場合がある）と入力し，「場所」ではフォルダーアイコンを押して，《新しいプロジェクトの場所》ウィンドウを出し，＜c:¥...¥Documents¥ArcGIS¥Projects＞フォルダーを選択して【OK】ボタンを押す。さらに，「このプロジェクトのための新しいフォルダーを作成」にチェックを入れて，【OK】ボタンを押すと，プロジェクトが作成され，ArcGIS Proでは新しいマップが表示される。

《コンテンツ》ウィンドウで新しいマップを右クリックし，表示されるメニューで【プロパティ】を選択する。《プロパティ》ウィンドウでは，左側の【一般】をクリックして「名前」を「wind」に変える。続いて【座標系】で＜投影座標系＞－＜UTM座標系＞－＜アジア＞－＜UTM座標系第54帯N（JGD2011）＞を選んでから【OK】ボタンを押すと，マップビュー・タブが【wind】に変わる。

今後，ダウンロードするファイルや作業で生成されるファイルは，すべて＜wind＞フォルダーに保存する。

27-1-2　ECMWFのラスターデータ

本章では，ラスターデータを用いて，等値線図およびベクトル場の表示を行う。具体的には，天気図のうち，気圧配置図とベクトル場で風の分布を示す図を作成する。

気候学・気象学では，米国のハワイ大学によるGMT（The Generic Mapping Tools）や州立ジョージ・メイソン大学のCOLA（Center for Ocean-Land-Atmosphere Studies）によるGrADS（Grid Analysis and Display System），米国大気研究センターNCAR（National Center for Atmospheric Research）によるNCL（the NCAR Command Language）といったフリーソフトで図化することが一般的であった。しかし，特に都市気候を研究する場合などでは，土地利用データシェープファイル形式のデータとの重ね合わせ表示が頻繁に行われるようになり，GISソフトでの描画機会が増えてきた。

本章では，まずヨーロッパ中期予報センターECMWF（European Centre for Medium-Range Weather Forecasts）の無料のラスターデータ（NetCDF形式[1]）をコペルニクス気候変動サービス[2]のページよりダウンロードする。世界で気象データのラスターデータ（四次元客観解析データ）

を作成している主な機関としては，ECMWF だけでなく，米国の NCEP（米国国立環境予測センター：National Centers for Environmental Prediction）/NCAR や，日本の気象庁も挙げられる。NCEP / NCAR が採用する grib/grib2 形式 [(3)] は ArcGIS Pro 2.8 から表示可能となったので，使用することができる。一方で，日本の気象庁はラスターデータを無料公開していない。

27-1-3　アカウントの作成

コペルニクス気候変動サービスのサイト（https://cds.climate.copernicus.eu/）を開き（図 27-1），右上の【Login/register】をクリックすると，ログイン画面が表示される。初回のみ，アカウントを新規作成（無料）する必要があるので，真ん中の【Create new account】というタブをクリックすると，アカウント作成画面が表示される。

ここでは，すべて半角英数文字で入力する。「E-mail」には使用しているE-mailアドレスを,「First name」には名前を,「Surname」には名字を，記入し,「Country」では【Japan】を,「Sector」では

図 27-1　ECMWF データのアカウント取得

自分に該当するものを選択する。「I am registering on behalf of an organisation [(4)]」の左側のチェックボックスは，通常はチェックを入れずに下に進む。「Organisation」には大学名や企業名などを英語で記入する。その下にデータ規約とデータ保護についての規約についてチェックボックスが 2 つ並んでいるので，両方にチェックをつける。そして,「CAPTCHA」では左に出ている模様から文字・数字を読み取って記入する。すべての記入が終わった後,【Create new account】をクリックすると，ブラウザにはが表示され，登録したメールアドレスにコペルニクスからメールが送られてくる。

このメールの中の＜https://cds.climate.copernicus.eu/・・・＞の部分をクリックした後，ブラウザ上でパスワードを設定する。なおパスワードは半角英数記号を使い，さらにアルファベットには大文字と小文字を混ぜなければならない。入力が終わり, 最後に下部の【Save and log in as ●●●●●●】をクリックすると，登録が終了し，アカウントを入手できる。

このアカウントでログインし，データのダウンロードを行う。2 回目からはこのサイト（https://cds.climate.copernicus.eu/）の右上の【Login/register】をクリックし,【login】タブのまま，登録した Email と Password を記入し，ログインする。

27-2　気象データのダウンロード

27-2-1　ダウンロードするデータ

本節では，2 種類の気象データをダウンロードする。ダウンロードする気象データは，海面更正気圧（SLP：Sea Level Pressure）と風のデータである。風は U 成分（西風が正方向）と V 成分（南風が正方向）に分かれており，U 成分と V 成分をベクトル合成することにより，各格子点の風向風速を表示できる。気象データは四次元客観解析データとも呼ばれ，世界中の気象観測地点のデータをもとに，全球気象シミュレーションを用いて地球物理学的計算をもとに東西方向，南北方向，

高度方向，時間軸という 4 つの次元で計算されたメッシュデータとなっている。

今回ダウンロードするデータとしては，東西方向と南北方向に関しては北緯 41.0 ～ 46.0 度，東経 138.0 ～ 150.0 度の範囲を 0.25 度メッシュ（北海道付近の北緯 45 度では東西 19.6 km，南北 27.8 km に相当する），高度方向は地表面（正しくは海面更正気圧），時間軸は 2021 年 8 月 20 日世界標準時 0 時（日本時間午前 9 時）で区切られた範囲であり，このときの SLP，風の U 成分，風の V 成分のデータをダウンロードする。

27-2-2　ダウンロードのページ

気象データのダウンロードは，コペルニクス気候変動サービスの Web サイト（https://cds.climate.copernicus.eu/）から行う。ページ右上の【Login/register】をクリックすると，ログイン画面が表示される。この左側の「Email」にアカウント名，「Password」にパスワードを入力し（パスワードは「●●●●●●●●」と表示される），【Log in】をクリックするとログインできる。

ログイン後，検索窓に半角で「ERA5」と入力し，その右側の【Search】をクリックする（図 27-2）。検索結果の中程に，【ERA5 hourly data on single levels from 1959 to present】が出てくるので，この文字部分をクリックする。なお，これと非常に似た名前の＜ ERA5 hourly data on pressure levels from 1959 to present ＞というデータもあるが，これは地表面データではなく上空のデータなので，今回は使用しない。「ERA5 hourly data on single levels from 1959 to present」のページの【Overview】タブでは，このデータの概略が英語で説明されている。

【Download Data】のタブをクリックすると，ダウンロードの指定のページが現れる。ここでダウンロードするデータについて指定する。

ERA5 hourly data on pressure levels from 1959 to present

Dataset　Atmosphere (surface)　Atmosphere (upper air)　Global　Reanalysis

ERA5 is the fifth generation ECMWF reanalysis for the global climate and weather for the past 4 to 7 decades. Currently data is available from 1950, with Climate Data Store entries for 1950-1978 (preliminary back extension) and from 1959 onwards (final release plus timely updates, this page). ERA5 replaces the ERA-Interim reanalysis. Reanalysis combines model data with observations from across the...

Updated 2022-07-24

ERA5 hourly data on single levels from 1959 to present

Dataset　Atmosphere (surface)　Atmosphere (upper air)　Global　Reanalysis

ERA5 is the fifth generation ECMWF reanalysis for the global climate and weather for the past 4 to 7 decades. Currently data is available from 1950, with Climate Data Store entries for 1950-1978 (preliminary back extension) and from 1959 onwards (final release plus timely updates, this page). ERA5 replaces the ERA-Interim reanalysis. Reanalysis combines model data with observations from across the...

Updated 2022-07-24

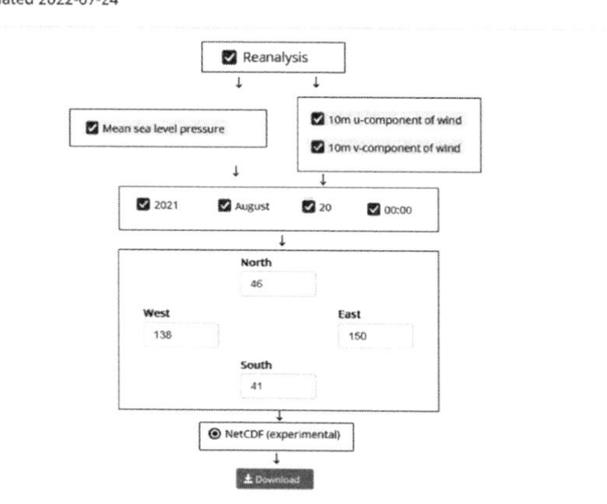

図 27-2　気象データのダウンロード
コペルニクス気候変動サービス Web サイトより作成。

27-2-3　海面更正気圧データのダウンロード

（1）日時やパラメータなどの指定

まずは，海面更正気圧（mean sea level pressure）のデータをダウンロードする。

①「Product type」（製品のタイプ）で「Reanalysis」（再解析）だけにチェックが入っていることを確認する。

②「Variable」（変数）では「Popular」（よく使う）の「Mean sea level pressure」にチェックを入れる。

③年月日を指定する。「Year」（年）は「2021」，「Month」（月）は「August」（8 月），「Day」（日）は「20」，「Time」（時刻）は「00:00」（世界標準時。日本時間 09:00）である。

④「Geographical area」（地理的位置）は北海道島全体を含むように四隅の緯度経度を入力していく。「North」（北）に「46」，「West」（西）に「138」，「South」（南）に「41」，「East」（東）に「150」の数値を入力する。

ここでは，すべて整数値での入力としたが，小数も入力できる。東西の正の値は東経，負の値は西経を表し，南北の正の値は北緯，負の値は南緯を表す。ここで【Whole available region】（ダウンロード可能な地域全体）を選択すると全球のデータがダウンロードされてしまうため，ファイルサイズが非常に大きくなる。

⑤「Format」（形式）は「NetCDF（experimental）」（実験的）を選択する。

⑥これらをすべて入力してから，「Team of use」で利用条件に同意するボタンを押すと，右下に緑色の【Submit Form】（フォームを送信）ボタンが出てくるのでこれを押す。

なお，右下に赤い【Please check mandatory field】（必須フィールドを確認して下さい）のボタンが出ているときには記入漏れがある。

(2) データのダウンロード

少し待つと，右下に緑色で【Download】ボタンのあるページが表示されるので，このボタンを押してデータをダウンロードする。今回，データは3.4KBなのでダウンロードはすぐに終わるが，ファイル名が例えば< adaptor.mars.internal-165・・・.nc >と非常に長くて複雑なため，< slp.nc >というファイル名に変更する。

27-2-4　風のデータのダウンロード

(1) 日時やパラメータなどの指定

次に，風のU成分（東西成分）とV成分（南北成分）をまとめてダウンロードする。先ほどの海面更正気圧をダウンロードしたページから，ブラウザ上で1つ前のページに戻ると，ダウンロードする日時や緯度経度データが残っているので，これを使うと便利である。

ここで，②「Variable」（変数）では「Popular」（よく使う）の「10 m u-component of wind」（地上10 m(5)）の東西方向の風速）と「10 m v-component of wind」（地上10 mの南北方向の風速）の両方にチェックを入れる。他の項目も正しいことを確認し，右下にある緑色の【Submit Form】（フォームを送信）ボタンを押す。

(2) データのダウンロード

次に出てくるページの右下に緑色にある【Download】ボタンを押してデータをダウンロードする。今回，データは5.7KBなのでダウンロードはすぐに終わるが，ダウンロードしたファイル名は長くて複雑なため，< uv10.nc >に変更する。ここまでの操作で，図化する元データとなるファイル< slp.nc >と< uv10.nc >が入手できる。

27-3　気圧配置図および風のベクトル図の作成

27-3-1　気圧配置図の作成

(1) 気圧データの地図化

ここからはArcGIS Proで気圧配置を色別表示し，風を矢印表示で重ねていく。ArcGIS Proで< wind.aprx >が開かれている状態で，リボンタブ【マップ】－【データの追加】－【多次元ラスターレイヤー】を選択すると，《多次元ラスターレイヤーの追加》ウィンドウが開く（図27-3）。

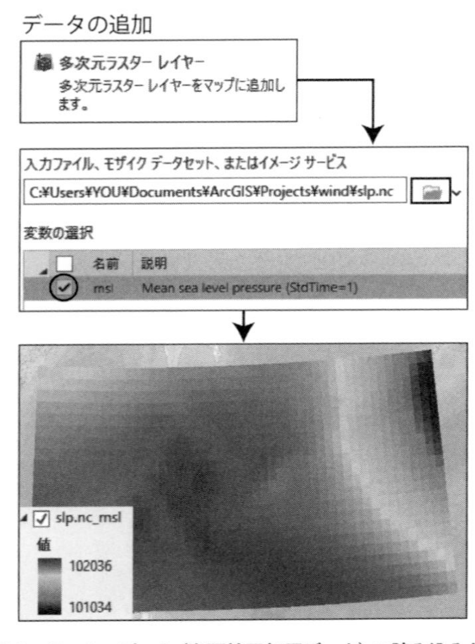

図27-3　ラスターデータ（海面校正気圧データ）の読み込みと表示

ここで，フォルダーアイコンをクリックし，＜ slp.nc ＞（海面更正気圧のデータ）をインポートする。そして《多次元ラスターレイヤーの追加》ウィンドウの〈変数の選択〉で，「msl」の左側のチェックボックスにチェックを入れる。

ここで【OK】ボタンをクリックすると，海面更正気圧データがラスター形式で表示される。なお，値は 101034 ～ 102036 の値となっている。この単位は天気予報でよく使われる hPa（ヘクトパスカル）ではなく，その 100 倍の値となる Pa（パスカル）である。

（2）等圧線の描画

2021 年 8 月 20 日の世界標準時 0 時（日本標準時 9 時）の北海道の気圧配置と風系をマッピングする。リボンタブ【解析タブ】－【ツール】で《ジオプロセシング》ウィンドウを出し，上にある【ツールボックス】をクリックしてから，【Spatial Analyst ツール】－【サーフェス】－【コンター（Contour）】を選択する。

《ジオプロセシング》ウィンドウの中にコンター（Coutour）入力画面が表示されたら，「入力ラスター」で＜ slp.nc_msl ＞を選ぶ。「出力フィーチャークラス」では＜ Contour_slp ＞と指定する。さらに，「コンター間隔」には「400」を入れる（400Pa=4hPa）（図 27-4）。ここで【実行】ボタンをクリックすると，範囲内の等圧線を描くことができる。

続けて，計算に利用した《コンテンツ》ウィンドウの＜ slp.nc_msl ＞を非表示にしてから，＜ Contour_slp ＞を右クリックして，出てくるメニューから【ラベル】を選択する。ラベルが表示されたら，再度＜ Contour_slp ＞を右クリックして【ラベリング　プロパティ】を選ぶ。

ウィンドウの右側に《ラベルクラス》ウィンドウが表示されたら，上側にある【クラス】タブを開き，まず「式」の欄に入力されている文字を消去する。そして〈フィールド〉欄の【Contour】をダブルクリックすると，＜式＞の欄に「$feature.Contour」という式が入る。さらに，表示を Pa

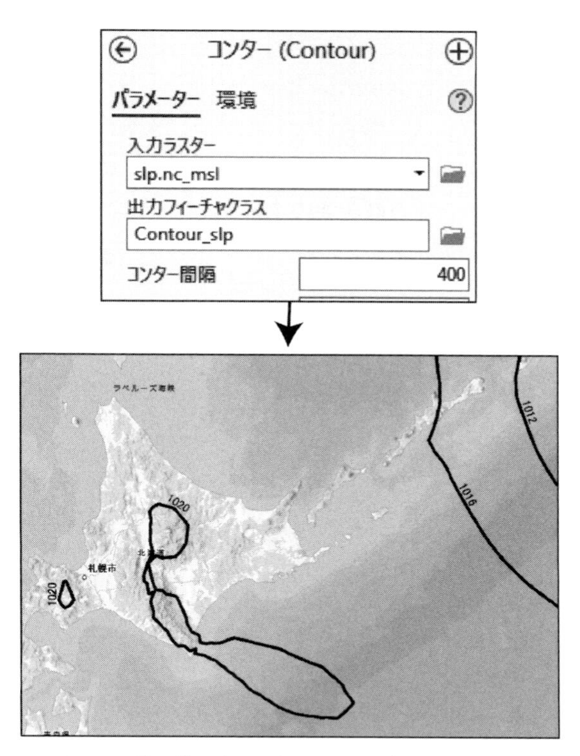

図 27-4　等圧線図（2021 年 8 月 20 日（日本時間）9 時）
ECMWF の ERA5 データを使用。

（パスカル）単位ではなく hPa（ヘクトパスカル）単位にするために，＜式＞の欄の最後に半角で「/100」を手入力する。＜式＞の欄に「$feature.Contour/100」と入力されていることを確認したら，【適用】ボタンを押す。

続いて，ウィンドウの【シンボル】タブをクリックし，「表示設定」で「フォント名」を【Century】，「フォントスタイル」を【標準】，サイズを【12pt】とする。

ここでウィンドウ下方の【適用】ボタンをクリックすると，等圧線図が完成する。この等圧線はギザギザしており，一般的に目にする天気図の，なめらかな曲線の等圧線とは大きく異なる。これは，ArcGIS Pro のような GIS ソフトは等値線を引くときに正確性を重視するのに対し，天気図の等圧線を作成するときには，大まかな傾向を捉えて滑かな曲線を描くことが好まれるためである。

27-3-2　風のベクトル図の作成

(1) 風のデータの地図化

ここからは，風のベクトル図を作成する。その前に《コンテンツ》ウィンドウで＜ slp.nc_msl ＞のチェックを外し，非表示にする。

リボンタブ【マップ】－【データの追加】－【多次元ラスターレイヤー】を選択すると，《多次元ラスターレイヤーの追加》ウィンドウが開く（図27-5）。

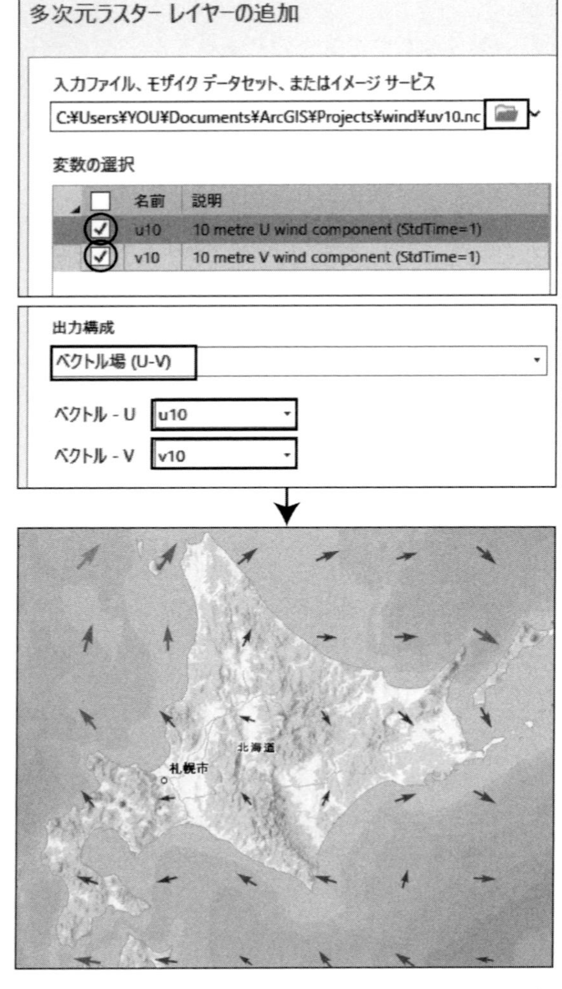

図27-5　地上風系のベクトル図(2021年8月20日9時(日本時間))
ECMWF の ERA5 データを使用。

ここで，フォルダーアイコンをクリックし，＜ uv10.nc ＞（UV 風のデータ）をインポートする。そして《多次元ラスターレイヤーの追加》ウィンドウの〈変数の選択〉では，「u10」と「v10」の左側のチェックボックスにチェックを入れる。

さらに，ウィンドウの〈出力構成〉で「ベクトル場（U-V)」を選び,「ベクトル -U」では【u10】,「ベクトル -V」では【v10】を選択して【OK】ボタンをクリックすると，マップビューに風のベクトルが表示される。

(2) 風のベクトル場の表示変更

次に，風のベクトルの大きさや色を変更する。《コンテンツ》ウィンドウの＜ VectorField_u10_v10 ＞を右クリックし，メニューから【シンボル】を選択すると，右側に《シンボル》ウィンドウが表示される。ここで「シンボルタイプ」を【ビューフォート風力（m/s）】に設定すると，風力ごとに違った色の矢印で表示できる。さらに，「シンボルの間隔」や「シンボルサイズ」を調整できる。

さらにウィンドウ上側の【高度なシンボルオプション】タブで,「強度」の「最小」に「0」を入力し,(「最大」はデフォルトのままでよい),「単位」の「入力」を【m/s】にして【OK】ボタンをクリックすると，図が完成する。

ここで図化した2021年8月20日9時(日本時間)の北海道付近の気圧配置と風況は，北海道の東に低気圧があり，北海道の東側で強い西風が吹いていたことがわかる。特に図27-4では，石狩山地から夕張山地を通り日高山脈にかけての地域と，ニセコ山地付近で気圧が局地的に高くなっているが，これは地形による影響が大きい。また，北海道の陸地の多くは風速1.8 m/s 以下であり，海上の方が風速は強い傾向にある。こうした気圧場・風の様子と，天気（雨や雪の様子）を合わせ，数日の変化を見ることにより，災害発生時の経過などを知ることができる。（木村圭司）

【注】

（1）NetCDF（Network Common Data Form）形式は，非政府組織の Open Geospatial Consortium が定めた，拡張子 .nc で表示される機種非依存のバイナリファイルで，気象学などでよく使われる。データはラスター形式で，多次元の属性と投影法などを配列として記述される。

（2）コペルニクス気候変動サービスは，欧州委員会（EU の政策執行機関）の下にあり，ECMWF が実質管理をするページで，気候変動に関する情報を提供している。

（3）grib（Gridded Binary）および grib2（grib 形式のバージョン 2）は，世界気象機関により定義された機種非依存のバイナリファイルであり，拡張子は .grb または .grib で表される。grib2 は grib（バージョン 1 であることを明示するために grib1 と表示されることもある）に比べ，圧縮率が大きい。

（4）コペルニクス気候変動サービスのサイトでは，イギリス英語の「organisation」が使われているが，アメリカ英語の「organization」と同じ「組織」という意味である。

（5）地上風速は地上 0 m ではなく，地上 10 m を使うことが一般的である。これは，地上に近すぎると摩擦が強いために風速が弱められるためである。なお，今回は用いないが，地上気温も地上 0 m ではなく，地上 2 m を使うことが一般的である。

事項索引

＜あ行＞

＜か行＞

フォルダー・ファイル・フィーチャクラス索引

操作索引

編者紹介

橋本 雄一　はしもと　ゆういち

1963年神奈川県生まれ．筑波大学大学院博士課程地球科学研究科単位取得退学．博士（理学）．
現在，北海道大学大学院文学研究院 教授．専門は地理情報科学，都市地理学．
主な著書：『東京大都市圏の地域システム』（大明堂，現在は原書房），『マレーシアの経済発展とアジア通貨危機』（古今書院），『地理空間情報の基本と活用』（編著，古今書院），『東南アジアの経済発展と世界金融危機』（古今書院），『二訂版QGISの基本と防災活用』（編著，古今書院）など．

〈1～20章，25章執筆〉

分担執筆者紹介（50音順，所属は2022年10月1日現在）

奥野 祐介　おくの　ゆうすけ　株式会社シン技術コンサル，北海道大学大学院文学研究科 博士後期課程
〈16章，19章執筆〉

川村　壮　かわむら　たけし　（地独）北海道立総合研究機構 建築研究本部 北方建築総合研究所　〈20章執筆〉

木村 圭司　きむら　けいじ　奈良大学文学部地理学科 教授　〈26章，27章執筆〉

雫石 和利　しずくいし　かずとし　株式会社ドーコン　〈21～24章執筆〉

三好 達也　みよし　たつや　株式会社ドーコン　〈17章，18章執筆〉

書　名	六訂版　GISと地理空間情報 - ArcGIS Pro 3.0の活用 -
コード	ISBN978-4-7722-4229-5　C3055
発行日	2022（令和4）年11月7日　六訂版第1刷発行
	2011（平成23）年9月10日　初　版第1刷発行
	2012（平成24）年7月21日　増補版第1刷発行
	2014（平成26）年2月16日　三訂版第1刷発行
	2016（平成28）年3月27日　四訂版第1刷発行
	2019（令和1）年10月13日　五訂版第1刷発行
編　者	橋本 雄一
	Copyright ©2022 Yuichi HASHIMOTO
発行者	株式会社 古今書院 橋本寿資
印刷所	株式会社 理想社
発行所	株式会社 古今書院
	〒113-0021　東京都文京区本駒込5-16-3
電　話	03-5834-2874
FAX	03-5834-2875
URL	http://www.kokon.co.jp/
	検印省略・Printed in Japan